高等职业教育土木建筑类专业教材

建筑工程测量

主　编　李捷斌
副主编　杨　谦　梁　磊
朱君俊　凌　飞

北京理工大学出版社
BEIJING INSTITUTE OF TECHNOLOGY PRESS

内 容 提 要

本书以测量的基本理论和概念为基础，以基本技能技术和应用方法为主要内容，以突出测量技术在实际工程中的应用为核心，加强了实践环节的教学内容。

本书共12章，主要内容包括测量基本知识、水准测量、角度测量、距离测量和直线定向、测量误差知识、小地区控制测量、大比例尺地形图与测绘、地形图的应用、施工测量的基本工作、民用建筑施工测量、工业建筑施工测量和建筑物变形观测与竣工总平面图编绘等。每章都有与知识点相对应的引例和应用案例，具有较强的实用性和针对性。

本书可作为高职高专院校建筑工程技术、工程监理、工程造价、建筑测绘等土建类专业的教材，也可作为相关工程技术人员培训、自学的参考用书。

图书在版编目(CIP)数据

建筑工程测量/李捷斌主编. —北京：北京理工大学出版社，2023.8重印

ISBN 978-7-5640-7720-4

Ⅰ.①建…　Ⅱ.①李…　Ⅲ.①建筑测量　Ⅳ.①TU198

中国版本图书馆CIP数据核字(2013)第107132号

出版发行 / 北京理工大学出版社有限责任公司

社　　址 / 北京市丰台区四合庄路6号院

邮　　编 / 100070

电　　话 / （010）68914775（总编室）

（010）82562903（教材售后服务热线）

（010）68944723（其他图书服务热线）

网　　址 / http://www.bitpress.com.cn

经　　销 / 全国各地新华书店

印　　刷 / 北京紫瑞利印刷有限公司

开　　本 / 787毫米×1092毫米　1/16

印　　张 / 14.5　　　　责任编辑 / 张慧峰

字　　数 / 331千字　　　　文案编辑 / 张慧峰

版　　次 / 2023年8月第1版第10次印刷　　　　责任校对 / 周瑞红

定　　价 / 39.00元　　　　责任印制 / 边心超

图书出现印装质量问题，请拨打售后服务热线，本社负责调换

前言

Preface

建筑工程测量是高职高专土建类专业的一门主要专业课，重点讲解建筑工程测量的基本知识、基本测量仪器的使用、建筑工程实地测设以及施工测量和变形观测等内容，对培养学生的专业岗位能力具有重要的作用。

为突出高职高专职业教育特色和提高人才培养质量，本书在编写中突出了以下特色：

1.教材内容以必需、够用为原则，优化教材结构，整合教材内容，强化施工测量知识，调整后的体系更加适合高职高专教学的要求。

2.本书密切结合工程实际，引入较多的全站仪、GPS等新技术和新方法，符合现行的建筑工程测量规范及验收规范。

3.本书具有较强的实用性和针对性，体例新颖，案例全面；编写时力求严谨、规范，内容精练，叙述准确，通俗易懂。

本书由陕西工业职业技术学院李捷斌主编。具体编写分工如下：第一、第三章由陕西工业职业技术学院凌飞编写；第二、四、八章由陕西工业职业技术学院梁磊编写；第五、十一、十二章由陕西工业职业技术学院朱君俊编写；第六章由陕西工业职业技术学院杨谦编写；第七、九、十章由陕西工业职业技术学院李捷斌编写；全书由李捷斌负责统稿。

本书编写过程中参考了书后所附多种文献，在此向原作者表示感谢。本书还得到了北京理工大学出版社和编写者所在单位的大力支持，在此一并致谢。

由于编者水平有限，编写时间仓促，书中存在的问题和不足之处在所难免，恳请读者批评指正。

编　者

目录

Contents

第一章　测量基本知识

通过本章学习，了解建筑工程测量的主要任务；理解测量工作的基准面和基准线；掌握确定地面点位和高程的方法；了解地面点的坐标、空间直角坐标系、用水平面代替水准面的范围；熟悉测量的基本工作和基本原则。

第一节　建筑工程测量概述

一、测量学的定义和分类

测量学是研究地球的形状与大小以及确定地面点位置、方向及其分布的学科。

测量学按照研究对象和研究范围的不同，划分为以下几个学科：

(1)大地测量学：它是研究测定地球的形状和大小及地球的重力场的测量方法、分布情况及其应用的学科。其任务在于为建立国家大地控制网进行精密控制测量;为地形测量和大型工程测量提供基本控制;为空间科技和军事用途提供精确的坐标资料并为研究地球形状、大小、地壳变形及地震预报等科学研究提供重要资料。近年来，由于人造卫星和遥感技术的发展，大地测量又分为常规大地测量与卫星大地测量。

(2)普通测量学：该学科主要是研究地球表面局部区域的形状和大小，不考虑地球曲率的影响，把地球表面较小的范围当做平面看待所进行的测量工作。其主要内容有图根控制网的建立、地形图的测绘及工程的施工测量。

(3)摄影测量学：它是利用摄影或遥感技术获取被测物体的影像或数字信息，进行分析、处理后以确定物体的形状、大小和空间位置，并判断其性质的学科。按获取影像的方式不同，摄影测量学又分水下、地面、航空摄影测量学和航天遥感等。随着空间、数字和全息影像技术的发展，它可方便地为人们提供数字图件、建立各种数据库。虚拟现实，已成为测量学的关键技术。

(4)工程测量学：它是研究解决在城市建设、厂矿建筑、水利水电、铁路公路、桥梁隧道等工程建设中的测量问题的学科。其任务是建立工程控制网、地形图的测绘、施工放样、设备安装定位、竣工测量、变形监测等。因此，它又分为矿山测量测量学、水利工程测量学、海洋工程测量学等。它们都属于普通工程测量学。

(5)制图学：该学科主要是利用测量所获得的成果资料，研究如何投影编绘和制印各种地图的测量工作，属于制图学的范畴。

本书主要介绍建筑工程的测绘工作内容，它属于工程测量学的范畴，也与其他测量学科有着密切的联系。

二、建筑工程测量学的任务和作用

测量学是研究地球表面的形状和大小以及确定地面点位的科学。它的内容包括测定和测设两个部分。

测定又称测图，是指使用测量仪器和工具，运用一定的测绘程序和方法将地面上局部区域的各种固定性物体(地物，如房屋、道路、河流等)以及地面的起伏形态(地貌)，按一定的比例尺和特定的图例符号缩绘成地形图。

测设又称放样，是指使用测量仪器和工具，按照设计要求，采用一定的方法，将设计图纸上设计好的工程建筑物、构筑物的平面位置和高程标定到施工作业面上，为施工提供正确依据，指导施工。因为放样是直接为施工服务的，故通常称为“施工放样”。

工程建设过程中，工程项目一般分规划与勘测、设计、施工、运营四个阶段，测量工作贯穿于工程项目建设的全过程，在工程勘测阶段为规划设计提供各种比例尺的地形图和测绘资料；在工程设计阶段，应用地形图进行总体规划和设计；在工程施工阶段，要进行建筑物、构筑物的定位，放线测量，土方开挖、基础工程和主体砌筑中的施工测量、构件的安装测量以及在工程施工过程中为衔接各工序的交换，鉴定工程质量而进行的检查，校核测量，施工竣工后的竣工测量，施测竣工图，供日后扩建和维修之用；在工程运营阶段，对某些特殊要求的建筑物和构筑物的安全性和稳定性所进行的变形观测，以保证工程的安全使用。

第二节　测量工作的基准面和基准线

测量工作是在地球表面进行的，地球表面是一个不规则的旋转椭球体，其表面错综复杂，所以地球表面不是一个单一的规则面。为了表示所测地面点位的高低位置，应在施测场地确定一个统一的起算面，这个面称为基准面。基准面必须具备两个基本条件：其一，基准面的形状和大小，要尽可能地接近地球的真实形状和大小；其二，基准面是一个规则的数学面，可以用简单的几何模型表达。

地球的自然表面极为复杂，有高山、丘陵、平原、盆地、湖泊、河流和海洋等高低起伏的形态，其中海洋面积约占71%，陆地面积约占29%。因此，人们把地球看做是被海水面所包围的球体。假想静止不动的水面延伸穿过陆地，包围整个地球，形成一个闭合的曲面，这个水面称为水准面。水准面是受地球重力影响形成的，它的特点是其面上任意一点的铅垂线都垂直于该点的曲面。由于水准面的高度可变，因此符合这个特点的水准面有无数个，其中与平均海水面相吻合的水准面称为大地水准面，它是测量工作的一个基准面，如图1.1(a)所示。

由于地球的自转运动，地球上任意一点都要受到离心力和万有引力的双重作用，这两个力的合力称为重力，重力的方向线称铅垂线，如图1.1(b)所示。铅垂线是测量工作的基准线。大地水准面是测量工作的基准面。由大地水准面所包围的地球形体称为大地体。

由于地球内部质量分布不均匀，离心力大小在不同纬度的变化，引起铅垂线的方向产生不规则的变化，致使大地水准面成为无法用数学模型来描述的复杂曲面，自然就无法在此曲面上进行测量数据处理。为了使用方便，通常用一个非常接近于大地水准面，并可用数学式表示的几何形体(即地球椭球体)来代替地球的形状作为测量计算工作的基准面，这个基准面称为参考椭球面。由于地球椭球体是一个椭圆绕其短轴旋转而成的形体，故地球椭球体又称旋转椭球，如图 1.1(c)所示。旋转椭球体由长半径 a(或短半径 b)和扁率 α 所决定，其数学表达式为：

$$\frac{x^2}{a^2}+\frac{y^2}{a^2}+\frac{z^2}{b^2}=1 \tag{1.1}$$

式中　a、b——椭球体几何参数。

我国现在采用的参考椭球体的几何参数为：a=6 378 140 m，b=6 356 755 m，扁率 $\alpha=(a-b)/a=1/298.257$。由于地球椭球的扁率很小，因此，当测区范围不大时，可近似地把地球椭球作为圆球，其半径为6 371 km。

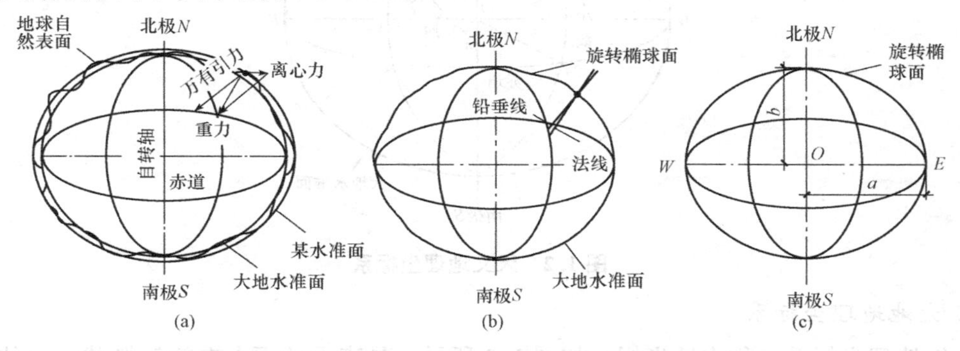

图 1.1　地球自然表面、大地水准面和旋转椭球面

第三节　地面点位置确定的方法

测量工作的基本任务是确定地面点的空间位置。确定地面点的空间位置需要三个要素，通常是确定地面点在球面或平面上的投影位置，即地面点的坐标；地面点到大地水准面的铅垂距离，即地面点的高程。

一、平面位置的确定

确定点的球面位置的坐标系有地理坐标系和平面直角坐标系两类。

(一)地理坐标系

按坐标所依据的基本线和基本面的不同以及求坐标方法的不同，地理坐标系又可分为天文地理坐标系和大地地理坐标系两种。

1. 天文地理坐标系

天文地理坐标又称天文坐标，表示地面点在大地水准面上的位置，其基准是大地水准面和铅垂线，用天文经度 λ 和天文纬度 φ 来表示地面点在球面上的位置。

如图 1.2 所示，N、S 分别是地球的北极和南极，NS 称为地轴。包含地轴的平面称为子午面。子午面与地球表面的交线称为子午线。通过原格林尼治天文台的子午面称为首子午面。过地面上任意一点 P 的子午面与首子午面的夹角 λ，称为 P 点的经度。由首子午面向东量称为东经，向西量称为西经，其取值范围为 0°～180°。

通过地心且垂直于地轴的平面称为赤道面。过 P 点的铅垂线与赤道面的夹角 φ，称为 P 点的纬度。由赤道面向北量称为北纬，向南量称为南纬，其取值范围为 0°～90°。地面上每一点都有一对地理坐标，例如北京某点的地理坐标为东经 116°28′，北纬 39°54′。

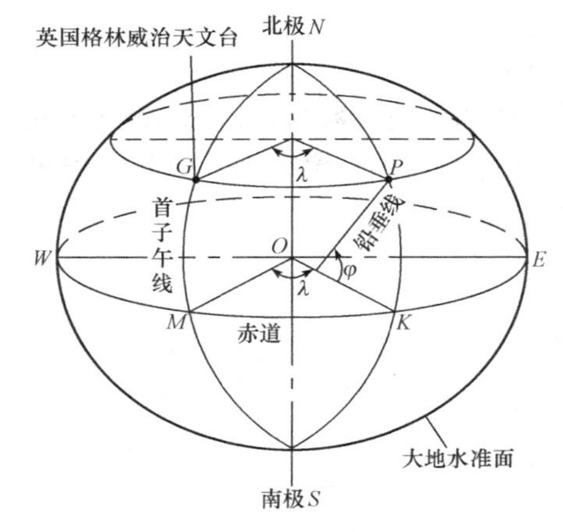

图 1.2　天文地理坐标系

2. 大地地理坐标系

大地地理坐标系又称大地坐标，如图 1.3 所示，是表示地面点在旋转椭球面上的位置，它的基准是法线和旋转椭球面，它用大地经度 L 和大地纬度 B 表示。P 点的大地经度 L 是过 P 点的大地子午面和首子午面所夹的两面角，P 点的大地纬度 B 是过 P 点的法线和赤道面的夹角。大地经、纬度是根据一个起始大地点(又称大地原点，该点的大地经、纬度与天文经、纬度一致)的大地坐标，再按大地测量所得的数据推算而得的。我国以陕西省泾阳县永乐镇大地原点为起算点，由此建立新的大地坐标系，称为“1980 年国家大地坐标系”，简称 80 系。

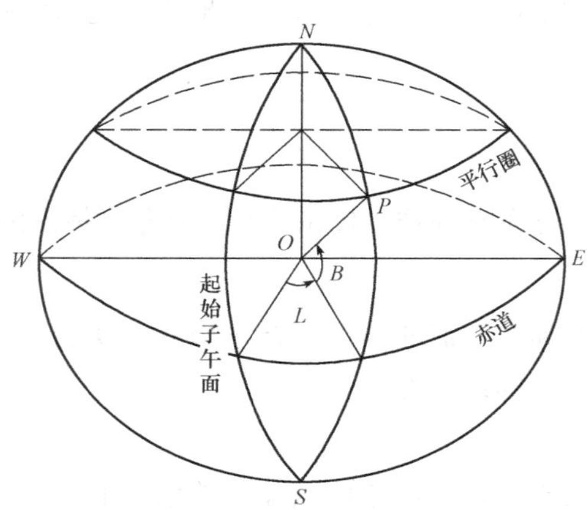

图 1.3　大地地理坐标系

(二)平面直角坐标系

地理坐标是球面坐标，不便于直接进行各种计算。在工程建设的规划、设计与施工中，须在平面上进行各项计算，为此，须将球面上的图形用平面表现出来，这就必须采用适当的投影方法。由于投影方法的不同，所建立的坐标系又分为高斯平面直角坐标系和独立平面直角坐标系。

1. 高斯平面直角坐标系

高斯投影是设想一个横椭圆柱套在参考椭球的外面，如图 1.4(a)所示，横椭圆柱的轴线通过椭球心 O，并与地轴 NS 垂直，这时椭球面上某一子午线正好与横椭圆柱面相切，这条子午线称为中央子午线。然后在椭球面上的图形与椭圆柱面上的图形保持等角的条件下，沿椭球柱的 N、S 点母线将椭球切开，并展成平面，即为高斯投影平面。至此便完成了椭球面向平面的转换工作。在此高斯投影平面上，中央子午线经投影面展开，呈一条直线，以此直线作为纵轴，即 x 轴；赤道是一条与中央子午线相垂直的直线，将它作为横轴，即 y 轴；两直线的交点作为原点，就组成了高斯平面直角坐标系统，如图 1.4(b)所示。

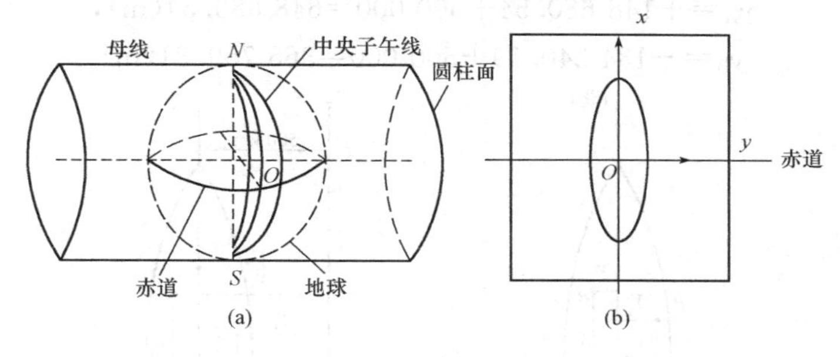

图 1.4　高斯投影

在高斯投影平面上，中央子午线投影的长度不变，其余子午线的长度大于投影前的长度，离中央子午线越远长度变形越大。为使长度变形不大于测量的精度范围，利用高斯投影的方法从首子午线起每隔经度 6°为一带，自西向东将整个地球分成 60 个带，各带的带号 N 为 1，2，…，60，如图 1.5 所示。第一个 6°带中央子午线的经度为 3°，任意一带中央子午线的经度可按下式计算：

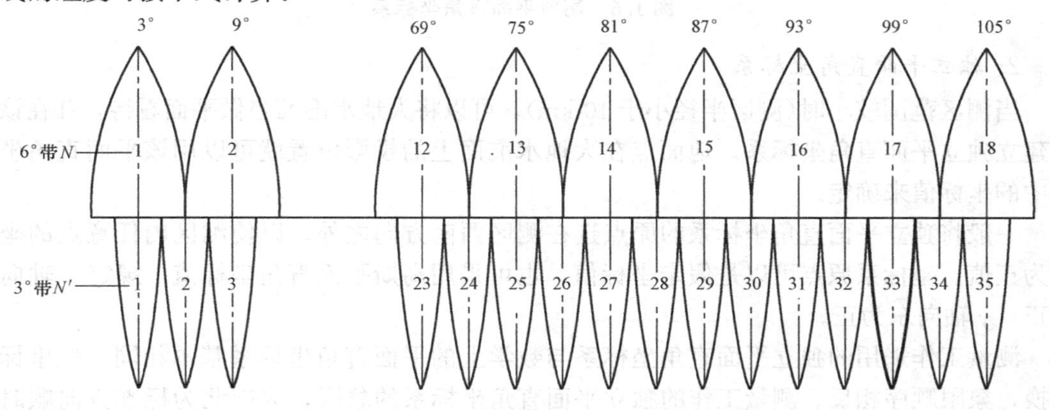

图 1.5　高斯投影的分带

$$L_0 = 6N - 3 \tag{1.2}$$

式中 N——投影带号。

在大比例尺测图中，要求投影变形更小，则可用3°带(图1.5)或1.5°带投影。3°带中央子午线在奇数带时与6°带中央子午线重合，各3°带中央子午线的经度为：

$$L'_0 = 3N' \tag{1.3}$$

式中 N'——3°带带号。

在高斯平面直角坐标系中，纵坐标的正负方向以赤道为界，向北为正，向南为负；横坐标以中央子午线为界，向东为正，向西为负。由于我国位于北半球，所有纵坐标 x 均为正，而各带的横坐标 y 有正有负。为了使用方便，使横坐标 y 不出现负值，规定将纵坐标轴向西平移500 km，即相当于在实际纵坐标 y 值上加500 km。如图1.6(a)所示，A、B 两点的横坐标值为：

$$y_A = +148\ 680.54\ \text{m}, \qquad y_B = -134\ 240.69\ \text{m}$$

各加500 km后[图1.6(b)]，分别为：

$$y_A = +148\ 680.54 + 500\ 000 = 648\ 680.54(\text{m}),$$
$$y_B = -134\ 240.69 + 500\ 000 = 365\ 759.31(\text{m})$$

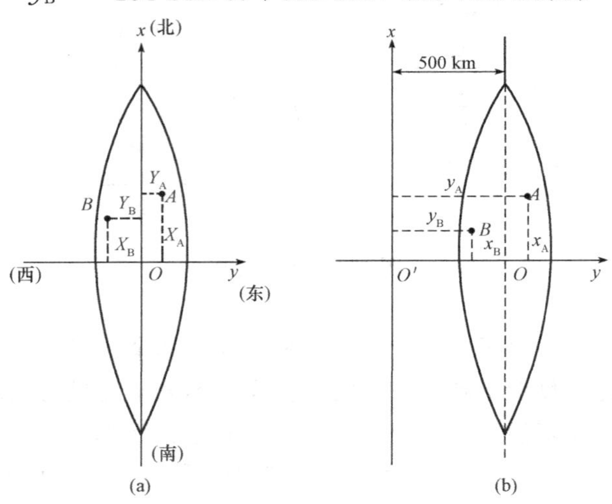

图1.6　高斯平面直角坐标系

2. 独立平面直角坐标系

当测区范围较小时(测区半径小于10 km)，可以将大地水准面当做平面看待，并在该面上建立独立平面直角坐标系。地面点在大地水准面上的投影位置就可以用该平面直角坐标系中的坐标值来确定。

一般将独立平面直角坐标系的原点选在测区西南方向之外，以使测区内任意点的坐标均为正值。坐标系原点可以是假定坐标值，也可采用高斯平面直角坐标值。规定 x 轴向北为正，y 轴向东为正。

测量工作采用的独立平面直角坐标系与数学上的平面直角坐标系基本相同。但坐标轴互换，象限顺序相反。测量工作的独立平面直角坐标系的象限，取南北为标准方向顺时针方向量度，这样便于将数学上的三角公式直接应用到测量计算上，如图1.7所示。

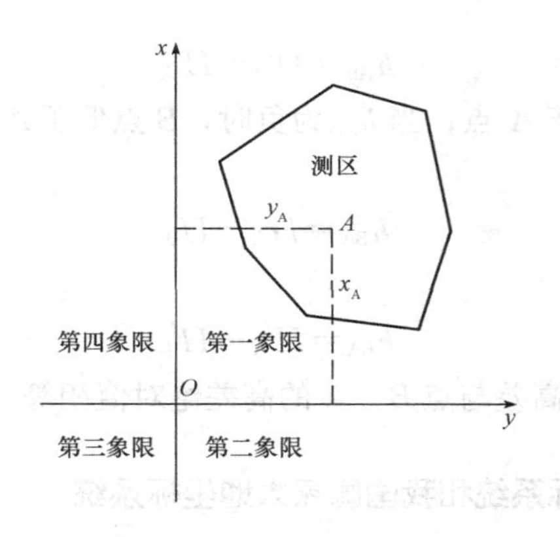

图 1.7 独立平面直角坐标系

二、地面点的高程

地面点的高程是指地面点到基准面的铅垂距离。由于选用的基准面不同而有不同的高程系统。

1. 绝对高程

地面点到大地水准面的铅垂距离称为该点的绝对高程，用 H 表示。如图 1.8 所示，H_A、H_B 分别表示地面点 A、B 的高程。

目前，我国以 1952 年至 1979 年青岛验潮站资料确定的平均海水面作为绝对高程基准面，称为“1985 年国家高程基准”。并在青岛建立了国家水准原点，其高程为 72.260 m。

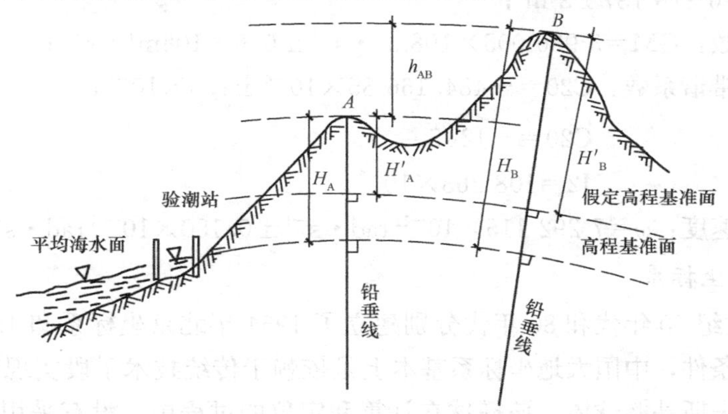

图 1.8 高程系统

2. 相对高程

局部地区采用国家高程基准有困难时，可以采用假定水准面作为高程起算面。相对高程又称“假定高程”，是以假定的某一水准面为基准面，地面点到假定水准面的铅垂距离称为相对高程。如图 1.8 所示，H'_A、H'_B 分别表示 A、B 两点的相对高程。

地面两点的高程之差称为高差，用 h 表示。A、B 两点间的高差为：

$$h_{AB}=H_B-H_A \tag{1.4}$$

或

$$h_{AB}=H'_B-H'_A \tag{1.5}$$

当 h_{AB} 为正时，B 点高于 A 点；当 h_{AB} 为负时，B 点低于 A 点。

B、A 两点间的高差为：

$$h_{BA}=H_A-H_B \tag{1.6}$$

或

$$h_{BA}=H'_A-H'_B \tag{1.7}$$

由此可见，点 A、B 的高差与点 B、A 的高差绝对值相等，符号相反，即 $h_{AB}=-h_{BA}$。

三、WGS－84 大地坐标系统和我国国家大地坐标系统

1. WGS—84 坐标系

WGS—84 坐标系是一种国际上采用的地心坐标系。坐标原点为地球质心，其地心空间直角坐标系的 Z 轴指向国际时间局(BIH)1984.0 定义的协议地极(CTP)方向，X 轴指向 BIH 1984.0 的协议子午面和 CTP 赤道的交点，Y 轴与 Z 轴、X 轴垂直构成右手坐标系，称为 1984 年世界大地坐标系。这是一个国际协议地球参考系统(ITRS)，是目前国际上统一采用的大地坐标系。建立 WGS—84 世界大地坐标系的一个重要目的，是在世界上建立一个统一的地心坐标系。GPS 广播星历是以 WGS—84 坐标系为根据的。

WGS—84 椭球及其有关常数：WGS—84 采用的椭球是国际大地测量与地球物理联合会第 17 届大会大地测量常数推荐值，其四个基本参数为：

长半径：$a=6\ 378\ 137\pm2$ m ；

地球引力常数：$GM=3\ 986\ 005\times10^8 m^3\cdot s^{-2}\pm0.6\times10^8 m^3\cdot s^{-2}$；

正常化二阶带谐系数：$C20=-484.166\ 85\times10^{-6}\pm1.3\times10^{-9}$；

$C20=-J2\sqrt{5}$；

$J2=108\ 263\times10^{-8}$；

地球自转角速度：$\omega=7\ 292\ 115\times10^{-11} rad\cdot s^{-1}\pm0.150\times10^{-11} rad\cdot s^{-1}$。

2. 国家大地坐标系

我国于 20 世纪 50 年代和 80 年代分别建立了 1954 年北京坐标系和 1980 西安坐标系，限于当时的技术条件，中国大地坐标系基本上是依赖于传统技术手段实现的。1954 坐标系采用的是克拉索夫斯基椭球体。该椭球在计算和定位的过程中，没有采用中国的数据，该系统在中国不能满足高精度定位以及地球科学、空间科学和战略武器发展的需要。20 世纪 70 年代，中国大地测量工作者经过二十多年的艰苦努力，终于完成了全国一、二等天文大地网的布测。经过整体平差，采用 1975 年 IUGG 第十六届大会推荐的参考椭球参数，中国建立了 1980 西安坐标系，1980 西安坐标系在中国经济建设、国防建设和科学研究中发挥了巨大作用。

随着社会的进步，国民经济建设、国防建设和社会发展、科学研究等对国家大地坐标系提出了新的要求，迫切需要采用原点位于地球质量中心的坐标系统(以下简称地心坐标系)作为国家大地坐标系。采用地心坐标系，有利于采用现代空间技术对坐标系进行维护和快速更新，测定高精度大地控制点三维坐标，并提高测图工作效率。

2008 年 3 月，由国土资源部正式上报国务院《关于中国采用 2000 国家大地坐标系的请示》，并于 2008 年 4 月获得国务院批准。自 2008 年 7 月 1 日起，中国将全面启用 2000 国家大地坐标系，国家测绘局受权组织实施。

2000 国家大地坐标系是全球地心坐标系在我国的具体体现，其原点为包括海洋和大气的整个地球的质量中心。2000 国家大地坐标系采用的地球椭球参数如下：

长半轴：a=6 378 137 m；

扁率：f=1/298.257 222 101；

地心引力常数：GM=3.986 004 418×1 014m^3 · s^{-2}；

自转角速度：ω=7.292 115×10^{-5}rad · s^{-1}。

四、用水平面代替水准面的范围

当测区范围小，用水平面取代水准面所产生的误差不超过测量容许误差范围时，可以用水平面取代水准面。但是在多大面积范围内才容许这种取代，有必要加以讨论。假定大地水准面为圆球面，下面将讨论用水平面取代大地水准面对水平距离、水平角度和高程测量的影响。

1. 对水平距离的影响

如图 1.9 所示，设地面上 A、B、C 三点在大地水准面上的投影分别是 a、b、c 三点，过点 a 作大地水准面的切平面，地面点 A、B、C 在水平面上的投影分别为 a'、b'、c'。设 ab 的弧长为 D，ab'的长度为 D'，球面半径为 R，D 所对应的圆心角为 θ，则用水平长度 D' 取代弧长 D 所产生的误差为：

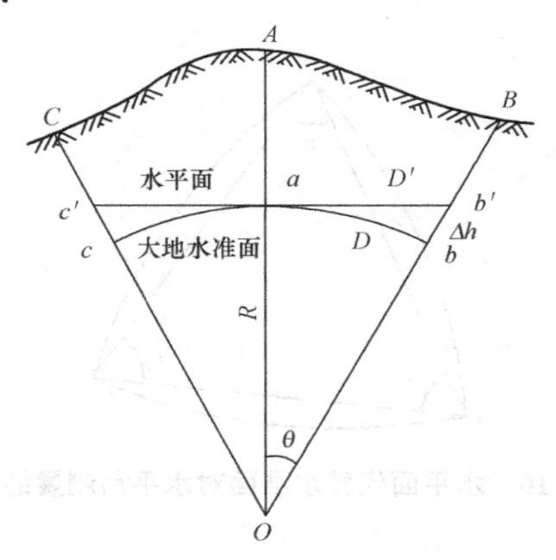

图 1.9　水平面代替水准面对距离的影响

$$\Delta D = D' - D = R\tan\theta - R\theta = R(\tan\theta - \theta) \tag{1.8}$$

在小范围测区 θ 角很小。$\tan\theta$ 可用级数展开，得：

$$\tan\theta = \theta + \frac{1}{3}\theta^3 + \frac{5}{12}\theta^5 + \cdots$$

因弧长 D 比半径 R 小得多，θ 角又很小，只取级数前两项代入式(1.8)中，得：

$$\Delta D = R(\theta + \frac{1}{3}\theta^3 - \theta) = \frac{R}{3}\theta^3$$

将 $\theta=\dfrac{D}{R}$ 代入上式中，得：

$$\frac{\Delta D}{D}=\frac{D^2}{3R^2} \tag{1.9}$$

地球平均半径 R=6 371 km，用不同的 D 值代入式(1.9)中得到表 1.1 的结果。

表 1.1　水平面代替大地水准面对距离的影响

D/km	ΔD/cm	$\Delta D/D$
1	0.00	—
5	0.10	1/4 871 000
10	0.82	1/1 218 000
15	2.77	1/541 000
20	6.57	1/304 000
50	102.65	1/48 700

计算表明两点相距 10 km 时，用水平面代替大地水准面产生的误差为 0.82 cm，相对误差为 1/1 218 000，相当于精密量距精度的 1/1 100 000。所以在半径为 10 km 测区内，可以用水平面取代大地水准面，其产生的距离投影误差可以忽略不计。

2. 对水平角测量的影响

如图 1.10 所示，球面上为一三角形 ABC，设球面多边形面积为 P，地球半径为 R，通过对其测量可知，球面上多边形内角之和比平面上多边形内角之和多一个球面角超 ε。其值可用多边形面积求得：

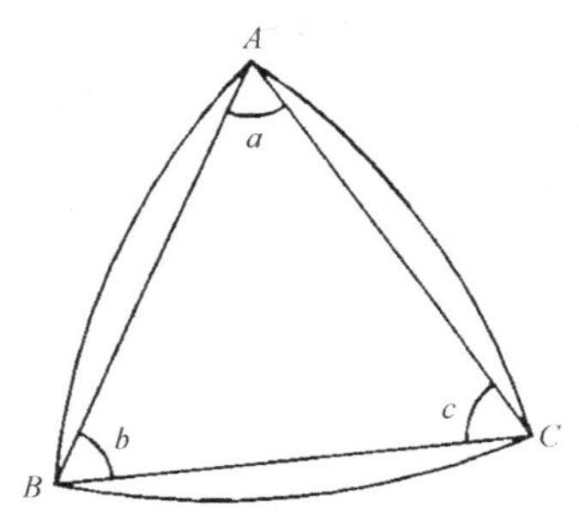

图 1.10　水平面代替水准面对水平角测量的影响

$$\varepsilon=\rho\frac{P}{R^2} \tag{1.10}$$

其中，$\rho=206\ 265''$。

球面多边形面积 P 取不同的值，球面角超 ε 得到相应的结果，见表 1.2。

表 1.2　不同面积对应的球面角

P/km^2	10	50	100	300
ε($''$)	0.05	0.25	0.51	1.52

当测区面积为 100 km^2 时，用水平面取代大地水准面，对角度影响最大值为 0.51″，对于土木工程测量而言在这样的测区内可以忽略不计。

3. 对高程的影响

如图 1.11 所示，以大地水准面为基准面的 B 点绝对高程 $H_B=Bb$，用水平面代替大地水准面时，B 点的高程 $H'_B=Bb'$，两者之差 Δh 就是对点 B 高程的影响，也称地球曲率的影响。在 Rt△Oab'中，得知：

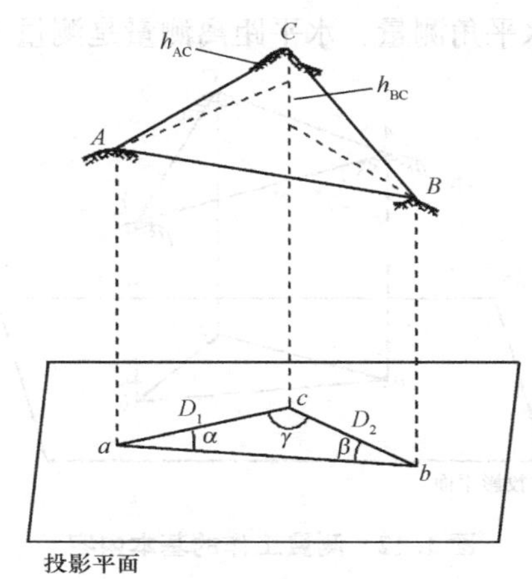

图 1.11　水平面代替水准面对高程的影响

$$(R+\Delta h)^2=R^2+D'^2$$

推导可得 $\Delta h=\dfrac{D'^2}{2R+\Delta h}$

D 与 D'相差很小，可以用 D 代替 D'，Δh 相对于 $2R$ 很小，可以忽略不计。则：

$$\Delta h=\frac{D^2}{2R} \tag{1.11}$$

对于不同的 D 值产生的高程误差见表 1.3。

表 1.3　水平面代替大地水准面对高差的影响值

D/km	0.05	0.1	0.2	1	10
Δh/mm	0.2	0.8	3.1	78.5	7 850

计算表明，地球曲率对高差影响较大，即使在不长的距离如 200 m，也会产生 3.1 mm 的高程误差，所以高程测量中应考虑地球曲率的影响。

第四节　测量工作概述

一、测量工作的基本内容

在实际测量工作中，一般不能直接测出地面点的坐标和高程。通常是求得待定点与已测出坐标和高程的已知点之间的几何位置关系，然后再推算出待定点的坐标和高程。

如图 1.12 所示，设 A、B 为坐标、高程已知的点，C 为待定点，三点在投影平面上的投影位置分别是 a、b、c。在△abc 中，只要测出一条未知边和一个角(或两个角，或两条未知边)，就可以推算出 C 点的坐标。可见测定地面点的坐标主要是测量水平距离和水平角。欲求 C 点的高程，则要测量出高差 H_{AC}(或 H_{BC})，然后推算出 C 点高程。所以测定某点高程的主要测量工作是测高差。

综上所述，高差测量、水平角测量、水平距离测量是测量工作的基本内容。

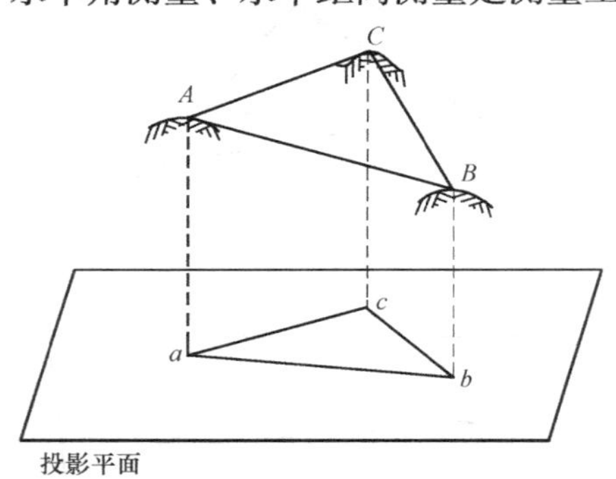

图 1.12　测量工作的基本内容

二、测量工作的基本原则

测量工作中将地球表面复杂多样的地形分为地物和地貌两类。地面上的河流、道路、房屋等自然物体称为地物，地势的高低起伏形态称为地貌，地物和地貌统称为地形。要在一个已知点上测绘该测区所有的地物和地貌是不可能的，只能测量其附近的范围，因此，只能在若干点上分区观测，最后才能拼成一幅完整的地形图。施工放样也是如此，但不论采用何种方法、使用何种仪器进行测量或放样，都会给其成果带来误差。为了防止测量误差的逐渐传递和累积，要求测量工作遵循在布局上“从整体到局部”、在工作程序上“先控制后碎部”、在精度上“从高级到低级”的基本原则进行。同时，测量工作必须进行严格的检核，“前一步工作未作检核不进行下一步测量工作”是组织测量工作应遵循的又一个原则。

遵循“先控制后碎部”的测量原则，就是先进行控制测量，测定测区内若干个具有控制意义的控制点的平面位置(纵横坐标)和高程，作为后面测量工作的依据。控制测量分为平面控制测量和高程控制测量。平面控制测量是确定测区中一系列控制点的坐标的测量工作。平面控制测量的方法有导线测量、三角测量及交会定点等，高程控制测量是确定测区中一系列控制点高程的测量工作。主要方法有水准测量、三角高程测量等。

根据控制点进行地物、地貌的测量工作称为碎部测量。地物和地貌的形状和大小是由一些特征点的位置所决定的，这些特征点称为碎部点，测图时，主要就是测定这些碎部点的平面位置和高程。碎部测量常用的方法有平板仪测绘法、经纬仪测绘法、全站仪测绘法以及数字化测图等。

思考与练习

1. 测量学研究的对象是什么？

2. 测定与测设有何区别？

3. 建筑工程测量的任务是什么？

4. 解释地球体的几个概念：铅垂线、水准面、大地水平面、法线、旋转椭球面。

5. 什么是测量工作的基准面和基准线？

6. 测量学中的平面直角坐标系和数学上的平面直角坐标系有何不同？为何这样规定？

7. 已知 $H_A=54.632$ m，$H_B=63.239$ m，求 h_{AB} 和 h_{BA}。

8. 地球上某点的经度为 $112°21'$，试问该点所在 $6°$ 带和 $3°$ 带的中央子午线经度和带号。

9. 何谓绝对高程和相对高程？两点之间的绝对高程之差与相对高程之差是否相等？

10. 测量工作的两个基本原则是什么？

第二章 水准测量

通过本章学习，理解水准测量的原理和方法、掌握水准仪的基本操作和检验、校正；了解水准测量误差的影响与消除方法；了解三、四等水准测量和自动安平、精密水准仪。其重点内容包括水准测量原理，水准仪的读数，水准测量的施测程序与成果检验，闭合差调整，误差的消除方法以及三、四等水准测量。

第一节 水准测量的原理和方法

确定地面点高程的测量工作称为高程测量。根据所使用的仪器和施测方法不同，高程测量分为水准测量、三角高程测量、气压高程测量及GPS高程测量等。其中，水准测量是高程测量中最精密、最传统的方法。

一、水准测量原理

水准测量原理是利用水准仪提供一条水平视线，借助竖立在地面点上的水准尺，直接测定地面上各点的高差，然后根据其中一点的已知高程推算其他各点的高程。

如图2.1所示，已知地面A点的高程为H_A，如果要测得B点的高程H_B，就要测出两点的高差h_{AB}。

欲测定A、B两点间的高差，在A、B两点各竖一根水准尺，在两点之间安置水准仪。测量时利用水准仪提供的一条水平视线，读出已知高程A的水准尺读数a，这一度数在测量上称为后视读数。同时测出未知高程点B的水准尺读数b，这一读数在测量上称为前视读数。由此可知A、B两点的高差h_{AB}，可由下式求得：

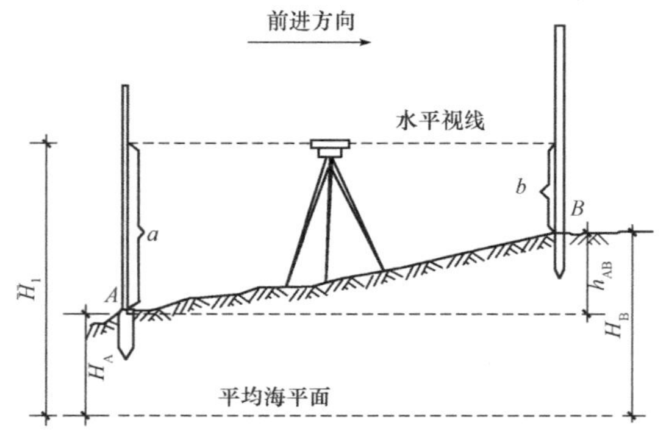

图2.1 水准测量原理

a—后视读数；A—后视点；b—前视读数；B—前视点

$$h_{AB}=a-b \tag{2.1}$$

也就是说，A、B 两点的高差等于后视读数减去前视读数。

即：A、B 两点间高差：$h_{AB}=H_B-H_A=a-b$ (2.2)

测得两点间高差 h_{AB}后，若已知 A 点高程 H_A，则可得 B 点的高程：

$$H_B=H_A+h_{AB} \tag{2.3}$$

二、水准测量方法

(1)高差法。这种由求得两点之间高差，根据已知点高程得出未知点高程的方法称为高差法。

在给出的条件中 A 点的高程为已知，则 A 点的水平视线高就应为 A 点的高程与 A 点所立水准尺上读数 a 之和。即：视线高＝后视点的高程＋后视尺的读数；前视点的高程＝视线高－前视尺的读数

$$H_i=H_A+a=H_B+b \tag{2.4}$$

(2)视线高法。这种由求得视线高，根据已知点高程得未知点高程的方法称为视线高法(工程中常用的方法)。

上述测量中，只需要在两点之间安置一次仪器就可测得所求点的高程，这种方法叫简单水准测量。

如果两点之间的距离较远，或高差较大时，仅安置一次仪器不能测得它们的高差，这时需要加设若干个临时的立尺点，作为传递高程的过渡点，称为转点。欲求 A 点至 B 点的高差 h_{AB}，选择一条施测路线，用水准仪依次测出 AP 的高差 h_{AP}、PQ 的高差 h_{PQ}等，直到最后测出的高差 h_{WB}。每安置一次仪器，称为一个测站，而 P，Q，R，…，W 等点即为转点，如图 2.2 所示。

$$h_{AB}=h_{AP}+h_{PQ}+\cdots+h_{WB} \tag{2.5}$$

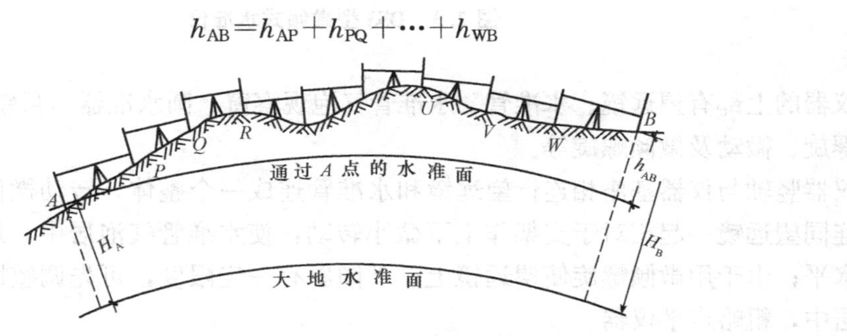

图 2.2 连续水准测量

各测站的高差均为后视读数减去前视读数之值，即 $h_{AP}=a_1-b_1$，$h_{PQ}=a_2-b_2$，…，$h_{WB}=a_n-b_n$，下标 1，2，…，n 表示第一站、第二站至第 n 站的后视读数和前视读数。

$$h_{AB}=(a_1-b_1)+(a_2-b_2)+\cdots+(a_n-b_n)=\sum(a-b) \tag{2.6}$$

在实际作业中可先算出各测站的高差，然后取它们的总和而得 h_{AB}；再用上式，即用后视读数之和 $\sum a$ 减去前视读数之和 $\sum b$ 来计算高差 h_{AB}，检验计算是否错误。

第二节　水准测量的仪器与工具

水准仪是水准测量的主要仪器，按其所能达到的精度分为DS05、DS1、DS3及DS10等等级。

“D”和“S”表示中文“大地”和“水准仪”中“大”字和“水”字的汉语拼音的第一个字母，通常在书写时可省略字母“D”，“05”“1”“3”及“10”等数字表示该类仪器的精度。

S3型和S10型水准仪称为普通水准仪，用于国家三、四等水准及普通水准测量，S05型和S1型水准仪称为精密水准仪，用于国家一、二等精密水准测量。

一、DS3型水准仪的构造

根据水准测量原理，水准仪的主要作用是提供一条水平视线，并能照准水准尺进行读数。因此，水准仪主要由望远镜、水准器和基座三部分构成。图2.3所示为我国生产的DS3型微倾式水准仪。

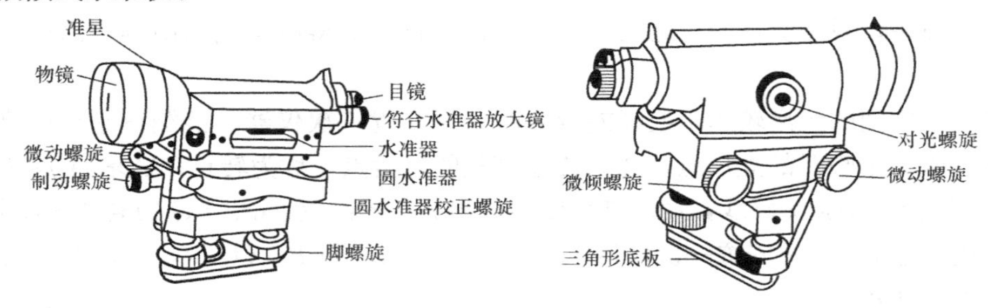

图2.3　DS3型微倾式水准仪

仪器的上部有望远镜、水准管、水准管气泡观察窗、圆水准器、目镜及物镜对光螺旋、制动螺旋、微动及微倾螺旋等。

仪器竖轴与仪器基座相连；望远镜和水准管连成一个整体，转动微倾螺旋可以调节水准管连同望远镜一起相对于支架作上下微小转动，使水准管气泡居中，从而使望远镜视线精确水平；由于用微倾螺旋使望远镜上、下倾斜有一定限度，可先调整脚螺旋使圆水准器气泡居中，粗略定平仪器。

整个仪器的上部可以绕仪器竖轴在水平方向旋转，水平制动螺旋和微动螺旋用于控制望远镜在水平方向上的转动，松开制动螺旋，望远镜可在水平方向任意转动，只有当拧紧制动螺旋后，微动螺旋才能使望远镜在水平方向上作微小转动，以精确瞄准目标。

(一)望远镜

望远镜是用来精确瞄准远处目标和提供水平视线进行读数的设备。它主要由物镜、目镜、调焦透镜及十字丝分划板等组成。从目镜中看到的是经过放大后的十字丝分划板上的影像。

物镜和目镜多采用复合透镜组。物镜的作用是和调焦透镜一起使远处的目标在十字丝分划板上形成缩小的实像。转动物镜调焦螺旋，可使不同距离的目标的成像清晰地落在十字丝分划板上，称为调焦或物镜对光。目镜的作用是将物镜所成的实像与十字丝一起放大成虚像。转动目镜螺旋，可使十字丝影像清晰，称为目镜对光。

十字丝分划板是一块刻有分划线的透明的薄平玻璃片，是用来准确瞄准目标的，中间一根长横丝称为中丝，与之垂直的一根丝称为竖丝，在中丝上、下对称的两根与中丝平行的短横丝称为上、下丝(又称观距丝)，如图 2.4 所示。在水准测量时，用中丝在水准尺上进行前、后视读数，用以计算高差，用上、下丝在水准尺上读数，用以计算水准仪至水准尺的距离(视距)。

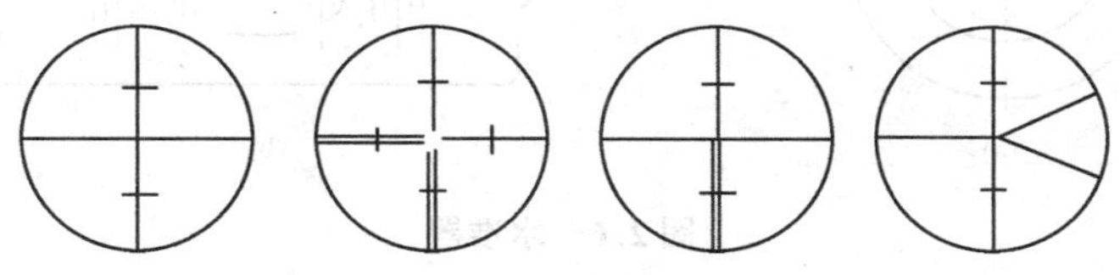

图 2.4　十字丝分划板

物镜光心与十字丝交点的连线构成望远镜的视准轴，如图 2.5 中的 CC'。水准测量是在视准轴水平时，用十字丝的中丝截取水准尺上的读数。可见观测的视线即为视准轴的延长线。

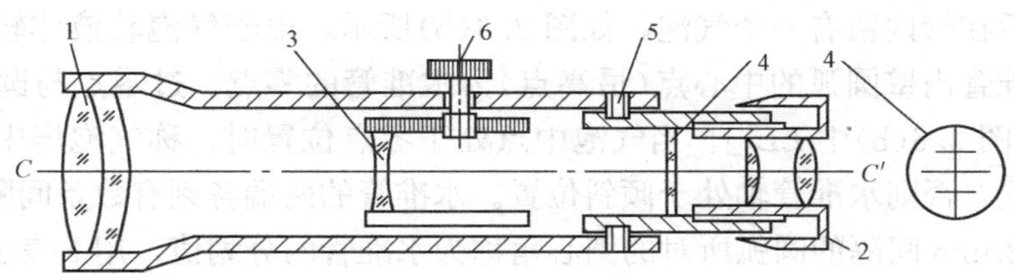

图 2.5　水准仪望远镜

1—物镜；2—目镜；3—调焦透镜；4—十字丝分划板；5—连接螺丝；6—调焦螺旋

从望远镜内所能看到的目标影像的视角 β 与肉眼直接观察该目标的视角 α 之比称为望远镜的放大率。一般用 ν 表示：

$$\nu=\beta/\alpha \tag{2.7}$$

DS3 型微倾式水准仪望远镜的放大率一般为 25～30 倍。

(二)水准器

水准器是用来整平仪器、指示视准轴是否水平，供操作人员判断水准仪是否安置平整的重要部件。其分为圆水准器和管水准器两种。

1. 圆水准器

如图 2.6(a)所示，圆水准器是一封闭的玻璃圆盒，盒内部装满乙醚溶液，密封后留有气泡。盒须面的内壁磨成圆球形，顶面的中央画一小圆，其圆心 S 即为水准器的零点。连接零点 S 与球面的球心 O 的直线称为圆水准器的水准轴。当气泡居中时，圆水准器的水准轴即呈铅垂位置；气泡偏离零点，轴线呈倾斜状态。气泡中心偏离零点 2 mm，轴线所倾斜的角值，称为圆水准器的分划值。DS3 型水准仪圆水准器分划值一般为 $8'$～$10'$。圆水准器的功能是用于仪器的粗略整平。

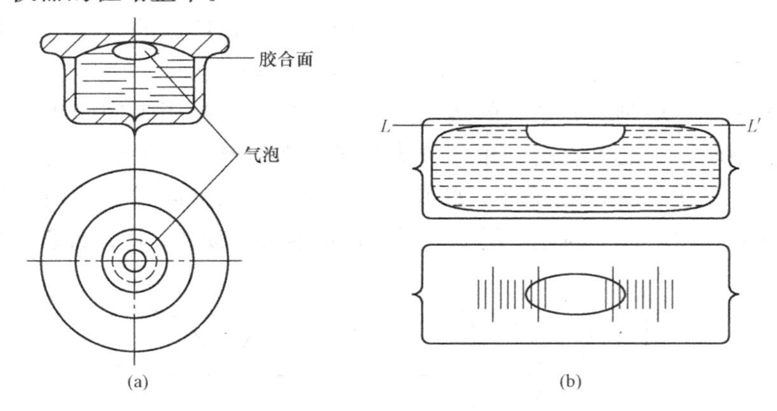

图 2.6　水准器

(a)圆水准器；(b)管水准器

2. 管水准器

管水准器又称水准管，它是一个管状玻璃管，其纵剖面方向的内表面为具有一定半径的圆弧。精确水准管的圆弧半径为 80～100 m，最精确的可达 200 m。管内装有乙醚溶液，加热融封冷却后在管内留有一个气泡，如图 2.6(b)所示。由于气泡较液体轻，因此恒处于最高位置。水准管内壁圆弧的中心点(最高点)为水准管的零点。过零点与圆弧相切的切线称为水准管轴[图 2.6(b)中 LL']。当气泡中点处于零点位置时，称气泡居中，这时水准管轴处于水平位置，否则水准管轴处于倾斜位置。水准管的两端各刻有数条间隔 2 mm 的分划线，水准管上 2 mm 间隔的圆弧所对的圆心角称为水准管的分划值，用 τ 表示。

$$\tau=\frac{2}{R}\cdot\rho \tag{2.8}$$

式中　R——为水准管圆弧半径，单位为 mm；

　　　ρ——弧度相对应的秒值，$\rho=206\ 265''$。

测量仪器上的水准管分划值，小的可达 2″，大者可达 5′。水准管的分划值越小，灵敏度越高。DS3 型水准仪水准管的分划值为 20″，记做 20″/2 mm。由于水准管的精度较高，因而用于仪器的精确整平。

气泡准确而快速移居管中最高位置的能力称为水准管的灵敏度。测量仪器上水准管的灵敏度须适合它的用途。用灵敏度较高的水准管可以更精确地导致仪器的某部分呈水平位置或竖直位置；但灵敏度越高，置平越费时间，所以水准管灵敏度应与仪器其他部分的精密情况相适应。

3. 符合水准器

为了提高水准管气泡居中的精度，DS3 型水准仪水准管的上方装有符合棱镜系统，如图 2.7(a)所示。将气泡两端影像同时反映到望远镜旁的观察窗内。通过观测窗观察，当两端半边气泡的影像符合时，表明气泡居中，如图 2.7(b)所示；若两影像呈错开状态，表明气泡不居中，如图 2.7(c)所示，此时应转动微倾螺旋使气泡影像符合这种装有棱镜组的水准管，故称符合水准器。

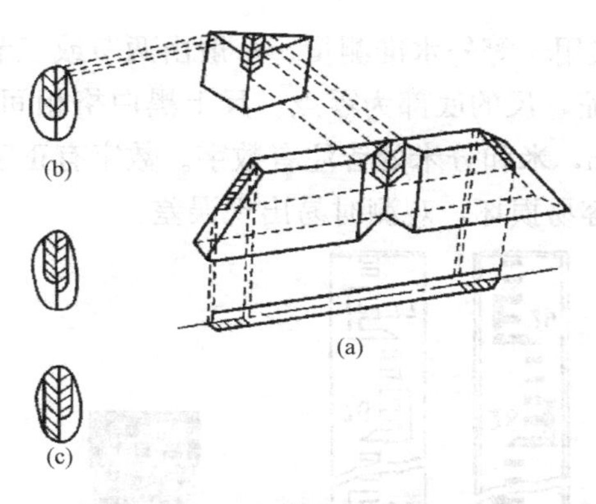

图 2.7　符合水准器

(三)基座

基座的作用是支承仪器的上部并通过连接螺旋使仪器与三脚架相连。基座位于仪器下部，主要由轴座、脚螺旋、底板、三角形压板构成。仪器上部通过竖轴插入轴座内旋转，由基座承托；脚螺旋用于调节圆水准气泡的居中；底板通过连接螺旋与三脚架连接，如图 2.8 所示。

图 2.8　水准仪基座

除了上述部件外，水准仪还装有制动螺旋、微动螺旋和微倾螺旋。制动螺旋用于固定仪器；当仪器固定不动时，转动微动螺旋可使望远镜在水平方向作微小转动，用以精确瞄准目标；微倾螺旋可使望远镜在竖直面内微动，圆水准气泡居中后，转动微倾螺旋使管水准器气泡影像符合，这时即可利用水平视线读数。

二、水准尺和尺垫

1. 水准尺

水准尺是水准测量时使用的标尺。其质量的好坏直接影响水准测量的精度。因此，水准尺需用伸缩性小、不易变形的优质材料制成，如优质木材、玻璃钢、铝合金等。常用的水准尺有塔尺和双面尺两种，如图 2.9 所示。

(1)双面尺[图 2.9(a)]多用于三、四等水准测量，其长度为 3 m，两根尺为一对。尺的两面均有刻划，一面为红白相间，称为红面尺；另一面为黑白相间，称黑面尺(也称主尺)，两面的最小刻划均为 1 cm，并在分米处注字。两根尺的黑面均由零开始；而红面，一根由 4.678 m 开始至 7.678 m，另一根由 4.787 m 开始至 7.787 m；其目的是避免观测时的读数错误，便于校核读数。同时用红、黑两面读数求得高差，可进行测站检核计算。

(2)塔尺[图 2.9(b)]仅用于等外水准测量。一般由两节或三节套接而成，其长度有 3 m 和 5 m 两种。塔尺可以伸缩，尺的底部为零点。尺上黑白格相间，每格宽度为 1 cm，有的为 0.5 cm，每小格宽 1 mm，米和分米处皆注有数字。数字有正字和倒字两种。数字上加红点表示米数。塔尺接头处容易损坏，观测时易出现误差。

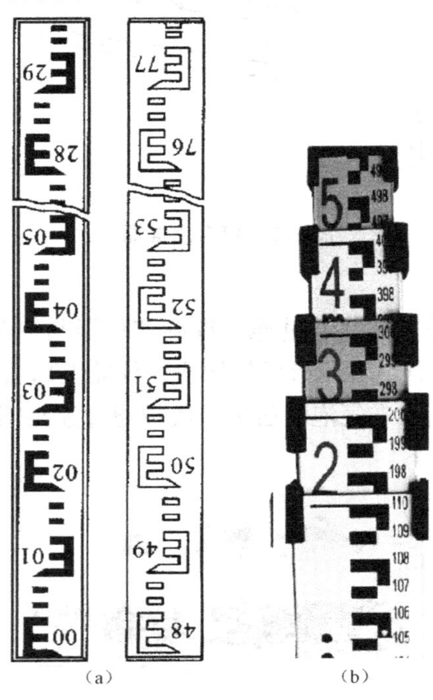
(a)　　　　　　(b)

图 2.9　水准尺

2. 尺垫

尺垫是在转点处放置水准尺用的，其作用是防止转点位移动和水准尺下沉。如图 2.10 所示，尺垫用生铁铸成，一般为三角形，中间有一突起的半球体，下方有三个支脚。使用时将支脚牢固地踏入土中，以防下沉。上方突起的半球形顶点作为竖立水准尺和标志转点之用。

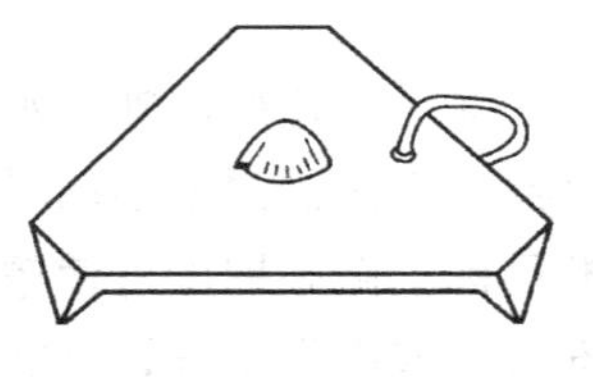

图 2.10　尺垫

第三节　水准仪的使用

使用微倾式水准仪的基本操作程序为安置仪器、粗略整平(粗平)、瞄准水准尺、精确整平(精平)和读数。

使用水准仪时，将仪器装于三脚架上，安置在选好的测站上，三脚架头大致水平，仪器的各种螺旋都调整到适中位置，以便螺旋向两个方向均能转动。用脚螺旋导致圆水准器的气泡居中，称为粗平；放松制动螺旋，水平方向转动望远镜，用准星和照门大致瞄准水准标尺；固定制动螺旋，用微动螺旋使望远镜精确瞄准水准尺；用微倾螺旋使水准管气泡居中，称为精平；最后通过望远镜用十字丝中间的横丝在水准尺上读数。

一、安置水准仪

安置水准仪的方法，通常是先将脚架的两条腿取适当位置安置好，然后一手握住第三条腿作前后移动和左右摆动，一手扶住脚架顶部，眼睛注意圆水准器气泡的移动，使之不要偏离中心太远。如果地面比较坚实，如在公路上、城镇中有铺装面的街道上等可以不用脚踏，如果地面比较松软则应用脚踏实，使仪器稳定。当地面倾斜较大时，应将三脚架的一个脚安置在倾斜方向上，将另外两个脚安置在与倾斜方向垂直的方向上，这样可使仪器比较稳固。

二、粗略整平

粗略整平工作是通过调节仪器的脚螺旋，使圆水准器的气泡居中，以达到仪器竖轴大致铅直，视准轴粗略水平的目的。基本方法是：用两手分别以相对方向转动两个脚螺旋，此时气泡移动方向与左手大拇指旋转时的移动方向相同，如图 2.11(a)所示。然后再转动第三个脚螺旋使气泡居中，如图 2.11(b)所示。实际操作时可以不转动第三个脚螺旋，而以相同方向同样速度转动原来的两个脚螺旋使气泡居中，如图 2.11(c)所示。在操作熟练以后，不必将气泡的移动分解为两步，而可以转动两个脚螺旋直接导致气泡居中。

注意：在整平的过程中，气泡移动的方向与左手大拇指转动的方向一致。

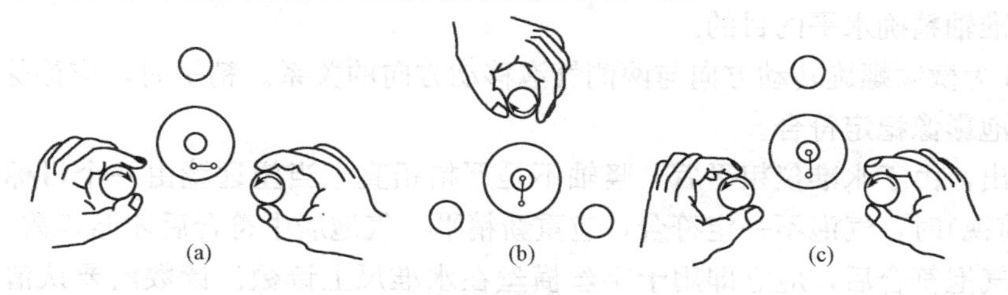

图 2.11　粗略整平的操作

三、瞄准

瞄准就是使望远镜对准水准尺，清晰地看到目标和十字丝成像，以便准确地进行水准尺读数。

首先进行目镜调焦，把望远镜对向明亮的背景，转动目镜调焦螺旋，使十字丝清晰，松开制动螺旋，转动望远镜，利用镜筒上的照门和准星连线对准水准尺，再拧紧制动螺旋；然后转动物镜的调焦螺旋，使水准尺成像清晰；最后转动微动螺旋，使十字丝的纵丝对准水准尺的像。

视差及视差的消除：瞄准时应注意消除视差，眼睛在目镜处上下左右作少量的移动，发现十字丝和目标有着相对的运动，这种现象称为视差。测量作业是不允许存在视差的，因为这说明不能判明是否精确地瞄准了目标。

产生视差的原因是目标通过物镜之后的影像没有与十字丝分划板重合，如图 2.12(a)和(b)所示：人眼位于中间位置时，十字丝交点 O 与目标的像 a 点重合，当眼睛略为向上，

O 点又与 b 点重合，当眼睛略为向下时，O 点便与 c 点重合了。如果连续使眼睛上下移动，就好像看到 O 点在目标的像上面运动一样。图 2.12(c)是没有视差的情况。

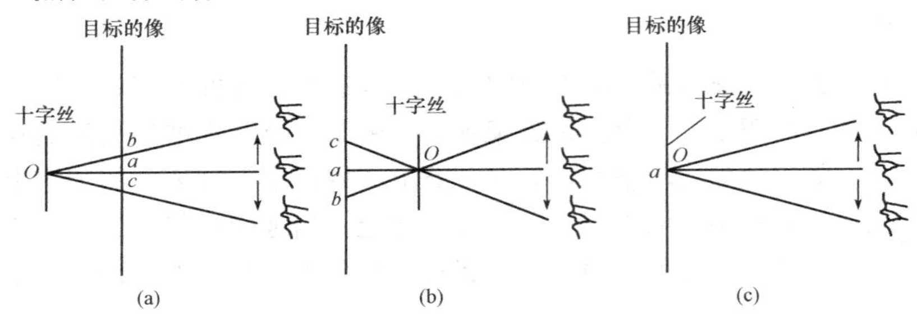

图 2.12　十字丝视差

消除视差的方法是仔细地进行目镜调焦和物镜调焦，直至眼睛上下移动时读数不变为止。

由于望远镜目镜的出瞳直径约为 1.5 mm，人眼的瞳孔直径约为 2.0 mm，所以检查有无视差时，眼睛上下、左右移动的距离不宜大于 0.5 mm。

四、精确整平

精确整平简称精平，就是在读数前转动微倾螺旋使水准管气泡居中(气泡影像重合)，从而达到视准轴精确水平的目的。

图 2.13 为微倾螺旋转动方向与两侧气泡移动方向的关系。精平时，应徐徐转动微倾螺旋，直到气泡影像稳定符合。

必须指出，由于水准仪粗平后，竖轴不是严格铅直，当望远镜由一个目标(后视)转到另一目标(前视)时，气泡不一定符合，应重新精平，气泡居中符合后才能读数。

当确认气泡符合后，应立即用十字丝横丝在水准尺上读数。读数前要认清水准尺的注记特征，读数时按由小到大的方向，读取米、分米、厘米、毫米四位数字，最后一位毫米估读。如图 2.14 所示，读数为 1.338，习惯上不读小数点，只读 1 338 四位数，即以毫米为单位，2.000 m 或读 2 000，0.068 m 或读 0068。这对于观测、记录及计算工作都有一定的好处，可以防止不必要的误会和错误。

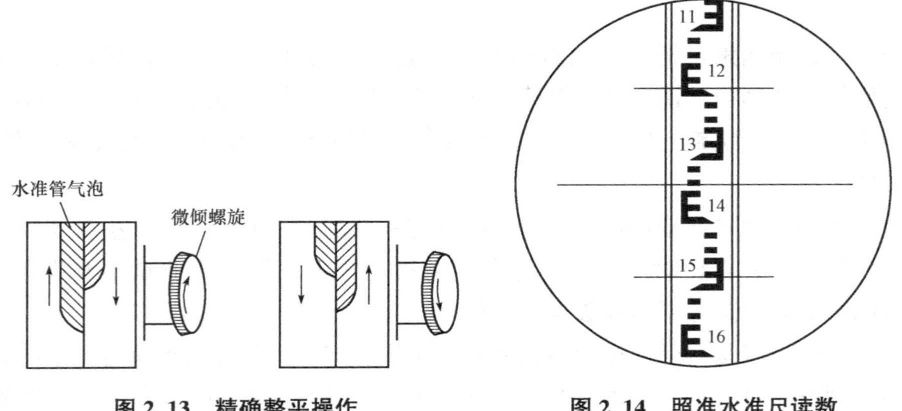

图 2.13　精确整平操作　　**图 2.14　照准水准尺读数**

精平和读数是两项不同的操作步骤，但在水准测量过程中，应把两项操作视为一个整体。即精平后立即读数，读数后还要检查水准管气泡是否符合，只有这样，才能取得准确读数，保证水准测量的精度。

第四节　水准测量的施测步骤

一、埋设水准点

水准测量的主要目的是测出一系列点的高程。通常称这些点为水准点(Bench Mark)，简记为 *BM*。我国水准点的高程是从青岛水准原点起算的。

为了进一步满足工程建设和地形测图的需要，以国家水准测量的三、四等水准点为起始点，尚需布设工程水准测量或图根水准测量，通常统称为普通水准测量(也称等外水准测量)。普通水准测量的精度较国家等级水准测量低一些，水准路线的布设及水准点的密度可根据具体工程和地形测图的要求而有较大的灵活性。

水准点有永久性和临时性两种。国家等级水准点，如图 2.15(a)所示，一般用石料或钢筋混凝土制成，深埋到地面冻结线以下，在标石的顶面设有由不锈钢和其他不易锈蚀的材料制成的半球状标志。半球状标志顶点表示水准点的点位。有的用金属标志埋设于基础稳固的建筑物墙脚下，称为墙上水准点，如图 2.15(b)所示。在城镇和厂矿区，常采用稳固建筑物墙脚的适当高度埋设墙脚水准标志作为水准点。

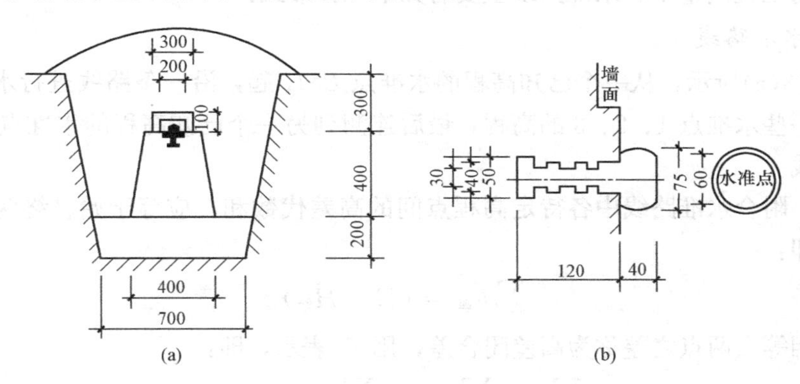

图 2.15　水准点标志

建筑工地上的永久性水准点一般用混凝土预制而成，顶面嵌入半球形的金属标志，如图 2.16(a)所示，表示该水准点的点位。临时性的水准点可选在地面突出的坚硬岩石或房屋勒脚、台阶上，用红漆做标记，也可用大木桩打入地下，桩顶上钉一半球形钉子作为标志，如图 2.16(b)所示。

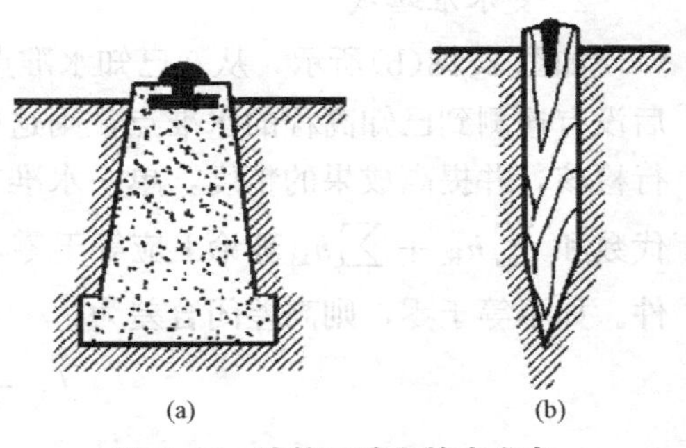

图 2.16　建筑工地上的水准点

选择埋设水准点的具体地点，能保证标石稳定、安全、长期保存，而且便于使用。埋设水准点后，为了便于寻找水准点，应绘出能标记水准点位置的草图(称点之记)，图上要注明水准点的编号和与周围地物的位置关系，如图 2.17 所示。

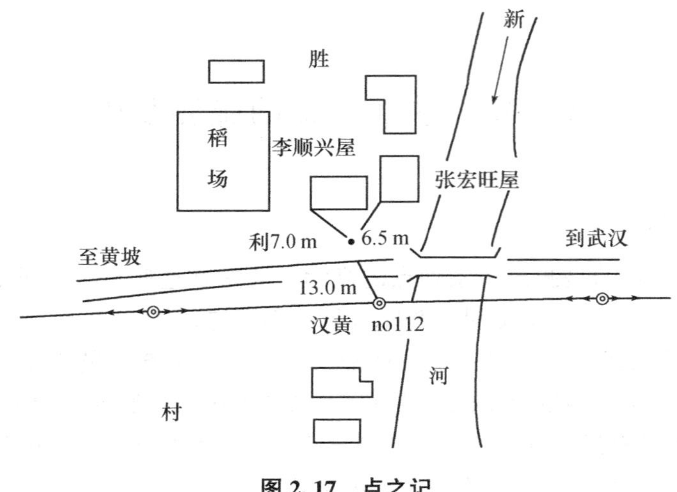

图 2.17　点之记

二、拟定水准路线

在水准测量中，为了避免观测、记录和计算中发生人为粗差，并保证测量成果能达到一定的精度要求，必须布设某种形式的水准路线，利用一定的条件来检验所测成果的正确性。在一般的工程测量中，水准路线主要有如下三种形式：

1. 附合水准路线

如图 2.18(a)所示，从一个已知高程的水准点 BM_A 起，沿一条路线进行水准测量，经过测定另外一些水准点 1、2、3 的高程，最后连测到另一个已知高程的水准点 BM_B，称为附合水准路线。

理论上，附合水准路线中各待定高程点间的高差代数和，应等于始、终两个水准点的高程之差，即：

$$\sum h_{理} = (H - H_{始}) \tag{2.9}$$

如果不相等，两点之差称为高差闭合差，用 f_h 表示，即：

$$f_h = \sum h - \sum h_{理} = \sum h - (H - H_{始}) \tag{2.10}$$

2. 支水准路线

如图 2.18(b)所示，从一已知水准点 BM_A 出发，沿待定高程点进行水准测量，如果最后没有连测到已知高程的水准点，则这样的水准路线称为支水准路线。为了对测量成果进行检核，并提高成果的精度，单一水准支线必须进行往、返测量。往测高差与返测高差的代数和 $\sum h_{往} + \sum h_{返}$ 理论上应等于零，并以此作为支水准路线测量正确性与否的检验条件。如不等于零，则高差闭合差为：

$$f_h = \sum h_{往} + \sum h_{返} \tag{2.11}$$

3. 闭合水准路线

如图 2.18(c)所示，从一已知高程的水准点 BM_A 出发，沿一条环形路线进行水准测量，测定沿线 1、2、3 水准点的高程，最后又回到原水准点 BM_A，称为闭合水准路线。

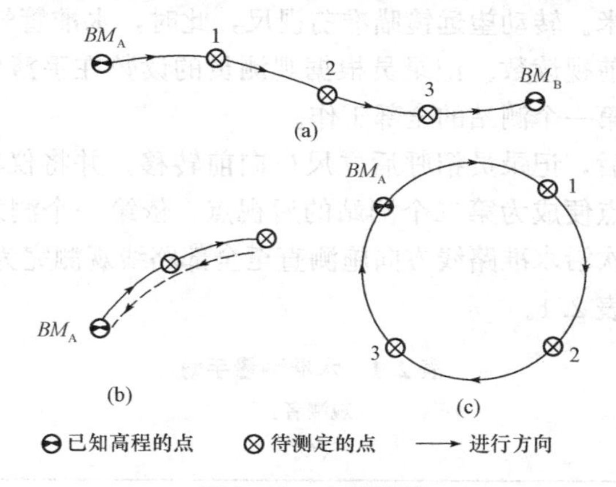

图 2.18 水准路线

从理论上讲，闭合水准路线上各点间高差的代数和应等于零，即：

$$\sum h_{理} = 0 \tag{2.12}$$

但实际上总会有误差，致使高差闭合差不等于零，则高差闭合差为：

$$f_h = \sum h - \sum h_{理} = \sum h \tag{2.13}$$

4. 水准网

若干条单一水准路线相互连接构成的形状称为水准网。

三、普通水准测量步骤

水准点埋设完毕，即可按拟定的水准路线进行水准测量。现以图 2.19 为例，介绍水准测量的具体做法。图中 BM_A 为已知高程水准点，TP 为转点，B 为拟测高程的水准点。

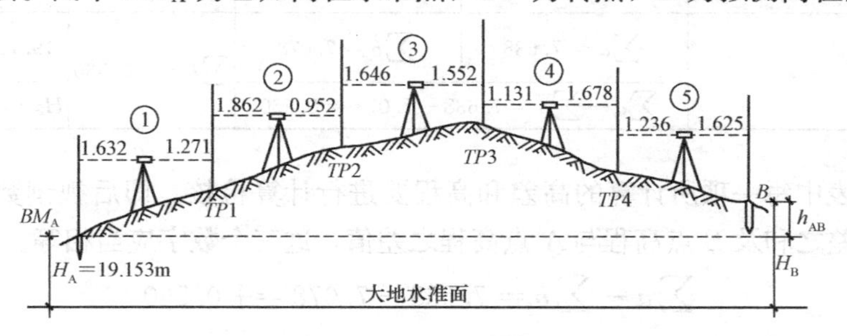

图 2.19 普通水准测量

已知水准点 BM_A 的高程 H_A=19.153 m，欲测定距水准点 BM_A 较远的 B 点高程。按普通水准测量的方法，由点 BM_A 出发共需设五个测站，连续安置水准仪测出各站两点之间的高差，观测步骤如下：

将水准尺立于已知高程的水准点上作为后视，水准仪置于施测路线附近适合的位置，在施测路线的前进方向上取仪器至后视大致相等的距离放置尺垫，在尺垫上竖立水准尺作为前视。观测员将仪器用圆水准器粗平之后瞄准后视标尺，用微倾螺旋使水准管气泡居中，用中丝读后视读数至毫米。转动望远镜瞄准前视尺，此时，水准管气泡一般将会偏离少许，使气泡居中，用中丝读前视读数。记录员根据观测员的读数在手簿中记下相应的数字，并立即计算高差。以上为第一个测站的全部工作。

第一个测站结束之后，记录员招呼后立尺员向前转移，并将仪器迁至第二个测站。此时，第一个测站的前视点便成为第二个测站的后视点。依第一个测站相同的工作程序进行第二个测站的工作，依次沿水准路线方向施测直至全部路线观测完为止。

观测记录与计算见表 2.1。

表 2.1　水准测量手簿

日期：　　　　　　　　观测者：　　　　　　　　记录者：

仪器型号：　　　　　　天气：　　　　　　　　　仪器编号：

日期 天气		仪器 地点		观测 记录		
测站	点号	后视读数/m	前视读数/m	高差/m	高程/m	备注
1	BM_A	1.632		+0.361	19.153	已知
	$TP1$		1.271			
2	$TP1$	1.862		+0.910		
	$TP2$		0.952			
3	$TP2$	1.646		+0.094		
	$TP3$		1.552			
4	$TP3$	1.131		−0.547		
	$TP4$		1.678			
5	$TP4$	1.367		−0.258	19.713	
	BM_B		1.625			
计算 检核		$\sum a = 7.638$	$\sum b = 7.078$	$\sum h = +0.560$	19.713−19.153	
		$\sum a - \sum b = 7.638 - 7.078 = 0.560$			$H_B - H_A = +0.560$	

对于记录表中每一项所计算的高差和高程要进行计算检核。即后视读数总和减去前视读数总和、高差之和及 B 点高程与 A 点高程之差值，这三个数字应当相等。否则计算有误。

$$\sum a - \sum b = 7.638 - 7.078 = +0.560 \tag{2.14}$$

$$\sum h = +0.560 \tag{2.15}$$

$$H_B - H_A = 19.713 - 19.153 = +0.560 \tag{2.16}$$

四、测站检验方法

在进行连续水准测量时，若其中任何一个后视或前视读数有错误，都会影响高差的正确性。对于每一测站而言，为了校核每次水准尺读数有无差错，可采用改变仪器高的方法或双面尺法进行测站检核。

1. 变动仪器高的方法

变动仪器高法是在同一测站通过调整仪器高度(即重新安置与整平仪器)，两次测得高差，改变仪器高度在 0.1 m 以上；或者用 2 台水准仪同时观测，当两次测得高差的差值不超过容许值(如等外水准测量容许值为±6 mm)时，则取两次高差平均值作为该站测得的高差值。否则需要检查原因，重新观测。

2. 双面尺法

双面尺法是在同一个测站上，仪器高度不变，而立在前视点和后视点上的水准尺分别用黑面和红面各进行一次读数，测得两次高差，互相检核。若同一水准尺红面与黑面(加常数后)之差在 3 mm 以内，且黑面尺高差 $h_{黑}$与红面尺高差 $h_{红}$之差不超过±5 mm，则取黑、红面高差平均值作为该站测得的高差值。否则需要检查原因，重新观测。

第五节 水准测量的误差及注意事项

水准测量的误差包括仪器误差、观测误差、外界条件的影响三个方面。在水准测量作业中应根据误差产生的原因，采取相应的措施，尽量减弱或消除其影响。

一、仪器误差

1. 仪器校正后的残余误差

在水准测量前虽然经过严格的检验校正，但仍然存在残余误差。而这种误差大多数是系统性的，可以在测量中采取一定的方法加以减弱或消除。例如，水准管轴与视准轴不平行误差，当前后视距相等时，在计算高差时其偏差值将相互抵消。因此，在作业中，应尽量使前后视距相等。

2. 水准尺的误差

水准尺分划不准确、尺长变化、尺身弯曲，都会影响读数精度。因此，水准尺要经过检验才能使用，不合格的水准尺不能用于测量作业。此外，由于水准尺长期使用而使低端磨损，或水准尺使用过程中沾上泥土，这些情况相当于改变了水准尺的零点位置，称水准尺零点误差。对于水准尺零点误差，可采取两固定点间设置偶数测站的方法，消除其对高差的影响。

二、观测误差

1. 水准管气泡居中误差

水准测量时，视线的水平是根据水准管气泡居中来实现的。由于气泡居中存在误差，致使视线偏离水平位置，从而带来读数误差。消除此误差的办法是：每次读数时，使气泡严格居中。

2. 读数误差

水准尺估读毫米数的误差，与人眼的分辨能力、望远镜的放大倍数及视线长度有关。在作业中，应遵循不同等级的水准测量对望远镜放大率和最大视线长度的规定，以保证估读精度。

3. 视差影响

水准测量时，如果存在视差，由于十字丝平面与水准尺影像不重合，眼睛的位置不同，读出的数据不同，会给观测结果带来较大的误差。因此，在观测时应仔细进行调焦，严格消除视差。

4. 水准尺倾斜影响

如图 2.20 所示，水准尺倾斜将使尺上的读数增大。误差大小与在尺上的视线高度以及尺子的倾斜程度有关。为消除这种误差的影响，扶尺必须认真，使尺既直又稳，有的水准尺上装有圆水准器，扶尺时应使气泡居中。

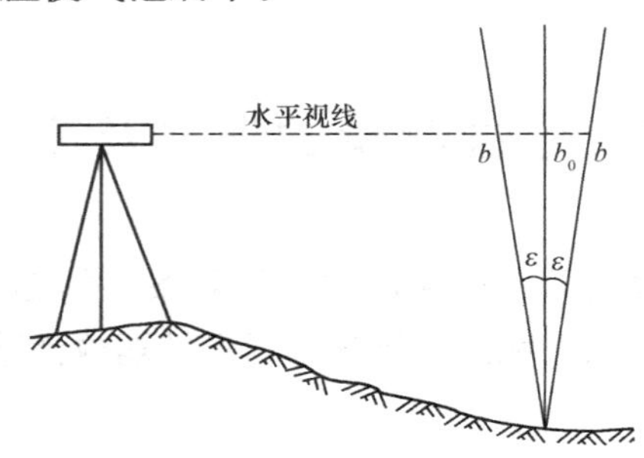

图 2.20　水准尺倾斜误差

三、外界条件的影响

1. 仪器下沉

当仪器安置在土质疏松的地面上时，会产生缓慢下降现象，由后视转前视时视线下降，读数减小。可采用“后前、前后”的观测顺序，减小误差。

2. 尺垫下沉

如果转点选在松软的地面时，转站时，尺垫发生下沉现象，使下一站后视读数增大，引起高差误差。可采取往返测取中数的办法减小误差的影响。

3. 地球曲率及大气折光的影响

如图 2.21 所示，用水平视线代替大地水准面在水准尺上的读数产生误差 c：

$$c=\frac{D^2}{2R} \tag{2.17}$$

式中　D——仪器到水准尺的距离；

　　　R——地球的平均半径，6 371 km。

另外，由于地面大气层密度的不同，使仪器的水平视线因折光而弯曲，弯曲的半径为地球半径的 6～7 倍，且折射量与距离有关。它对读数产生的影响为：

$$r=\frac{D^2}{2\times 7R} \tag{2.18}$$

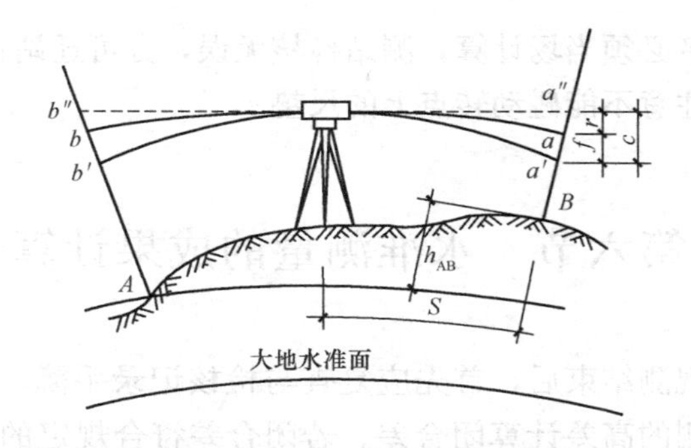

图 2.21　地球曲率及大气折光的影响

地球曲率及大气折光两项影响之和为：

$$f=c-r=0.43\frac{D^2}{R} \tag{2.19}$$

计算测站的高差时，应从后视和前视读数中分别减去 f，方能得出正确的高差，即：

$$h=(a-f_a)-(b-f_b) \tag{2.20}$$

若前、后视距离相等时，则 $f_a=f_b$，地球曲率及大气折光的影响在计算高差时可以抵消。所以，在水准测量中，前、后视距离应尽量相等。

4. 大气温度和风力的影响

大气温度的变化会引起大气折光的变化，以及水准管气泡的不稳定。尤其是当强阳光直射仪器时，会使仪器各部件因温度的急剧变化而发生变形，水准管气泡会因烈日照射而收缩，从而产生气泡居中误差。另外，大风可使水准尺竖立不稳，水准仪难以置平。因此，在水准测量时，应随时注意撑伞，以遮挡强烈阳光的照射，并应避免在大风天气里观测。

四、注意事项

虽然误差是不可避免的，无法完全消除，但可采取一定的措施减弱其影响，以提高测量结果的精度，同时应避免在测量时人为因素而导致的错误。因此在进行水准测量时，应注意以下几方面：

(1)放置水准仪时，尽量使前、后视距离相等；

(2)每次读数时水准管气泡必须居中；

(3)观测前，仪器都必须进行检验和校正；

(4)读数时水准尺必须竖直，有圆水准器的尺子应使气泡居中；

(5)尺垫顶部和水准尺底部不应沾带泥土，以降低对读数的影响；

(6)望远镜应仔细对光，严格消除视差；

(7)前后视线长度一般不超过 100 m，视线离地面高度一般不应小于 0.3 m；

(8)在强烈光照下必须撑伞，以避免仪器的结构因局部的温度增高而发生变化，影响视线的水平；

(9)读数要清楚。记录者如有记错，错误记录应用铅笔画去，再重写；

(10)读数后，记录者必须当场计算，测站检核无误，方可迁站；

(11)仪器迁站，要注意不能碰动转点上的尺垫。

第六节　水准测量的成果计算

普通水准测量外业观测结束后，首先应复查与检核记录手簿，计算各点间高差。经检核无误后，根据外业观测的高差计算闭合差。若闭合差符合规定的精度要求，则调整闭合差，最后计算各点的高程。

按水准路线布设形式进行成果整理，其内容包括：

(1)水准路线高差闭合差计算与校核；

(2)高差闭合差的分配和计算改正后的高差；

(3)计算各点改正后的高程。

不同等级的水准测量，对高差闭合差的容许值有不同的规定。等外水准测量的高差闭合差容许值:对于普通水准测量，有

$$\begin{cases} f_{h容}=\pm 40\sqrt{L}\text{(适用于平原)} \\ f_{h容}=\pm 12\sqrt{n}\text{(适用于山丘)} \end{cases} \tag{2.21}$$

式中　$f_{h容}$——高差闭合差限差，单位为 mm；

L——水准路线长度，单位为 km；

n——测站数。

在山丘地区，当每千米水准路线的测站数超过 16 站时，容许高差闭合差可用下式计算：

$$f_{h容}=\pm 12\sqrt{n}\text{(mm)}$$

式中　n——水准路线的测站总数。

施工中，如设计单位根据工程性质提出具体要求时，应按要求精度施测。

一、附合水准路线成果计算

【例 2.1】　图 2.22 为按图根水准测量要求施测某附合水准路线观测成果略图。BM_A 和 BM_B 为已知高程的水准点，A 点的高程为 65.376 m，B 点的高程为 68.623 m，图中箭头表示水准测量前进方向，点 1、2、3 为待测水准点，各测段高差、测站数、距离如图所示。现以图 2.22 为例，按高程推算顺序将各点号、测站数、测段距离、实测高差及已知高程填入表 2.2 的相应栏内。

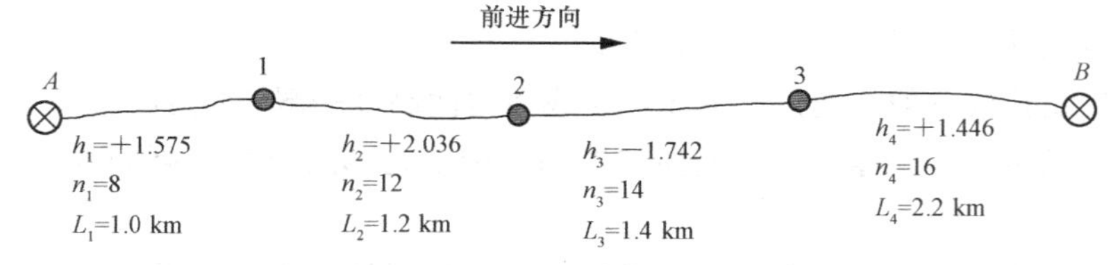

图 2.22　附合水准路线观测

表 2.2 附合水准测量成果计算表

测段编号	点名	距离/km	测站数	实测高差/m	改正数/m	改正后的高差/m	高程/m	备注
	A						65.376	
1		1.0	8	+1.575	−0.012	+1.563		
	1						66.939	
2		1.2	12	+2.036	−0.014	+2.022		
	2						68.961	
3		1.4	14	−1.742	−0.016	−1.758		
	3						67.203	
4		2.2	16	+1.446	−0.026	+1.420		
	B						+68.623	
$\sum$		5.8	50	+3.315	−0.068	+3.247		
辅助计算	$f_h=+68$ mm　$L=5.8$ km $f_{h容}=\pm40\sqrt{5.8}=\pm96$ mm　$-f_h/L=-12$ mm							

解算如下：

1. 计算高差闭合差

$$f_h=\sum h_{测}-(H_{终}-H_{始})=3.315-(68.623-65.376)=68(\text{mm})$$

每千米测站数：$n=50\div5.8=8.6<16$(站)，故采用平原计算公式：

$$f_{h容}=\pm40\sqrt{L}=\pm40\sqrt{5.8}=\pm96(\text{mm})$$

因为$|f_h|<|f_{h容}|$，其精度符合要求，可进行闭合差分配。

2. 调整高差闭合差

高差闭合差的调整原则和方法是按其与测段距离(测站数)成正比并反符号改正到各相应测段的高差上，得改正后的高差：

$$v_i=-\frac{f_h}{\sum n}\times n_i$$

或：

$$v_i=-\frac{f_h}{\sum l}\times l_i$$

改正后的高差：$h_{i改}=h_i+v_i$。

式中　v_i，$h_{i改}$——第 i 测段的高差改正数和改正后的高差；

$\sum n$，$\sum l$——路线总测站数与总长度；

n_i，l_i——第 i 测段的测站数与长度。

题中各测段改正数：

$$v_1=-\frac{0.068}{5.8}\times1.0=-0.012(\text{m})$$

$$v_2=-\frac{0.068}{5.8}\times1.2=-0.014(\text{m})$$

$$v_3=-\frac{0.068}{5.8}\times1.4=-0.016(\text{m})$$

$$v_4=-\frac{0.068}{5.8}\times 2.2=-0.026(\mathrm{m})$$

将各测段高差改正数分别填入相应改正数栏内，并检核；改正数的总和与所求得的高差闭合差绝对值相等、符号相反，即 $\sum v=-f_h=-0.068\ \mathrm{m}$。

各测段改正后的高差为：

$$h_{1改}=h_1+v_1=+1.575-0.012=+1.563(\mathrm{m})$$

$$h_{2改}=h_2+v_2=+2.036-0.014=+2.022(\mathrm{m})$$

$$h_{3改}=h_3+v_3=-1.742-0.016=-1.758(\mathrm{m})$$

$$h_{4改}=h_4+v_4=+1.446-0.026=+1.420(\mathrm{m})$$

将各测段改正后的高差分别填入相应的栏内，并检核；改正后的高差总和应等于两已知高程之差，即 $\sum h_{改}=H_B-H_A=+3.247\ \mathrm{m}$。

3. 计算待定点高程

由水准点 BM_A 已知高程开始，逐一加各测段改正后的高差，即得各待定点高程，并填入相应高程栏内：

$$H_1=H_A+h_{1改}=65.376+1.563=66.939(\mathrm{m})$$

$$H_2=H_1+h_{2改}=66.939+2.022=68.961(\mathrm{m})$$

$$H_3=H_2+h_{3改}=68.961-1.758=67.203(\mathrm{m})$$

$$H_4=H_3+h_{4改}=67.203+1.420=68.623(\mathrm{m})$$

推算出 B 点的高程应该等于该点的已知高程，以此作为计算的检核。

二、闭合水准路线成果计算

闭合水准路线各测段高差的代数和应等于零。如果不等于零，其代数和即为闭合水准路线的闭合差 f_h，即 $f_h=\sum h_{测}$。$f_h<f_{h容}$时，可进行闭合水准路线的计算调整，其步骤与附合水准路线相同。

三、支水准路线成果计算

对于支水准路线取其往返测高差的平均值作为成果，高差的符号应以往测为准，最后推算出待测点的高程。

以图 2.23 为例，已知水准点 A 的高程为 186.785 m，往、返测站共 16 站。高差闭合差为：

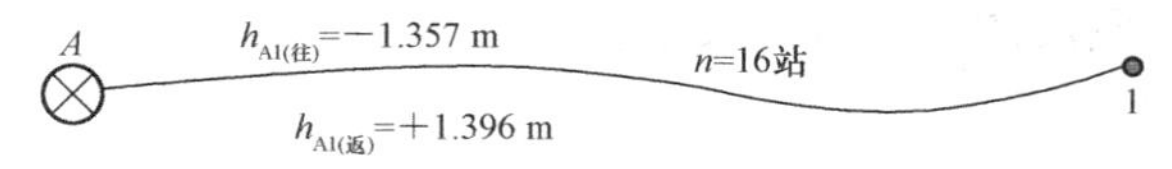

图 2.23　支水准路线观测

$$f_h=h_{往}+h_{返}=-1.357+1.396=0.021(\mathrm{m})$$

闭合差容许值为：

$$f_{h容}=\pm 12\sqrt{n}=\pm 12\times\sqrt{16}=\pm 48(\mathrm{mm})$$

$|f_h|<|f_{h容}|$说明符合普通水准测量的要求。经检核符合精度要求后，可取往测和返测高差绝对值的平均值作为A、1两点间的高差，其符号与往测高差符号相同，即：

$$h_{A1}=\frac{|-h_{往}|+|h_{返}|}{2}=\frac{|-1.357|+|1.396|}{2}=-1.377(\mathrm{m})$$

$$H_1=186.785-1.377=185.408(\mathrm{m})$$

第七节　水准仪的检验和校正

一、水准仪的主要轴线及应满足的条件

如图 2.24 所示，水准仪有四条主要轴线，即望远镜的视准轴CC、水准管轴LL、圆水准轴$L'L'$和仪器的竖轴VV。各轴线应满足的几何条件是：

(1)水准管轴LL平行于视准轴CC，即$LL//CC$。当此条件满足时，水准管气泡居中，水准管轴水平，视准轴处于水平位置。

(2)圆水准轴$L'L'$平行于竖轴VV。当此条件满足时，圆水准器气泡居中，仪器的竖轴处于垂直位置，这样仪器转动到任何位置，圆水准器气泡都应居中。

(3)十字丝垂直于竖轴，即十字丝横丝要水平。这样，在水准尺上进行读数时，可以用丝的任何部位读数。

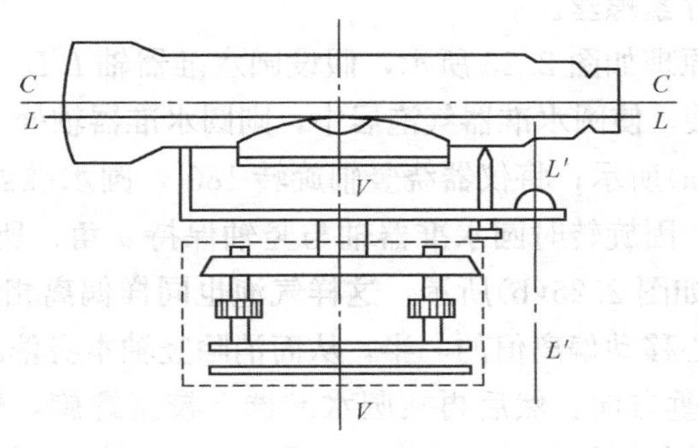

图 2.24　水准仪的轴线

以上这些条件，在仪器出厂前已经严格检校，但是由于仪器长期使用和运输中的振动等原因，可能使某些部件松动，上述各轴线间的关系会发生变化。因此，为保证水准测量质量，在正式作业之前，必须对水准仪进行检验、校正。

二、水准仪的检验与校正

1. 圆水准器的检验与校正

(1)目的：使圆水准器轴平行于竖轴，即$L'L'//VV$。

(2)检验：转动脚螺旋使圆水准器气泡居中，如图 2.25(a)所示，然后将仪器转动 180°，

这时，可能气泡不再居中而偏离一边，如图 2.25(b)所示，说明 $L'L'$不平行于 VV，需要校正。

(3)校正：旋转脚螺旋使气泡向中心移动偏距一半，然后用校正拨针拨圆水准器底下的三个校正螺旋，使气泡居中，如图 2.25 所示。

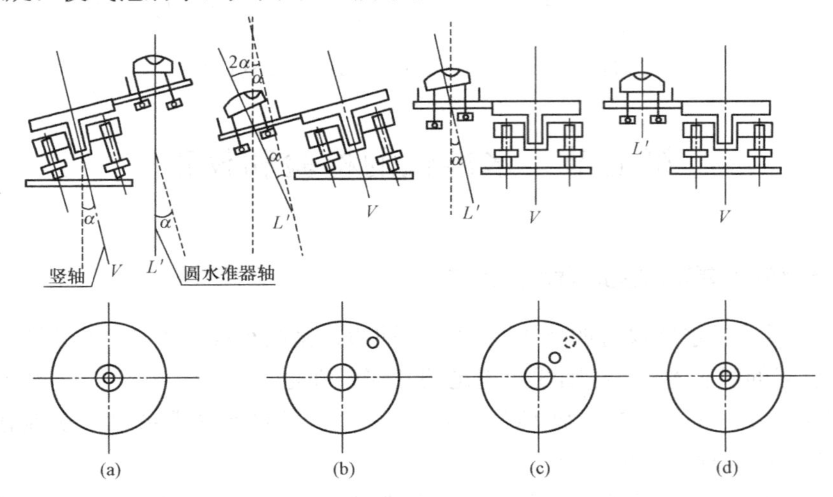

图 2.25　圆水准器的检验与校正

校正工作一般难以一次完成，需反复校核数次，直到仪器旋转到任何位置时气泡都居中为止。最后，应注意拧紧螺丝。

该项检验与校正的原理如图 2.25 所示，假设圆水准器轴 $L'L'$不平行于竖轴 VV，二者相交为 α 角，转动脚螺旋，使圆水准器气泡居中，则圆水准器轴处于铅垂位置，而竖轴倾斜了一个角 α，如图 2.25(a)所示；将仪器绕竖轴旋转 180°，圆水准器轴转动竖轴另一侧，此时圆水准器气泡不居中，因旋转时圆水准器轴与竖轴保持 α 角，所以旋转后圆水准器轴与铅垂之间的夹角为 2α，如图 2.25(b)所示，这样气泡也同样偏离相对的一段弧长。校正时，旋转脚螺旋使气泡向中心移动偏离值的一半，从而消除竖轴本身偏斜的一个角 α，如图 2.25(c)所示，使竖轴处于铅垂方向。然后再拨圆水准器上校正螺旋，使气泡退回另一半居中，这样就消除了圆水准器轴与竖轴间的夹角 α，如图 2.25(d)所示，使两者平行，达到 $L'L'//VV$ 的目的。

圆水准器校正螺丝如图 2.26 所示。

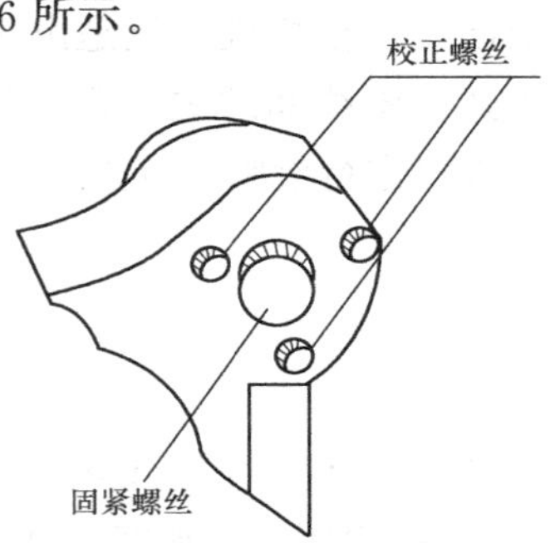

图 2.26　圆水准器校正螺丝

2. 十字丝横丝的检验与校正

(1)目的：当仪器整平后，十字丝的横丝应水平，即横丝应垂直于竖轴。

(2)检验：整平仪器，在望远镜中用横丝的十字丝中心对准某一标志 P，拧紧制动螺旋，转动微动螺旋。微动时，如果标志始终在横丝上移动，则表明横丝水平。如果标志不在横丝上移动，如图 2.27 所示，表明横丝不水平，需要校正。

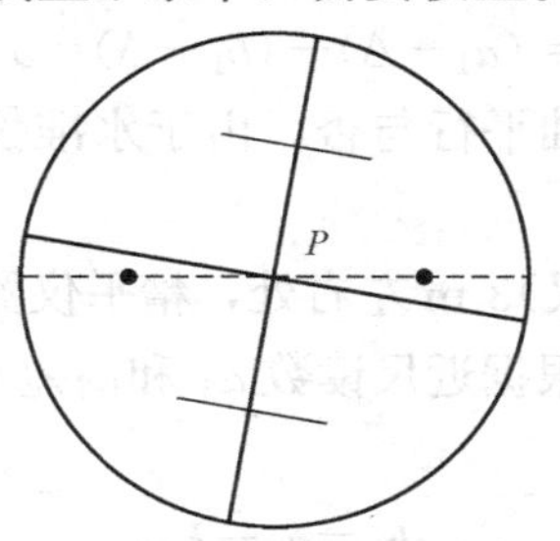

图 2.27 十字丝横丝的检验

(3)校正：松开四个十字丝环的固定螺丝，如图 2.28 所示，按十字丝倾斜方向的反方向微微转动十字丝环座，直至 P 点的移动轨迹与横丝重合，表明横丝水平。校正后将固定螺丝拧紧。

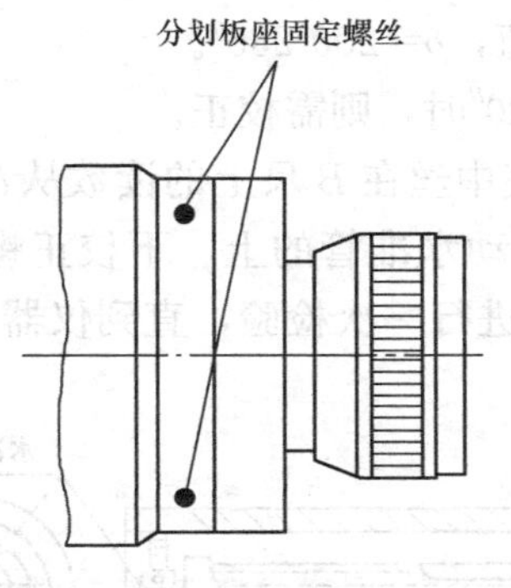

图 2.28 十字丝横丝的校正

3. 水准管轴平行于视准轴(i 角)的检验与校正

(1)目的：使水准管轴平行于望远镜的视准轴，即 $LL//CC$。

(2)检验：在平坦的地面上选定相距为 80 m 左右的 A、B 两点，各打一大木桩或放尺垫，并在上面立尺，然后按以下步骤对水准仪进行检验，如图 2.29 所示。

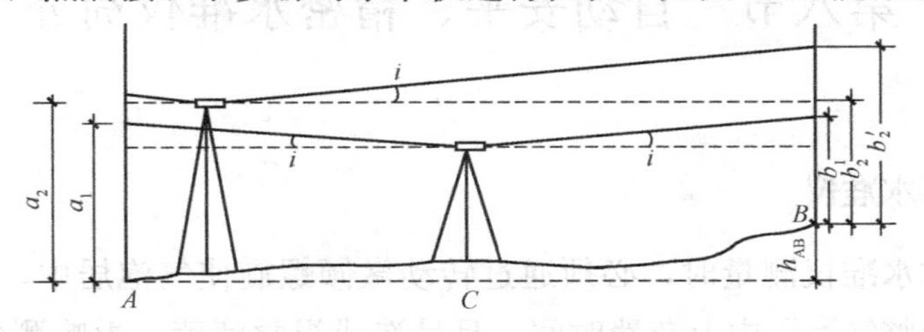

图 2.29 水准管轴的检验

1)将水准仪置于与 A、B 等距离的 C 点处，用仪器高法(或双面尺法)测定 A、B 两点间的高差 h_{AB}，设其读数分别为 a_1 和 b_1，则 $h_{AB}=a_1-b_1$。两次高差之差小于 3 mm 时，取其平均值作为 A、B 间的高差。此时，测出的高差值是正确的。因为，假设此时水准仪的视准轴不平行于水准管轴，即倾斜 i 角，分别引起读数误差 Δa 和 Δb，但因 $BC=AC$，则 $\Delta a=\Delta b=\Delta$，则：

$$h_{AB}=(a_1-\Delta)-(b_1-\Delta)=a_1-b_1 \tag{2.22}$$

这说明无论视准轴与水准管轴平行与否，由于水准仪安置在距水准尺等距离处，测出的是正确高差。

2)将仪器搬至距 A 尺(或 B 尺)3 m 左右处，精平仪器后，在 A 尺上读数 a_2。因为仪器距 A 尺很近，忽略 i 角的影响。根据近尺读数 a_2 和高差 h_{AB} 计算出 B 尺上水平视线的应有读数为：

$$b_2=a_2-h_{AB} \tag{2.23}$$

然后，调转望远镜照准 B 点上的水准尺，精平仪器读取读数。如果实际读出的数 $b'_2=b_2$，说明 $LL//CC$。否则，存在 i 角，其值为：

$$i=\frac{b'_2-b_2}{D_{AB}}\times\rho \tag{2.24}$$

式中　D_{AB}——A、B 两点间的距离；

　　ρ——弧度相对应的称值，$\rho=206\ 265''$。

对于 DS3 型水准仪，当 $i>20''$时，则需校正。

(3)校正：转动微倾螺旋，使中丝在 B 尺上的读数从 b'_2 移到 b_2，此时视准轴水平，而水准管气泡不居中。用校正针拨动水准管的上、下校正螺钉，如图 2.30 所示，使气泡居中。校正以后，变动仪器高度再进行一次检验，直到仪器在 A 端观测并计算出的 i 角值符合要求为止。

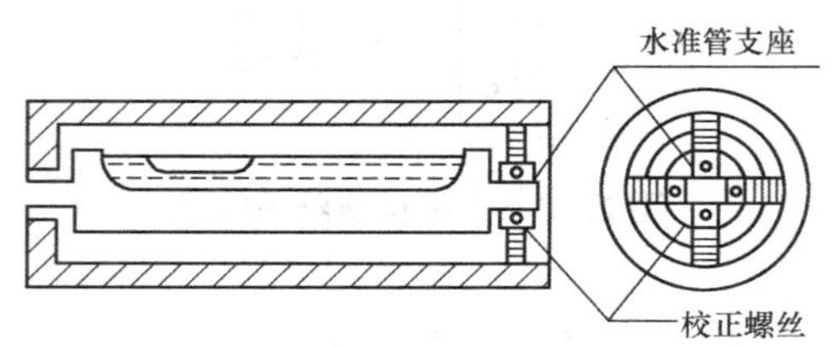

图 2.30　水准管轴的校正

第八节　自动安平、精密水准仪简介

一、自动安平水准仪

用普通微倾式水准仪测量时，必须通过转动微倾螺旋使气泡居中，获得水平视线后，才能读数，需在调整气泡居中上花费时间，且易造成视觉疲劳，影响测量精度。自动安平水准仪利用自动安平补偿器代替水准管，观测时能自动使视准轴置平，获得水平视线读数。

这不仅加快了水准测量的速度，而且对于微小倾斜，亦可迅速得到调整，使中丝读数仍为水平视线读数，从而提高了水准测量的精度。

1. 自动安平水准仪原理

与普通水准仪相比，自动安平水准仪在望远镜的光路上增加了一个补偿器。

自动安平水准仪原理如图 2.31 所示，当水准轴水平时，从水准尺 a_0 点通过物镜光心的水平光线将落在十字丝交点 A 处，从而得到正确读数。当视线倾斜微小的角度 α 时，十字丝交点从 A 移至 A'，从而产生偏距 AA'。为了补偿这段偏距，可在十字丝前 s 处的光路上，安置一个光学补偿器，水平线经过补偿器偏转 β 角，恰好通过视准轴倾斜时十字丝交点 A' 处，所以补偿器满足下列要求：

$$f\times\alpha=s\times\beta$$

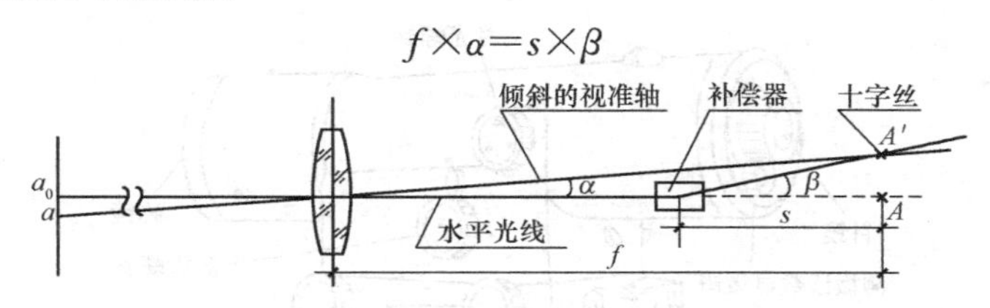

图 2.31　自动安平水准仪原理

从而达到补偿的目的。

补偿器的形式很多，如图 2.32 所示，是我国生产的 DSZ_3 型自动安平水准仪。补偿器采用了悬吊式棱镜装置，如图 2.33 所示。在该仪器的调焦透镜和十字丝分划之间装置一个补偿器，这个补偿器由固定在望远镜筒上的屋脊棱镜以及金属丝悬吊的两块直角棱镜所组成，并与空气阻尼器相连接。

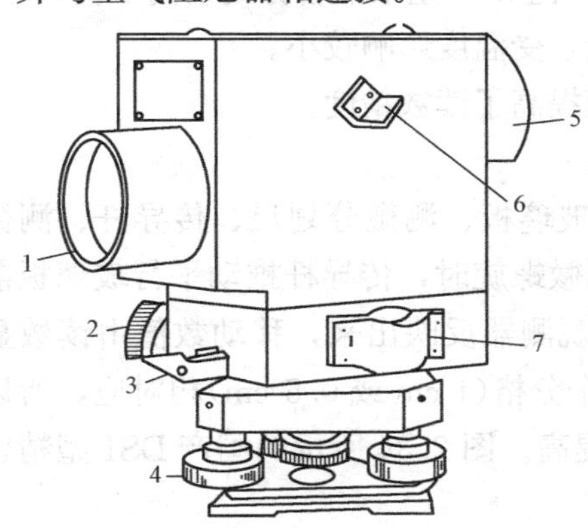

图 2.32　自动安平水准仪

1—物镜；2—水平微动螺旋；3—水平制动螺旋；4—脚螺旋；5—目镜；6—反光镜；7—圆水准器

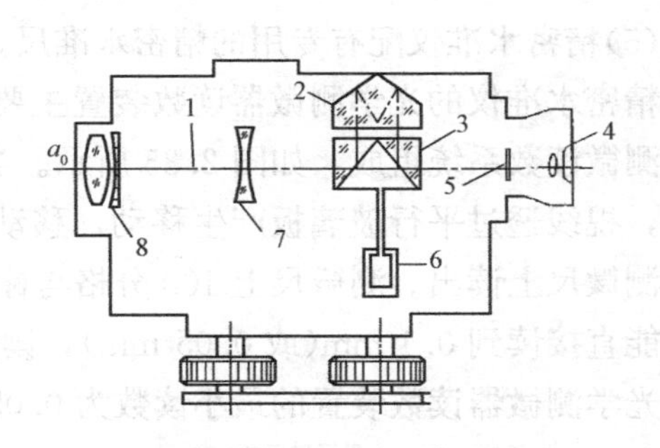

图 2.33　自动安平补偿器

1—水平光线；2—固定屋脊棱镜；3—悬吊直角棱镜；4—目镜；5—十字丝分划板；6—空气阻尼器；7—调焦透镜；8—物镜

2. 自动安平水准仪的使用

使用自动安平水准仪观测时，首先用脚螺旋使圆水准气泡居中(仪器粗平)，然后用望远镜瞄准水准尺，由十字丝中丝在水准尺上读得的数，就是视线水平时的读数。操作步骤比普通微倾水准仪简单，从而可提高工作效率。另外，自动安平水准仪的下方一般具有水平度盘，用于读取指示不同方向的水平方位。

二、精密水准仪

精密水准仪主要用于一、二等水准测量和精密工程测量，如大型建筑施工、沉降观测和大型设备的安装测量控制工作。

精密水准仪的结构精密，性能稳定，测量精度高。其基本构造主要由望远镜、水准器和基座三部分组成，如图 2.34 所示。但是，与普通的 DS3 型水准仪相比，它具有如下主要特征：

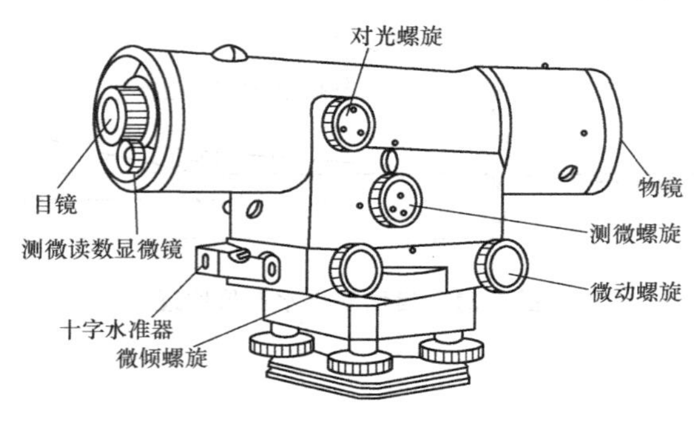

图 2.34　DS1 精密水准仪

(1)望远镜的光学性能好，放大率高，一般不小于 40 倍。

(2)水准管的灵敏度高，其分划值为 10″/2 mm，比 DS3 型水准管分划值高 1 倍。

(3)仪器结构精密，水准管轴和视准轴关系稳定，受温度影响较小。

(4)精密水准仪采用光学测微器读数装置，从而提高了读数精度。

(5)精密水准仪配有专用的精密水准尺。

精密水准仪的光学测微器读数装置主要由平行玻璃板、测微分划尺、传导杆、测微螺旋和测微读数系统组成，如图 2.35 所示。当转动测微螺旋时，传导杆推动平行玻璃板前后倾斜，视线透过平行玻璃板产生移动，移动值可由观测器反映出来，移动数值由读数显微镜在测微尺上读出。测微尺上 100 分格与标尺上 1 个分格(1 cm 或 0.5 cm)相对应，所以测微时能直接读到 0.1 mm(或 0.05 mm)，读数精度提高。图 2.34 所示的国产 DS1 型精密水准仪光学测微器读数装置的最小读数为 0.05 mm。

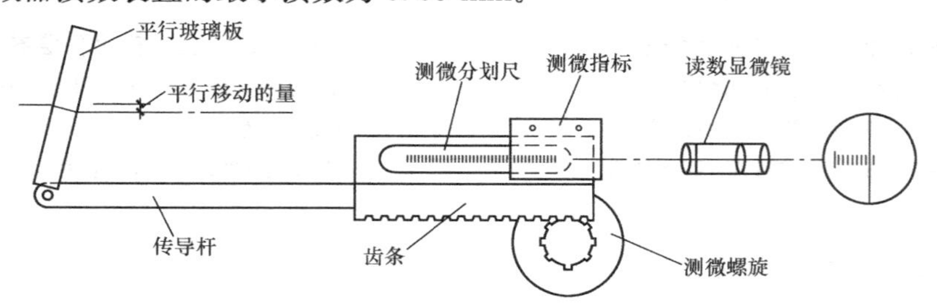

图 2.35　光学测微器测微原理

图 2.36 为精密水准仪配有的精密水准尺，该尺全长 3 m，尺面平直并附有足够精度的圆水准器。在木质尺身中间有一尺槽，内装膨胀系数极小的因瓦合金带。标尺的分划是在合金带上，分划值为 5 mm。它有左右两排分划，每排分划之间的间隔是 10 mm，但两排分划彼此错开 5 mm，所以实际上左边是单数分划，右边是双数分划。注记是在两旁的木质尺面上，左面注记的是米数，右面注记的是分米数，整个注记从 0.1 m 至 5.9 m。分划注记比实际数值大 2 倍，所以用这种水准尺进行水准测量时，必须将所测得的高差值除以 2 才能得到实际的高差值。

精密水准仪的操作方法与普通 DS3 型水准仪基本相同，不同之处主要是读数方法。精平时，转动微倾螺旋使水准气泡两端的影像精确符合，此时视线水平。再转动测微器上的螺旋，使横丝一侧的楔形丝准确地夹住整个分划线。其读数分为两部分：厘米以上的数按标尺读数，厘米以下的数在测微器分划尺上读数，估读到 0.01 mm。如图 2.37 所示，在标尺上读数为 1.97 m，测微器上读取 1.52 mm，整个读数为 1.971 52 m。实际读数应该是它的一半，即 0.985 76 m。

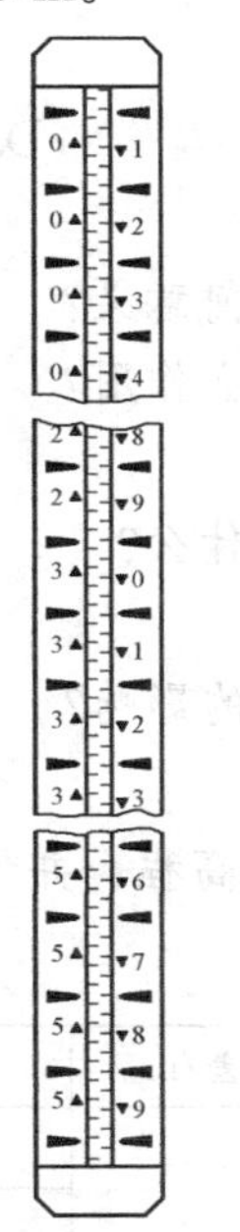

图 2.36　精密水准尺

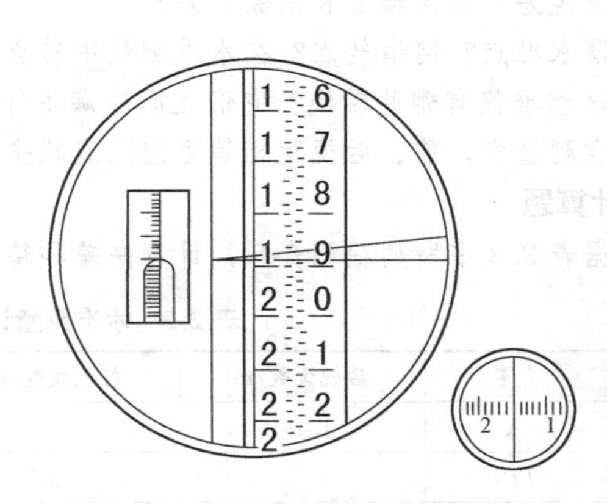

图 2.37　精密水准尺的读数

思考与练习

一、选择题

1. 视线高等于(　　)加后视点读数。

A. 后视点高程　　B. 转点高程　　C. 前视点高程　　D. 仪器点高程

2. 在水准测量中转点的作用是传递(　　)。

A. 方向　　B. 角度　　C. 距离　　D. 高程

3. 水准测量时，为了消除 i 角误差对一测站高差值的影响，可将水准仪置在(　　)处。

A. 靠近前尺　　B. 两尺中间　　C. 靠近后尺　　D. 无所谓

4. 产生视差的原因是(　　)。

A. 仪器校正不完善　　B. 物像与十字丝面未重合

C. 十字丝分划板不正确　　D. 目镜成像错误

5. 水准测量中，同一测站，当后尺读数大于前尺读数时说明后尺点(　　)。

A. 高于前尺点　　B. 低于前尺点　　C. 高于侧站点　　D. 与前尺点等高

6. 往返水准路线高差平均值的正负号是以(　　)的符号为准。

A. 往测高差　　B. 返测高差

C. 往返测高差的代数和　　D. 以上三者都不正确

7. 圆水准器轴与管水准器轴的几何关系为(　　)。

A. 互相垂直　　B. 互相平行　　C. 相交 60°　　D. 相交 120°

8. 转动目镜对光螺旋的目的是(　　)。

A. 看清近处目标　　B. 看清远处目标　　C. 消除视差　　D. 看清十字丝

二、简答题

1. 何谓高差法？何谓视线高程法？视线高程法求高程有何意义？

2. 何谓视准轴和水准管轴？圆水准器和管水准器各起什么作用？

3. 何谓视差？如何检查和消除视差？

4. 何谓水准点？何谓转点？在水准测量中转点的作用是什么？

5. DS3 水准仪有哪些轴线？它们之间应满足什么条件？

6. 水准测量中，前、后视距相等可消除或减少哪些误差的影响？

三、计算题

1. 根据表 2.3 中所列观测资料，计算高差和待求点 B 的高程，并作校核计算。

表 2.3　水准测量记录表

测站	点名	后视读数/m	前视读数/m	高差/m	高程/m	备注
1	A	1.481			437.654	
	$TP1$		1.347			
2	$TP1$	0.684				
	$TP2$		1.269			
3	$TP2$	1.473				
	$TP3$		1.584			
4	$TP3$	2.762				
	B		1.606			
计算检核						

2. 附合水准线路的观测成果见表 2.4，试计算各点高程，列于表 2.4 中($f_{h容}=\pm 12\sqrt{n}$ mm)。

表 2.4　附合水准线路成果计算表

点名	测站数	高差/m	改正数/m	改正后的高差/m	高程/m
A					56.200
	10	−0.854			
1					
	6	−0.862			
2					
	8	−1.258			
3					
	10	+0.004			
B					53.194

3. 某闭合等外水准路线，其观测成果列于表 2.5 中，由已知点 BM_A 的高程计算 1、2、3 点的高程。

表 2.5　闭合水准路线成果计算表

点名	距离/km	高差/m	改正数/m	改正后的高差/m	高程/m
A					453.873
	1.4	−2.873			
1					
	0.8	+1.459			
2					
	2.1	+3.611			
3					
	1.7	−2.221			
A					
总和					

4. 为检验水准仪的视准轴是否平行于水准管轴，安置仪器于 A、B 两点中间，测得 A、B 两点间高差为−0.315 m；仪器搬至前视点 B 附近时，后视读数 a=1.215 m，前视读数 b=1.556 m。

问：视准轴是否平行于水准管轴？如不平行，说明如何校正？

5. 设 A 为后视点，B 为前视点，A 点的高程为 126.016 m。读得后视读数为 1.123 m，前视读数为 1.428 m，问 A、B 两点间的高差是多少？B 点比 A 点高还是低？B 点高程是多少，并绘图说明。

第三章　角度测量

通过本章学习，了解并掌握水平角、竖直角测量的原理及其计算，掌握角度观测记录的方法及经纬仪的基本操作、经纬仪的检验与校正。

第一节　DJ6 光学经纬仪的构造

经纬仪分为电子经纬仪和光学经纬仪。光学经纬仪是一种光学和机械组合的仪器，内部装有玻璃度盘和许多光学棱镜与透镜。光学经纬仪按精度可分为 DJ07、DJ1、DJ2、DJ6 等不同级别，其中，D、J 分别表示“大地测量”和“经纬仪”汉语拼音的第一个字母，数字表示该仪器观测水平方向的精度(如 6 表示一测回方向的中误差为±6″)。

一、DJ6 光学经纬仪构造

由于生产厂家及仪器型号不同，光学经纬仪的各部件形状不完全一样，但其基本构造大致相同。光学经纬仪主要由照准部、水平度盘和基座三部分组成，如图 3.1 所示。

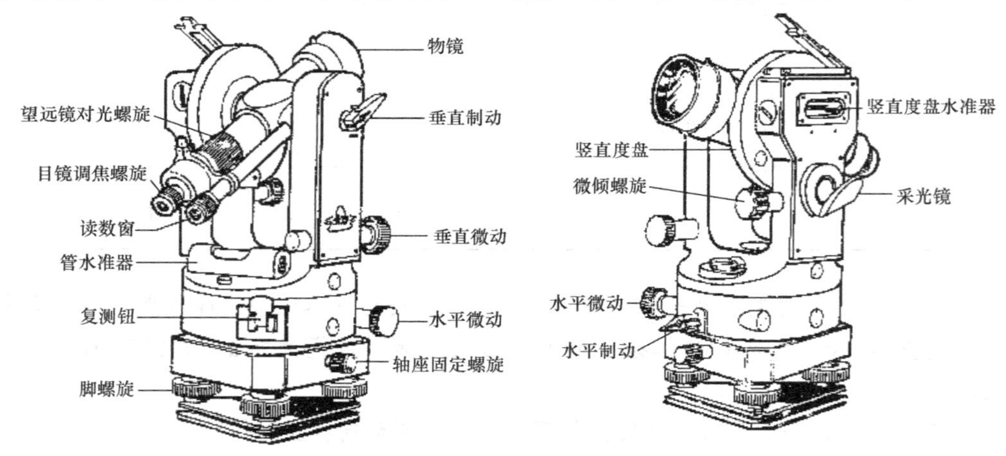

图 3.1　DJ6 光学经纬仪

1. 基座

基座包括轴座、脚螺旋和连接板。脚螺旋用于整平仪器，连接板可以将仪器与三脚架通过连接螺旋固定在一起。连接螺旋下有垂球钩，可悬挂垂球进行垂球对中，或用光学对点器对中，以便将仪器中心安置在测站点上。

2. 水平度盘

水平度盘是由光学玻璃制成的精密刻度盘，分划从0°～360°，按顺时针注记，最小间隔有1°、30′、20′三种，用以测量水平角。水平度盘装在仪器竖轴上，套在度盘轴套内。在水平角测角过程中，水平度盘不随照准部转动。若要改变水平度盘的起始位置，可利用度盘变换手轮将度盘转到所需要的位置。还有少数仪器采用复测装置，当复测扳手扳下时，照准部与度盘结合在一起，度盘随照准部转动，度盘读数不变;当复测扳手扳上时，两者相互脱离，照准部转动时就不再带动度盘，度盘读数就会改变。

3. 照准部

照准部是指位于水平度盘之上，能绕其旋转轴旋转的部分的总称。照准部由望远镜、竖盘装置、读数显微镜、水准管、光学对中器、照准部制动螺旋和微动螺旋、望远镜制动螺旋和微动螺旋等组成。照准部旋转所绕的几何中心线称为经纬仪的竖轴，通常也将其旋转轴称为竖轴。照准部制动螺旋和微动螺旋用于控制照准部的转动。

经纬仪的望远镜与水准仪的望远镜大致相同，望远镜与其旋转轴固定在一起，安装在照准部的支梁上，并能绕其旋转轴旋转，旋转的几何中心线称为横轴，通常也将望远镜的旋转轴称为横轴。望远镜制动螺旋(或制动扳手)和微动螺旋用于控制望远镜的转动。

竖盘装置用于量测竖直角，其主要部件包括竖直度盘(简称竖盘)、竖盘指标、竖盘水准管和水准管微动螺旋。

读数显微镜用于读取水平度盘和竖直度盘的读数。仪器外部的光线经反光镜反射进入仪器后，通过一系列透镜和棱镜，分别把水平度盘和竖直度盘的影像反映到读数窗内，然后通过读数显微镜便可得到度盘影像的读数。

光学对中器用于使水平度盘中心(通常也称为仪器中心)位于测站点的铅垂线上，称为对中。对中器由目镜、物镜、分划板和直角棱镜组成。当水平度盘处于水平位置时，如果对中器分划板的刻划圈中心与测点标点相重合，则说明仪器中心已位于测站点的铅垂线上。

照准部水准管用于使水平度盘处于水平位置，即用来整平仪器。水准管的分划值一般为30″/2 mm。若照准部旋转到任意位置，水准管气泡均居中，说明水平度盘已水平。

二、DJ6光学经纬仪的读数

光学经纬仪的水平度盘和竖直度盘都是玻璃制成的，整个圆周为360°，一般每隔1°(或30′)有一刻划线，在整度分划线上标有注记。度盘分划线通过一系列的棱镜和透镜，成像于望远镜旁的读数显微镜内，观测者通过显微镜读取度盘读数。图3.2为DJ6光学经纬仪读数系统光路图。各种光学经纬仪因读数设备不同，读数方法也不一样，对DJ6光学经纬仪，常用

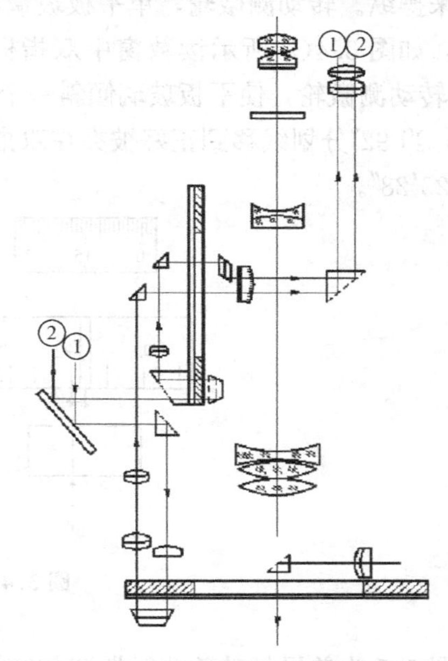

图3.2 DJ6光学经纬仪读数设备的光路图

的有分微尺测微器和单平板玻璃测微器两种读数方法。

1. 分微尺测微器读数

如图 3.3 所示，在读数显微镜中可以看到两个读数窗：注有“—”(或“H”“水平”)的是水平度盘读数窗；注有“⊥”(或“V”“竖直”)的是竖直度盘读数窗。每个读数窗上刻有分成 60 小格的分微尺，其长度等于度盘间隔 1°的两分划线之间的影像宽度，因此分微尺上 1 小格的分划值为 1′，可估读到 0.1′。

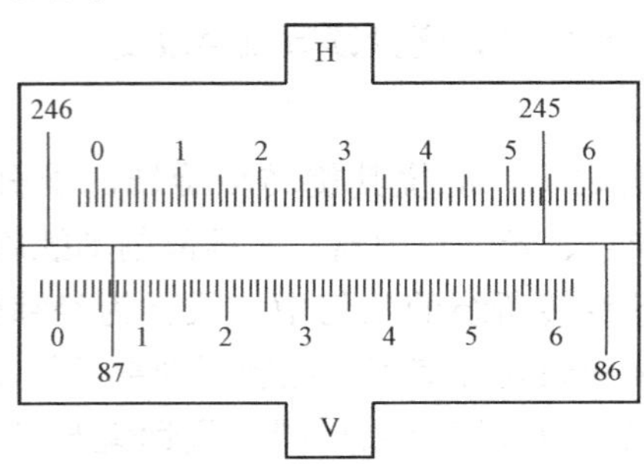

图 3.3　分微尺测微器读数

读数时，先读出位于分微尺 60 小格区间内的度盘分划线的度注记值，再以度盘分划线为指标，在分微尺上读取不足 1°的分数，并估读秒数(秒数只能是 6 的整数倍)。如图 3.3 所示的水平度盘(注有 H 的读数窗)的读数是 245°54.2′(即 245°54′12″)，竖直度盘(注有 V 的读数窗)的读数应为 87°06.4′(即 87°06′24″)。

2. 单平板玻璃测微器读数

单平板玻璃测微器的构造是将一块平板玻璃与测微尺连接在一起，由竖盘支架上的测微轮来操纵。转动测微轮，单平板玻璃与测微尺绕轴同步转动。当平板玻璃底面垂直于光线时，如图 3.4(a)所示读数窗中双指标线的读数是 92°＋a，测微尺上单指标线的读数为 15′；转动测微轮，使平板玻璃倾斜一个角度，光线通过平板玻璃后发生平移，如图 3.4(b)所示，当 92°分划线移到正好被夹在双指标线中间时，可以从测微尺上读出移动 a 之后的读数为 23′28″。

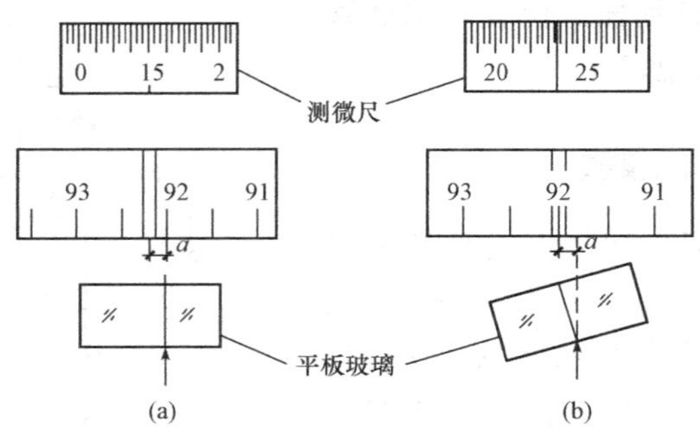

图 3.4　单平板玻璃测微器

图 3.5 为单平板玻璃测微器读数窗的影像，下窗为水平度盘影像，中窗为竖直度盘影

像，上窗为测微尺影像。度盘最小分划值为 30′，对应测微尺为 30 大格，1 大格又分为 3 小格。因此测微尺上每 1 大格为 1′，每 1 小格为 20″，估读至 0.1 小格(2″)。读数时转动测微轮，使度盘某一分划线精确地夹在双指标线中央，先读出度盘分划线上的读数，再在测微尺上依指标线读出 30′以下的余数，两者相加即为读数结果。图 3.5(a)中，竖盘读数为 92°＋17′40″＝92°17′40″；图 3.5(b)中，水平度盘读数为 4°30′＋12′00″＝4°42′00″。

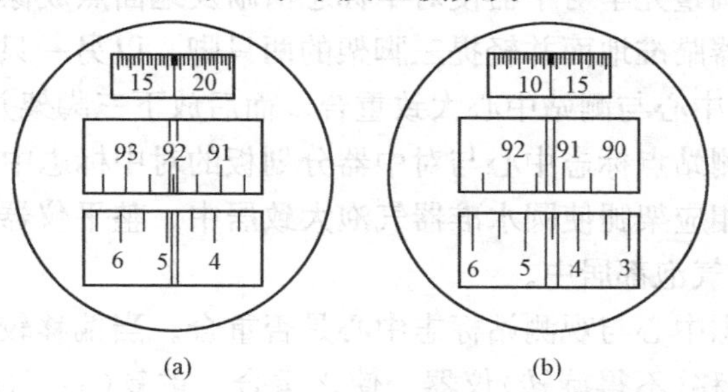

图 3.5　单平板玻璃测微器读数

无论哪种读数方式的仪器，读数前均应认清度盘在读数窗中的位置，并正确判读度盘和测微尺的最小分划值。

第二节　经纬仪的使用

经纬仪的使用主要包括安置经纬仪、照准目标、读数等操作步骤。

一、安置经纬仪

进行角度观测时，首先要在测站上安置经纬仪，即进行对中和整平。对中是使仪器中心(准确说是水平度盘的中心)与测站点的标志中心位于同一铅垂线上；整平则是为了使水平度盘处于水平状态。对中和整平两个基本操作既相互影响又相互联系。

(一)对中

经纬仪的对中方式有以下两种。

1. 垂球对中

(1)在测站点上打开三脚架，并目测使架顶中心与测站点标志中心大致对准。注意此时三脚架的高度要方便观察和读数，架头要大致水平，三个脚至测站点的距离要大致相等。

(2)打开仪器箱，将仪器放在架头上，并拧紧中心连接螺旋。

(3)挂上垂球，调整垂球线长度至标志点的高差 2～3 mm。

(4)当垂球尖端距测站点稍远时，可平移三脚架或以一只脚为中心将另外两只脚抬起以前后推拉和左右旋转的方式使垂球尖大致对准测站点，然后将架脚尖踩入土中。

(5)松开中心连接螺旋，在架头上缓慢移动仪器使垂球尖精确对准测站点。

用垂球对中的误差一般可控制在 3 mm 以内，但误差仍相对较大，一般适用于初学者或精度要求不高的情况。

2. 光学对中器对中

(1)在测站点上打开三脚架，使架头高度适中，并目估使架头大致水平，而后用垂球或目估使架头中心与测站点标志中心大致对准。

(2)连接经纬仪，调整光学对中器使对中标志清晰及地面点成像清晰。

(3)通过光学对中器瞄准地面并轻提三脚架的两只脚，以另一只脚为中心移动，直至对中器分划板的对中标志中心与测站中心大致重合，而后放下三脚架并踩实。

(4)调节脚螺旋使测站点标志中心与对中器分划板的对中标志中心严格重合。

(5)调整三脚架的相应架腿使圆水准器气泡大致居中。整平仪器，使照准部管水准器在相互垂直的两个方向的气泡都居中。

(6)检查对中器标志中心与观测站标志中心是否重合。当偏移较小时，可稍微松开中心连接螺旋，在架头上平移(不得旋转)仪器，使之重合。重复(5)、(6)步，直至仪器既对中又整平。

(7)当偏移较大时重复(3)～(6)步。

用光学对中器对中的误差一般可控制 1 mm 以内。目前的经纬仪一般均采用该种方法。

(二)整平

整平分为粗平和精平，具体操作程序如下。

(1)粗略整平。伸缩三脚架腿，使圆水准气泡居中，此操作一般不会破坏已完成的对中关系。

(2)精确整平。如图 3.6(a)所示，放松照准部水平制动螺旋，使水准管与一对脚螺旋 1 和 2 的连线平行。两手拇指同时相向或相背旋转一对脚螺旋使气泡居中，气泡移动方向和左手大拇指运动方向一致。

(3)转换度盘位置精平调整。如图 3.6(b)所示，将照准部旋转 90°与脚螺旋 1 和 2 连线的方向垂直，调节第三个脚螺旋使气泡居中。

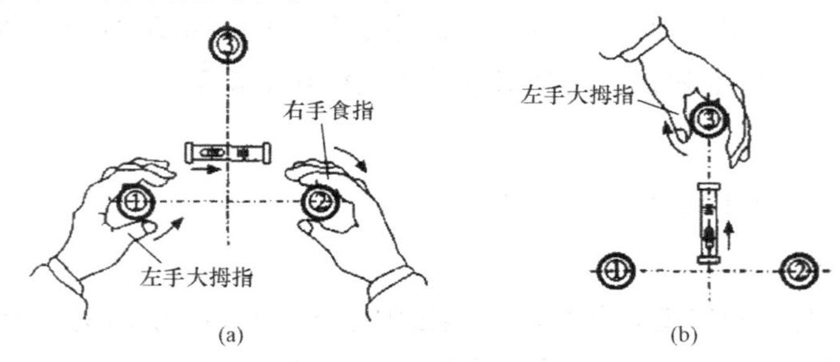

图 3.6　经纬仪整平

(4)对镜检查。将照准部旋转至对径位置(即旋转 180°)，检查气泡是否居中。若不居中(一般大于 2 mm)，则重复以上操作。

精平仪器后需要再次检查对中情况，如果对中关系被破坏，就要进行再次精确对中和精确整平操作。

光学对中的精度(≤1 mm)比垂球对中的精度(≤3 mm)高，特别是在风力较大的情况下，更适宜用光学对中法安置仪器。

二、照准目标

照准目标就是用望远镜十字丝分划板的竖丝对准观测标志。具体操作步骤如下：

(1)松开照准部和望远镜制动螺旋，将望远镜对准明亮背景，调整望远镜目镜调焦螺旋，使十字丝最清晰。

(2)利用望远镜上的瞄准器粗略对准目标，而后旋紧照准部水平制动螺旋和望远镜制动螺旋。

(3)调整望远镜物镜调焦螺旋，使观测标志影像清晰，同时要注意消除视差。

所谓视差，就是当目镜、物镜对光不够精细时，目标的影像不在十字丝平面上，以致两者不能被同时看清。视差的存在会影响瞄准和读数精度，必须加以检查并消除。检查时用眼睛在目镜端上、下稍微移动，若十字丝和目标成像有相对移动现象，说明视差存在。消除视差的方法是仔细地进行目镜和物镜的调焦，直至眼睛上下移动十字丝和目标均不变动为止。

(4)调整照准部水平微动螺旋和望远镜微动螺旋，使十字丝分划板的竖丝对准或夹住观测标志，如图 3.7 所示，注意水平角观测要尽量瞄准观测标志的底部。

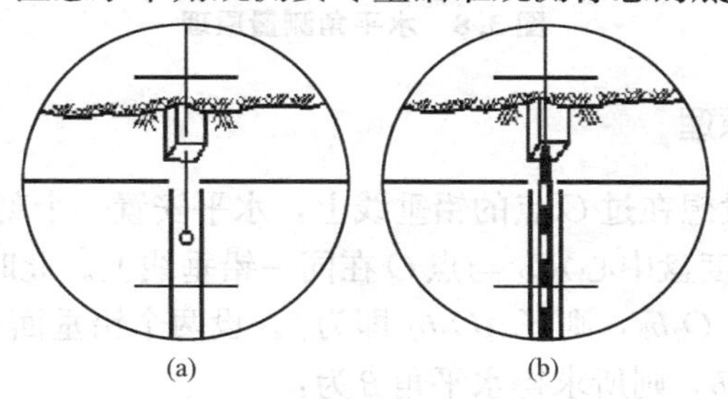

图 3.7 照准目标

三、读数

打开反光镜，并调整其位置，使进光明亮均匀，然后进行读数显微镜调焦，使读数窗分划读数清晰。

对于分微尺读数装置的仪器，可以直接读数。对于单平板玻璃测微器的仪器，则必须旋转测微手轮，使度盘上的某分划线位于双指标线中间后才能读数。

竖直角读数前，首先要看仪器是采用指标自动补偿器，还是采用指标水准器。如果采用指标水准器，读数前则必须转动竖盘指标水准器微动螺旋使竖盘指标水准器气泡居中。

第三节 水平角测量

一、水平角的定义

地面上一点至任意两个目标的方向线垂直投影到水平面上所成的角称为水平角。它也是过这两条方向线的铅垂面所夹的两面角。

如图 3.8 所示，A、O、B 是地面上不同位置的三个点，其沿铅垂线投影到水平面 P 上得到相应的三个投影点 A_1、O_1、B_1，则水平投影线 O_1A_1 与 O_1B_1 所构成的角 β 就是地面上从 O 点至 A、B 两点的方向线的水平角，同时还可看出它也是过 OA、OB 两条方向线的铅垂面的两面角。

水平角的取值范围为 0°～360°。

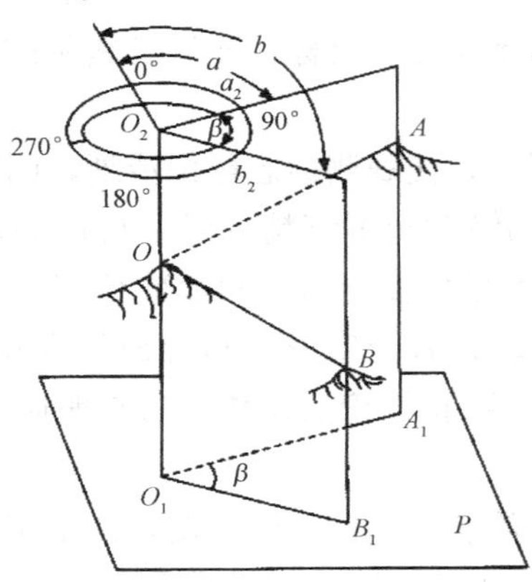

图 3.8　水平角测量原理

二、水平角的测量原理

为了测量水平角，设想在过 O 点的铅垂线上，水平安置一个刻度盘(简称为水平度盘)，使刻度盘刻划中心(称为度盘中心)O_2 与点 O 在同一铅垂线上。此时过 OA、OB 的铅垂面与水平度盘的交线为 O_2a_2、O_2b_2，则$\angle a_2O_2b_2$ 即为 β。设两个铅垂面与顺时针分划的水平度盘的交线的读数分别为 a、b，则所求得水平角 β 为：

$$\beta=b-a \tag{3.1}$$

三、水平角的测量方法

水平角测量的方法，一般根据目标的多少和精度要求来选择，常用的水平角测量方法有测回法和方向观测法。测回法常用于测量两个方向之间的单角，是测角的基本方法。方向观测法用于在一个测站上观测两个以上方向的多角。

(一)测回法

测回法如图 3.9 所示，A、O、B 分别为地面上的三点，欲观测 OA 和 OB 两方向线之间的水平角，其操作步骤如下：

(1)将经纬仪安置在测站点 O，对中、整平。

(2)将竖直度盘置于望远镜左侧(称盘左或正镜)，瞄准左目标 A，水平度盘置零或略大些，其读数为 $a_{左}$(如 0°0′30″)。松开水平制动螺旋，顺时针转动照准部，瞄准右目标 B，读数为 $b_{左}$(如 61°35′42″)，记入观测手簿(表 3.1)。以上称盘左半测回或上半测回，其角值为：

$$\beta_{左}=b_{左}-a_{左} \tag{3.2}$$

$$\beta_{左}=61°35'42''-0°0'30''=61°35'12''$$

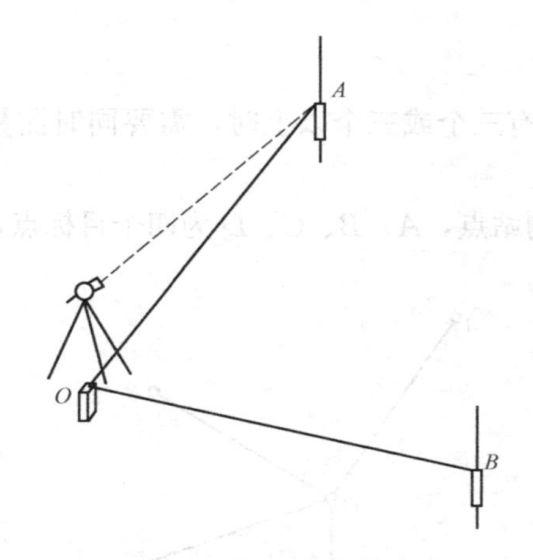

图 3.9　测回法观测水平角

转动照准部将竖直度盘置于望远镜右侧(称盘右或倒镜)，再瞄准目标 B，水平度盘读数 $b_{右}=241°35'24''$。松开水平制动螺旋，逆时针旋转照准部，瞄准目标 A，读数 $a_{右}=180°00'18''$，均记入观测手簿(表 3.1)。以上称盘右半测回或下半测回，其角值为：

$$\beta_{右}=b_{右}-a_{右} \tag{3.3}$$

$$\beta_{右}=241°35'24''-180°00'18''=61°35'06''$$

上下两个半测回合称为一个测回。对于 DJ6 级经纬仪，当上下两个半测回角值差 $\Delta\beta=\beta_{左}-\beta_{右}$ 在 $\pm40''$ 以内时，取其平均值作为一个测回的角值。即：

$$\beta=\frac{1}{2}(\beta_{左}+\beta_{右})=61°35'09'' \tag{3.4}$$

为了提高测角精度，有时需要进行多测回角度测量。根据精度要求，如需进行 n 个测回观测，则每测回之间需要按 $180°/n$ 的差值来配置水平度盘的初始位置，其目的是为了减少度盘分划误差的影响。其中 n 为测回数，如 $n=3$ 时，每测回起始方向水平度盘依次配置为等于或略大于 0°、60°、120°。

表 3.1　测回法观测水平角记录手簿

仪器型号：DJ6　　　　观测日期：2012—8—12　　　　观测者：李中华

仪器编号：980024　　　天　　气：晴　　　　　　　　记录者：张　强

测站点	测回数	盘位	目标	水平读盘读数 (° ′ ″)	半测回角值 (° ′ ″)	一测回角值 (° ′ ″)	各测回平均值 (° ′ ″)	备注
O	1	左	A	00　05　00	96　48　12	96　48　03	96　48　02	
			B	96　53　12				
		右	A	180　04　30	96　47　54			
		右	B	276　52　24				
O	2	左	A	90　01　18	96　48　12	96　48　00		
			B	186　49　30				
		右	A	270　01　52	96　47　48			
		右	B	06　49　42				

(二)方向观测法

当一个测站上观测方向有三个或三个以上时，需要同时测量出多个角度，此时应采用方向观测法进行观测。

如图 3.10 所示，O 为测站点，A、B、C、D 为四个目标点，欲测定 O 到各目标方向之间的水平角，操作步骤如下。

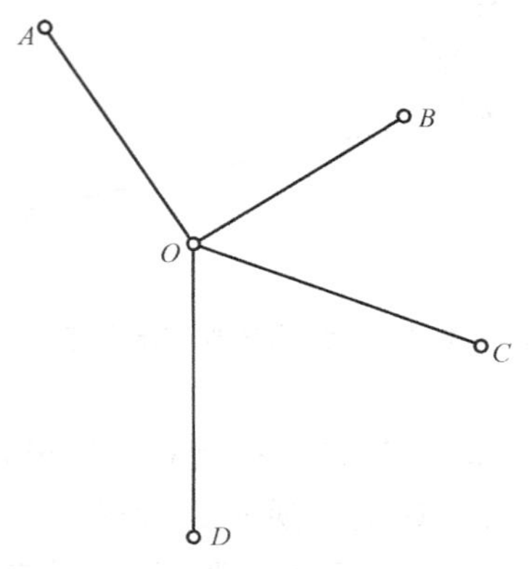

图 3.10　方向观测法观测水平角

1. 测站观测

(1)将经纬仪安置于测站点 O，对中、整平。

(2)用盘左位置选定一距离较远、目标明显的点作为起始方向(零方向)，本例中选择 A 为起始方向。将水平度盘读数调至略大于 0°，读取此时的读数并记入记录手簿(表 3.2)。松开水平制动螺旋，顺时针方向依次照准 B、C、D 三个目标点，读数并记入记录手簿中。最后为了检核水平度盘在观测过程中是否发生变动，再次瞄准起始点 A，称为归零，并读数。以上为上半测回。两次瞄准 A 点的读数之差称为“归零差”。对于不同精度等级的仪器，限差要求不同，见表 3.3。

(3)取盘右位置瞄准起始目标 A，并读数。然后按逆时针方向依次照准 D、C、B、A 各目标，并读数。以上称为下半测回，其归零差仍应满足规定要求。

上、下半测回构成一个测回，在同一测回内不能第二次改变水平度盘的位置。当精度要求较高，需测多个测回时，各测回间应按 $180°/n$ 配置度盘起始目标的读数。

2. 记录计算

表 3.2 为方向观测法观测手簿。盘左各目标的读数从上往下的顺序记录，盘右各目标读数按从下往上的顺序记录。

表 3.2　全圆方向法观测手簿

测站	测回数	目标	水平度盘读数		2C	盘左、盘右平均值 /(° ′ ″)	归零后水平方向值 /(° ′ ″)	各测回平均水平方向值 /(° ′ ″)
			盘左观测 /(° ′ ″)	盘右观测 /(° ′ ″)				
1	2	3	4	5	6	7	8	9
0	1	A	0 01 00	180 01 12	−12	(0 01 14) 0 01 06	0 00 00	0 00 00
		B	91 54 06	271 54 00	+06	91 54 03	91 52 49	91 52 47
		C	153 32 48	333 32 48	0	153 32 48	153 31 34	153 31 34
		D	214 06 12	34 06 06	+06	214 06 09	214 04 55	214 04 56
		A	0 01 24	180 01 18	+06	0 01 21		
1	2	A	90 01 12	270 01 24	−12	(90 01 27) 90 01 18	0 00 00	
		B	181 54 06	1 54 18	−12	181 54 12	91 52 45	
		C	243 32 54	63 33 06	−12	243 33 00	153 31 33	
		D	304 06 26	124 06 20	+06	304 06 23	214 04 56	
		A	90 01 36	270 01 36	0	90 01 36		

(1)计算半测回归零差，不得大于限差规定值(表 3.3)，否则应重测。

(2)计算两倍照准误差 $2C$ 的值，即：

$$2C = 盘左读数 - (盘右读数 \pm 180°) \tag{3.5}$$

$2C$ 属于仪器误差，在同一测回内同一台仪器各方向的 $2C$ 值应是一个常数，因此，$2C$ 的变动大小反映了观测的质量，若有互差，其变化值不应超过表 3.3 的限差要求。

(3)计算各方向的盘左和盘右读数的平均值，即：

$$平均读数 = [盘左读数 + (盘右读数 \pm 180°)]/2 \tag{3.6}$$

在计算平均读数后，起始点 O 有两个平均读数，应再次取平均，并写在表格中的括号内，作为 OA 的方向值。

(4)计算一测回归零方向值。将计算出的各方向的平均读数分别减去起始方向的两次读数的平均值(括号内之值)，即得各方向的归零方向值。

(5)计算各测回归零后的平均方向值。将各测回同一方向的归零方向值进行比较，若其差值不大于表 3.3 中的规定，则取各测回同一方向归零后的方向值的平均值作为该方向的最后结果。

(6)水平角的计算。将相邻两个归零后的方向值相减，即为这两个方向所夹的水平角。方向观测法的限差，见表 3.3，若其中有任何一项超限，则均应重测。

表 3.3　方向观测法的限差要求

仪器型号	测微器两次重合读数差/(″)	半测回归零差/(″)	一测回 2C 互差/(″)	各测回同一方向值的互差/(″)
DJ6	—	18	—	24
DJ2	3	8	13	9

第四节　竖直角观测

一、竖直度盘的构造

竖直度盘也称竖盘，它的主要部件包括竖直度盘、竖盘指标水准管和竖盘指标水准管微动螺旋。在经纬仪望远镜旋转轴的一端安装一个刻有度数的圆度盘，称之为竖直度盘(图3.11)。竖直度盘与望远镜固连在一起，其中心与望远镜旋转轴中心重合。当望远镜上下转动时，带动竖直度盘一起转动，而用来读取竖直度盘读数的指标并不随望远镜转动，因此可以读取不同的角度。将望远镜视线水平时的竖直度盘读数设置为一固定值，用望远镜照准目标点，读出目标点对应的竖直度盘读数。根据该读数与望远镜视线水平时的竖直度盘读数就可以计算出竖直角。竖直度盘指标与竖直度盘指标水准管连在一个微动架上，转动竖直度盘指标水准管微动螺旋，可以改变竖直度盘分划线影像与指标线之间的相对位置。在正常情况下，当竖直度盘指标水准管气泡居中时，竖直度盘指标就处于正确位置。因此，在观测竖直角时，每次读取竖直度盘读数之前，都应先调节竖直度盘指标水准管的微动螺旋，使竖直度盘指标水准管气泡居中。

另外，还有一些型号的经纬仪，其竖直度盘指标装有自动补偿装置，能自动归零，因而可直接读数。

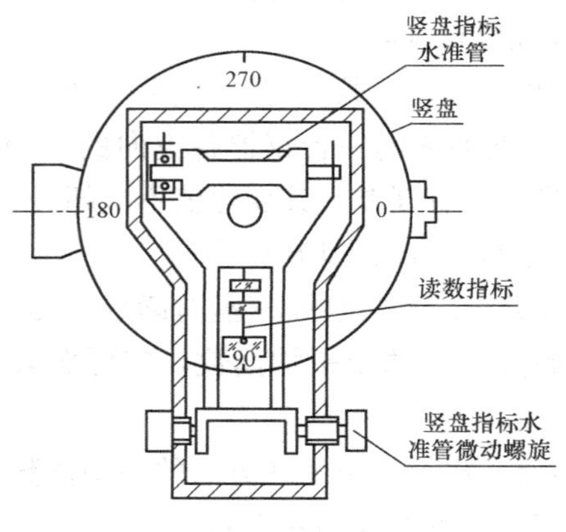

图3.11　竖盘构造

二、竖直角的计算公式

竖盘的刻划注记一般为全圆式，注记有顺时针和逆时针两种不同形式，因此竖直角的计算公式也不同。

1. 竖盘顺时针注记形式

图3.12为顺时针注记度盘。图3.12(a)为盘左位置视线水平时的读数，此时为90°。当望远镜逐渐抬高(仰角)，竖盘读数L在逐渐减小，如图3.12(b)所示。因此上半测回竖直角为：

$$\alpha_1 = 90° - L \tag{3.7}$$

图 3.12(c)为盘右位置视线水平时的读数，此时为 270°。当望远镜逐渐抬高(仰角)，竖盘读数 R 在逐渐增大，如图 3.12(d)所示。因此下半测回竖直角为：

$$\alpha_R = R - 270° \tag{3.8}$$

式中，L、R 分别为盘左、盘右瞄准目标的竖盘读数。

一测回竖直角值为盘左和盘右所测定的竖直角的平均值，即：

$$\alpha = \frac{\alpha_{左} + \alpha_{右}}{2} \tag{3.9}$$

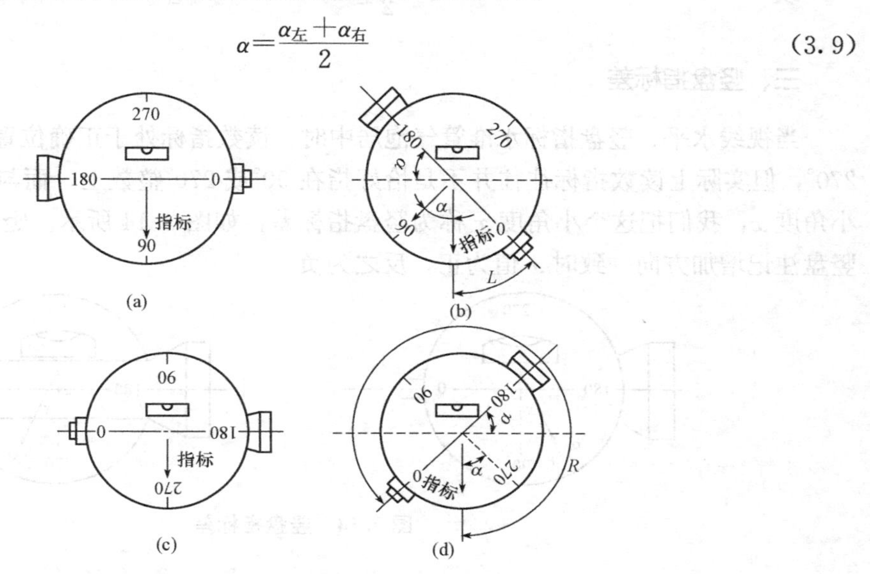

图 3.12　竖盘顺时针方向注记

2. 竖盘逆时针注记形式

若竖直度盘按逆时针方向注记(图 3.13)，用类似的方法推得竖直角的计算公式为：

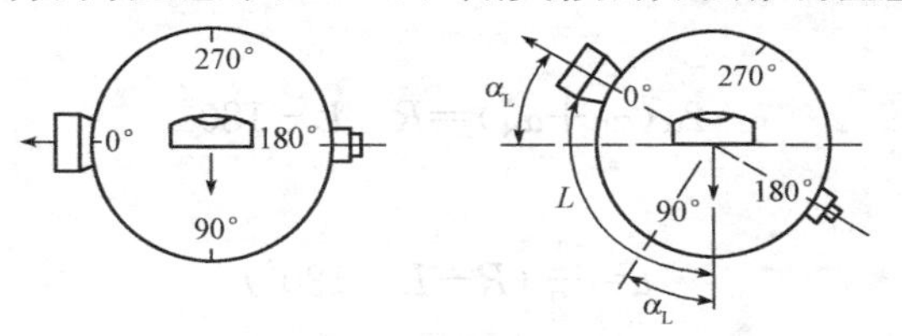

图 3.13　竖盘逆时针方向注记

$$\alpha_L = L - 90° \tag{3.10}$$

$$\alpha_R = 270° - R \tag{3.11}$$

从以上两式可以归纳出竖直角计算的一般公式。根据竖直度盘读数计算竖直角时，首先应看清望远镜向上抬高时竖直度盘读数是增大还是减小，然后规定：

望远镜抬高时竖直度盘读数增大，则：

竖直角＝瞄准目标时竖直度盘读数－视线水平时竖直度盘读数　　(3.12)

望远镜抬高时竖直度盘读数减小，则：

竖直角＝视线水平时竖直度盘读数－瞄准目标时竖直度盘读数　　(3.13)

对于同一目标，由于观测中存在误差，以及仪器本身和外界条件的影响，盘左、盘右所获得的竖直角 α_L 和 α_R 不完全相等，应取盘左、盘右的平均值作为竖直角的结果，即：

$$\alpha=\frac{1}{2}(\alpha_L+\alpha_R) \tag{3.14}$$

或

$$\alpha=\frac{1}{2}[(R-L)-180^\circ] \tag{3.15}$$

三、竖盘指标差

当视线水平、竖盘指标水准管气泡居中时，读数指标处于正确位置，即正好指向 90°或 270°，但实际上读数指标往往并不是恰好指在 90°或 270°整数上，而与 90°或 270°相差一个小角度 x，我们把这个小角度 x 称为竖盘指标差，如图 3.14 所示。竖盘指标的偏移方向与竖盘注记增加方向一致时 x 值为正，反之为负。

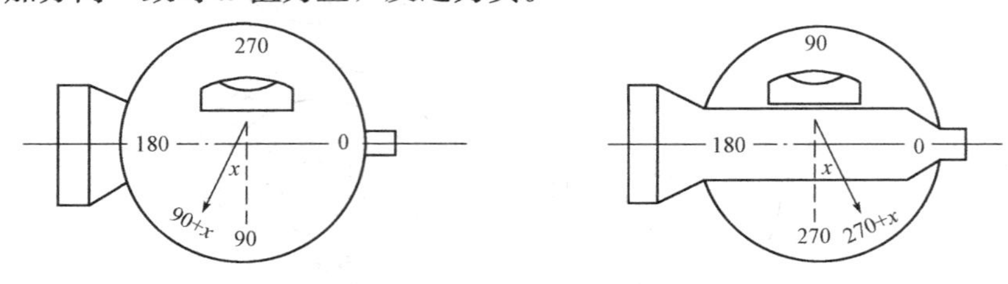

图 3.14　竖盘指标差

由于指标差存在，当竖盘指标水准管气泡居中或自动补偿器归零、视线瞄准某一目标时，竖盘盘左和盘右的读数都比正确读数大了一个 x 值，则正确的竖直角应为

盘左：

$$\alpha=\alpha_L+x=90^\circ-(L-x) \tag{3.16}$$

盘右：

$$\alpha=\alpha_R-x=(R-x)-270^\circ \tag{3.17}$$

一测回角值为：

$$2\alpha(\alpha_L+\alpha_R)=R-L-180^\circ$$

即：

$$\alpha=\frac{1}{2}(R-L-180^\circ) \tag{3.18}$$

上述式中的 L、R 分别为盘左、盘右瞄准目标时的竖盘读数。式(3.18)说明用盘左、盘右各观测一次竖直角，然后取其平均值作为最后结果可以消除竖盘指标差的影响，获得正确的竖直角。将式(3.16)与式(3.17)相减，可得竖盘指标差的通用公式，即：

$$x=\frac{1}{2}(L+R-360^\circ) \tag{3.19}$$

竖盘指标差属于仪器误差。一般情况下，竖盘指标差的变化很小。如果观测中计算出的指标差变化较大，说明观测误差较大。有关测量规范规定 DJ6 级经纬仪竖盘指标差的变化范围不应超过±25″。

四、竖直角观测与计算

以图 3.15 为例，介绍竖直角的测量及其计算步骤。

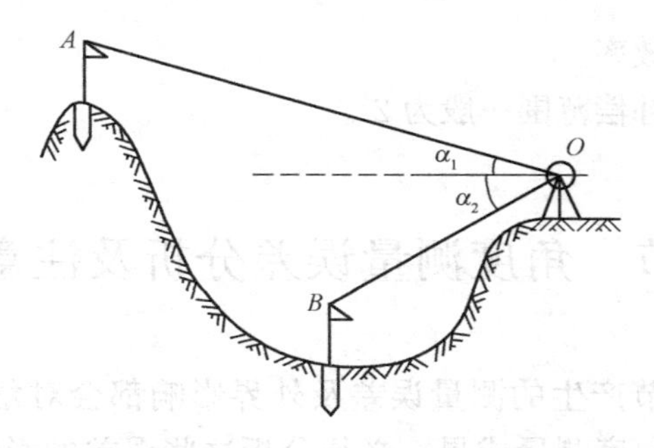

图 3.15 竖直角观测

(1)在测站点 O 安置仪器，正镜瞄准目标 A；

(2)转动竖盘指标水准管微动螺旋，使指标水准管气泡居中，读取竖盘读数 L 为 86°23′42″，计入表 3.4 中第 4 栏；

(3)计算正镜角值 $\alpha_{左}=90°-L=3°36'18''$，计入手簿第 5 栏；

(4)纵转望远镜，倒镜再次瞄准目标 A，并使指标水准管气泡居中，读取竖盘读数 R 为 273°36′06″，并计入手簿第 4 栏；

(5)计算倒镜角值 $\alpha_{右}=R-270°=3°36'06''$，并计入手簿第 5 栏；

(6)计算指标差 $x=-6''$，计入手簿第 6 栏；

(7)计算一测回角值 $\alpha=3°36'12''$，计入手簿第 7 栏。

同样方法计算 B 点测值，然后填入表 3.4。

表 3.4 竖直角观测手簿

仪器型号： DJ6　　仪器编号：　　观测者：

日　　期：　　天　　气：　　记录者：

测站	目标	竖盘位置	竖盘读数 /(° ′ ″)	半测回角值 /(° ′ ″)	指标差 /(° ′ ″)	一测回角值 /(° ′ ″)	备注
1	2	3	4	5	6	7	8
O	A	左	86 23 42	3 36 18	−6	3 36 12	$\alpha_{左}=90°-L$ $\alpha_{右}=R-270°$
		右	273 36 06	3 36 06			
	B	左	95 12 30	−5 12 30	−12	−5 12 42	
		右	264 47 06	−5 12 54			

五、竖盘指标自动归零的补偿装置

竖盘指标差自动归零补偿装置的原理与自动安平水准仪中自动安平补偿原理基本相同。它是在指标和竖盘间悬吊一透镜，当视线水平时，指标处于铅垂位置，通过透镜读出正确读数，如 90°。当仪器产生一微小倾斜后，由于透镜被悬吊，它在重力作用下会摆动至平衡位置，此时指标通过透镜的边缘部分折射，仍能读出 90°的读数，从而达到竖盘指标自动归零的目的。

使用这种经纬仪观测竖直角时，免除了调节竖盘指标水准管气泡居中的操作，从而能简化作业程序，提高工作效率。

竖盘指标自动归零的补偿范围一般为 $2'$。

第五节　角度测量误差分析及注意事项

仪器误差和作业各环节产生的测量误差及外界影响都会对角度测量的精度带来影响，为了获得符合精度要求的角度测量成果，必须分析这些误差的影响，采取相应的措施，将其消除或控制在容许的范围内。

一、角度测量误差分析

(一)仪器误差

仪器误差包括仪器检验和校正之后的残余误差、仪器零部件加工不完善所引起的误差等，主要分为以下几种。

1. 视准轴误差(照准差)

望远镜视准轴 CC 不垂直于横轴 HH 时，其偏离垂直位置的角值 c 称为视准误差或照准差。此时望远镜旋转时将扫出圆锥面，当望远镜水平时水平角误差最小。照准差正、倒镜相反，其影响可以用正、倒镜观测取平均值的方法来消除。

2. 横轴误差(支架差)

横轴误差是由于横轴不垂直于竖轴引起的。盘左、盘右观测中均含有此项误差，且大小相等方向相反。故水平角测量时，此误差同样可采用盘左、盘右观测，取一测回平均值作为最后结果的方法加以消除。

3. 竖轴倾斜误差

竖轴误差是由仪器竖轴不垂直于水准管轴或水准管整平不完善、气泡不居中所引起的。由于竖轴不处于铅垂位置，与铅垂方向偏离了一个小角度，从而引起横轴不水平，给角度测量带来误差。这种误差的大小随望远镜瞄准不同方向、横轴处于不同位置而变化。同时，由于竖轴倾斜的方向与正、倒镜观测(即盘左、盘右观测)无关，所以竖轴误差不能用正、倒镜观测取平均数的方法消除。因此，观测前应严格检校仪器，观测时仔细整平，并保持照准部水准管气泡居中，气泡偏离量不得超过一格。

4. 度盘偏心差

度盘偏心差属于仪器零部件加工、安装不完善引起的误差。在水平角测量和竖直角测量中，分别有水平度盘偏心差和竖直度盘偏心差两种。水平度盘偏心差是由照准部旋转中心与水平度盘圆心不重合所引起的指标读数误差。因为盘左、盘右观测同一目标时，指标线在水平度盘上的位置具有对称性(即对称分划读数)，所以在水平角测量时，此项误差也可取盘左、盘右读数的平均数予以减小。

竖直度盘偏心差是由竖盘圆心与仪器横轴的中心线不重合带来的误差。在竖直角测量时，该项误差的影响一般较小，可忽略不计。若在高精度测量工作中，确需考虑该项误差的影响时，应经检验测定竖盘偏心误差系数，对相应竖直角测量结果进行修正，或者采用对向观测的方法(即往返观测竖直角)来消除竖盘偏心差对测量结果的影响。

5. 度盘刻画不均匀误差

由于仪器加工工艺不完善，度盘的刻划总是或多或少存在误差，这项误差一般很小。为了提高测角精度，在观测水平角时，利用复测器扳手或水平度盘位置变换手轮在多个测回之间按一定方式($180°/n$)变换水平度盘起始位置的读数，可以有效地减小度盘刻划误差的影响。

(二)观测误差

1. 对中误差

对中误差是指仪器中心与测站中心不重合所产生的误差。如图 3.16 所示，设 B 为测站点，而仪器中心在地面的投影为 B'，即实际对中时对到了 B' 点，B 与 B' 不重合，所以产生了对中误差。设 BB' 的距离为 e(称为偏心距)，那么对中误差对测角的影响为应测的角度 β 与实测的角度 β' 之差，即：

$$\Delta\beta=\beta-\beta'=\varepsilon_1+\varepsilon_2 \tag{3.20}$$

因 ε_1 和 ε_2 很小，则：

$$\varepsilon_1=\frac{e\sin\theta}{D_1}\rho''，\ \varepsilon_2=\frac{e\sin(\beta'-\theta)}{D_2}\rho''$$

因此，有：

$$\Delta\beta=e\rho''\left[\frac{\sin\theta}{D_1}+\frac{\sin(\beta'-\theta)}{D_2}\right] \tag{3.21}$$

由式(3.21)可知，对中误差对测角的影响与偏心距成正比、与边长成反比，此外与所测角度的大小和偏心的方向有关。当 $\beta=180°$，$\theta=90°$时，β 最大。设 $e=3$ mm，$D_1=D_2=100$ m，$\theta=90°$，$\beta'=180°$，则 $\Delta\beta=12''$。当 $D_1=D_2=50$ m，其他条件相同时，则 $\Delta\beta=24''$。

因此，在进行水平角测量时，应精确地进行对中，尤其在边长较短、角度为钝角的情况下更应如此，否则由对中产生的角度误差将较大。

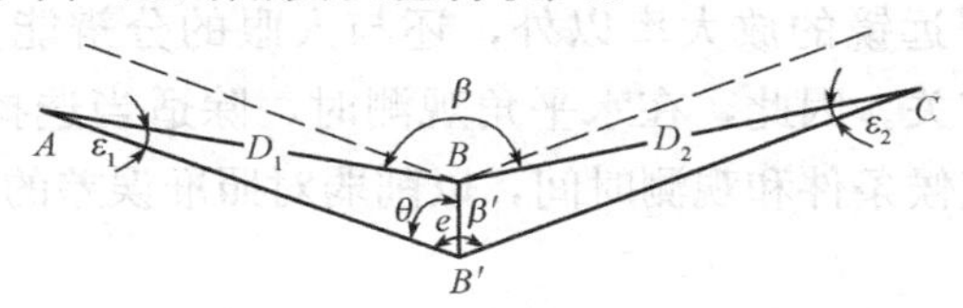

图 3.16 对中误差

2. 整平误差

水平角观测时必须保持水平度盘水平、竖轴竖直。若照准部水准管的气泡不居中，导致竖轴倾斜而引起的角度误差，则不能通过盘左、盘右观测取平均值的方法消除。因此观测过程中，应特别注意仪器的整平，在同一测回内，若气泡偏移超过两格，应重新整平仪器，并重新观测该测回。

3. 目标偏心误差

在测角时，通常是用标杆立于目标点上，作为照准标志。当标杆倾斜又瞄准标杆顶部时，将使照准点偏离目标而产生目标偏心误差，如图 3.17 所示。

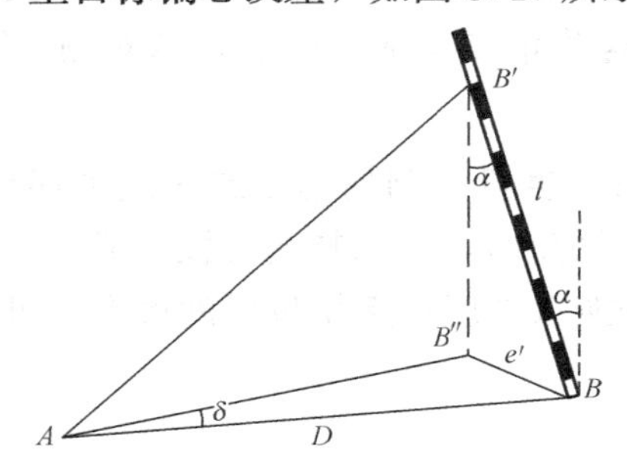

图 3.17　目标偏心误差

A 为测站，B 为照准目标，A、B 两点的距离为 D。若标杆倾斜角为 α，瞄准标杆长度为 l 的 B'处。由于 B'偏离 B 所引起的目标偏心差(方向观测值误差)为：

$$\left.\begin{aligned} e' &= l\sin\alpha \\ \delta &= \frac{e'}{D}\rho'' = \frac{l\sin\alpha}{D}\rho'' \end{aligned}\right\} \tag{3.22}$$

从上式可见，δ 与 l 成正比，δ 与 D 成反比。例如 $l=2$ m，$D=100$ m，当 $\alpha=30'$、1°、2°、3°时，δ 分别为 36″、72″、144″、216‴，可见其影响非常之大。为了减少其对水平角观测的影响，照准目标应竖直，并尽可能瞄准底部，必要时可悬挂垂球作目标。目标偏心差对竖直角的影响与目标倾斜的角度、方向以及距离、竖直角的大小等因素都有关，往往观测竖直角时瞄准目标顶部，当目标倾斜的角度较大时，该项影响不容忽视。

4. 瞄准误差

望远镜照准误差一般用下式计算：

$$m_{\mathrm{v}} = \pm\frac{60''}{v} \tag{3.23}$$

式中　v——望远镜的放大率。

照准误差除取决于望远镜的放大率以外，还与人眼的分辨能力，目标的形状、大小、颜色、亮度和清晰度等有关。因此，在水平角观测时，除适当选择经纬仪外，还应尽量选择适宜的标志、有利的气候条件和观测时间，以削弱对照准误差的影响。

5. 读数误差

读数误差与读数设备、照明情况和观测者的经验有关，其中主要取决于读数设备。一般认为，对 DJ6 经纬仪最大估读误差不超过±6″，对 DJ2 经纬仪一般不超过±1″。但如果照明情况不佳，显微镜的目镜未调好焦距或观测者技术不够熟练，估读误差可能大大超过上述数值。

(三)外界条件影响带来的误差

外界条件影响测角的因素很多，如温度变化会影响仪器的正常状态；大风会影响仪器的稳定；地面辐射热会影响大气的稳定；空气透明度会影响瞄准精度以及地面松软会影响仪器的稳定等。要想完全避免这些因素的影响是不可能的，只能采取一些措施，如选择有利的观测条件和时间，安稳脚架、打伞遮阳等，使其影响降低到最低程度。

二、角度测量的注意事项

(1)仪器安置的高度应合适，脚架应踩实，中心螺旋拧紧，观测时手不扶脚架，转动照准部及使用各种螺旋时，用力要轻。严格对中和整平，测角精度要求越高，或边长越短，则对中要求越严格；若观测目标的高度相差较大，特别要注意仪器整平。

(2)在水平角观测过程中，如同一测回内发现照准部水准管气泡偏离居中位置，不允许重新调整水准管使气泡居中；若气泡偏离中央超过一格时，则须重新整平仪器，重新观测。

(3)目标应竖直，根据距离选择粗细合适的标杆，并仔细地立在目标点标志中心；瞄准时注意消除视差，尽可能照准目标底部或地面标志中心。高精度测角，最好悬挂垂球作标志。

(4)观测竖直角时，每次读数之前，必须使竖盘指标水准管气泡居中或自动归零开关设置启用位置。

(5)观测水平角时，同一个测回里不能转动度盘变换手轮或按水平度盘复测扳钮。

(6)读数要准确无误，观测结果应及时记录和计算。发现错误或超过限差，立即重测。

(7)高精度多测回测角时，各测回间应变换度盘起始位置，使读数均匀地分布在度盘的各个区间。

(8)选择有利观测时机，避开不利外界因素。

第六节　经纬仪的检验与校正

经纬仪在使用或运输过程中，其内部光学部件和机械构件可能会发生变位，使仪器的性能指标发生变化。为保证测量成果能够达到预期的精度，测量前应对所使用的仪器进行检验和校正。

一、经纬仪的几何轴线

如图3.18所示，经纬仪的主要轴线有望远镜的视准轴CC、仪器的旋转轴即竖轴VV、望远镜的旋转轴即横轴HH以及水准管轴LL和圆水准器轴$L'L'$。这些轴线之间应满足以下几何条件：

(1)仪器在装配时，已保证水平度盘与竖轴相互垂直，因此只要竖轴竖直，水平度盘就处在水平位置，竖轴的竖直是通过照准部水准管气泡居中来实现的，故要求水准管轴垂直于竖轴，即$LL \perp VV$。

(2)望远镜绕横轴旋转时，要使视准轴所形成的面(视准面)为竖直的平面，必须同时满足视准轴垂直于横轴，即$CC \perp HH$和横轴垂直于竖轴，即$HH \perp VV$。

(3)十字丝竖丝应垂直于横轴。

(4)光学对中器的视准轴应与竖轴重合。

(5)竖盘指标差x应为零。

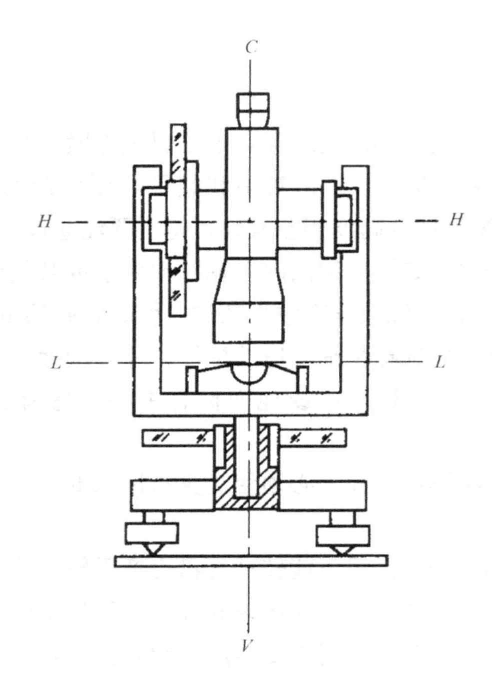

图 3.18　经纬仪的轴线关系

二、经纬仪的检验与校正

(一)照准部水准管轴垂直于竖轴的检验与校正

1. 检验

先将仪器粗平，再转动照准部使水准管平行于任意两脚螺旋的连线，转动这两个脚螺旋使气泡居中。然后将照准部旋转 180°，如果此时气泡仍居中，则说明水准管轴垂直于竖轴，否则应进行校正。

2. 校正

如图 3.19 所示，如果照准部水准管轴与仪器的竖轴不垂直，则当气泡居中时，水准管轴水平，竖轴不在垂直位置，偏离铅垂线方向一个 α 角。仪器绕竖轴旋转 180°，竖轴仍位于原来的位置，而水准管两端却交换了位置，此时水准管轴与水平线的夹角为 2α，气泡不再居中，其偏移量代表了水准管轴的倾斜角 2α。

根据上述检验原理，校正时，用校正针拨动水准管校正螺丝，使气泡向中央退回偏离量的一半，这时水准管轴即垂直竖轴。最后用脚螺旋使气泡向中央退回偏离量的另一半，这时竖轴处于铅直位置。此项检校必须反复进行，直到水准管位于任何位置气泡偏离零点均不超过半格为止。如果仪器上装有圆水准器，则应使圆水准轴平行于竖轴。检校时可用校正好的照准部水准管将仪器整平，如果此时圆水准器气泡也居中，说明条件满足，否则应校正圆水准器下面的三个校正螺丝使气泡居中。

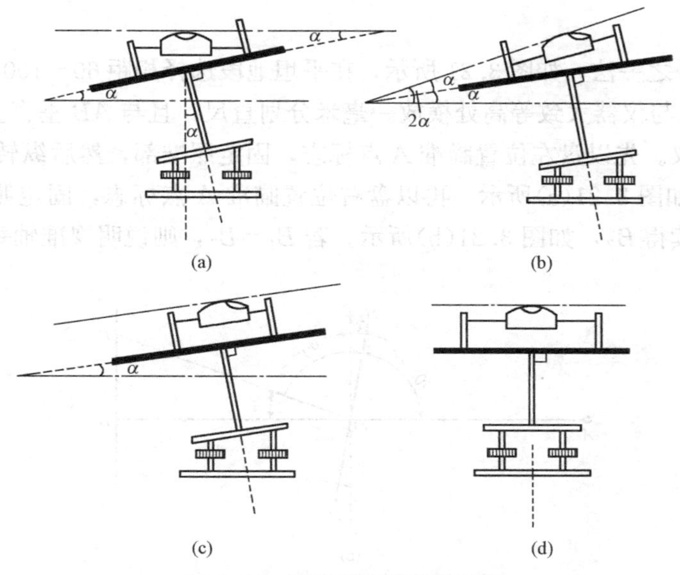

图 3.19　照准部水准管的检校

(二)十字丝竖丝垂直横轴的检验与校正

1. 检验

检验的目的是看十字丝竖丝是否垂直于横轴。仪器严格整平后，用十字丝竖丝的上端或下端精确瞄准一清晰目标点，旋紧水平制动螺旋和望远镜制动螺旋，再用望远镜微动螺旋使望远镜上下移动，若目标点始终在竖丝上移动，表明条件已满足，否则就需要进行校正，如图 3.20 所示。

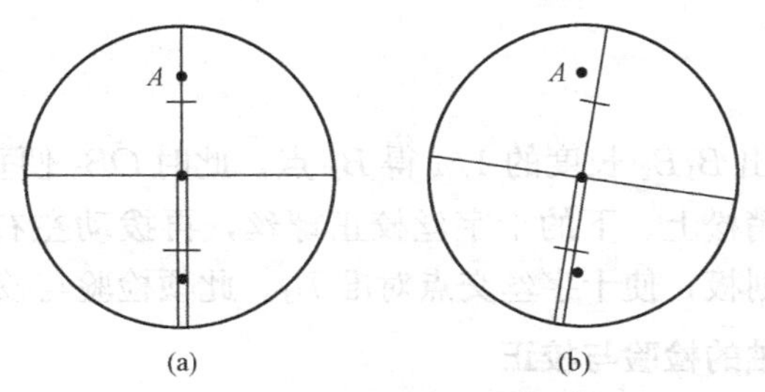

图 3.20　十字丝竖丝垂直横轴的检验

2. 校正

校正时，旋下目镜处的护盖，微微松开十字环的四个压环螺丝，转动十字丝环，直至望远镜上下移动时，目标点始终沿竖丝移动为止，最后将四个压环螺丝拧紧，旋上护盖。

(三)视准轴垂直于横轴的检验与校正

望远镜视准轴不垂直于横轴时，其偏差值称为视准误差，用 C 表示，仪器被整平后，横轴保持水平。这时，若视准轴与横轴垂直，纵向转动望远镜，视准轴将画出一竖直面；若视准轴与横轴不垂直，则视准轴画出的不是竖直面，而是一个圆锥面。

1. 检验

检验采用四分之一法，如图 3.21 所示，在平坦地段选择相距 60～100 m 的 A、B 两点，A 点设标志，B 点与仪器大致等高处横放一毫米分划直尺，且与 AB 垂直。在 A、B 连线的中点 O 安置经纬仪。先以盘左位置瞄准 A 点标志，固定照准部，然后纵转望远镜，在 B 点直尺上读数 B_1，如图 3.21(a)所示，再以盘右位置瞄准 A 点标志，固定照准部，纵转望远镜在 B 点直尺上读得 B_2，如图 3.21(b)所示。若 $B_1=B_2$，则说明视准轴垂直于横轴，否则需进行校正。

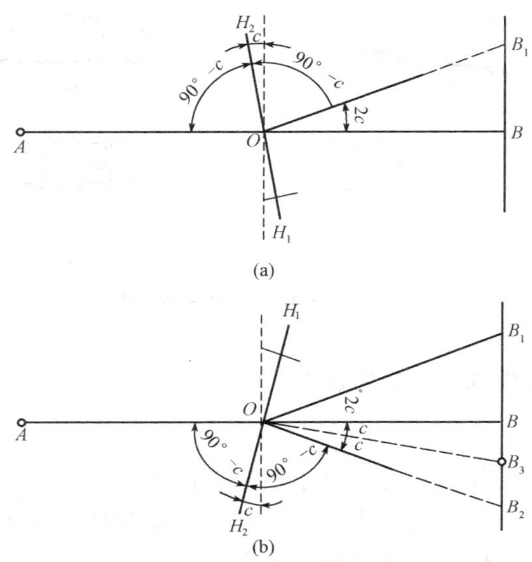

图 3.21　视准轴检验与校正

2. 校正

由 B_2 向 B_1 方向量出 B_1B_2 长度的 1/4 得 B_3 点，此时 OB_3 便垂直于横轴。打开望远镜目镜护盖，用校正针先稍松上、下的十字丝校正螺丝，再拨动左右两个校正螺丝，一松一紧，左右移动十字丝分划板，使十字丝交点对准 B_3。此项检验与校正也要反复进行。

(四)横轴垂直于竖轴的检验与校正

1. 检验

如图 3.22 所示，在距一较高墙壁 20～30 m 处安置仪器，在墙上选择仰角大于 30°的一目标点 P，先盘左瞄准 P 点，然后将望远镜放平，在墙上定出一点 P_1；倒转望远镜以盘右位置再次瞄准 P 点，再将望远镜放平，在墙上又定出一点 P_2。如果 P_1 和 P_2 重合，表明仪器横轴垂直于竖轴，否则应进行校正。

2. 校正

在墙上定出 P_1P_2 的中点 P_M，并转动水平微动螺旋使十字丝交点瞄准 P_M 点，然后抬高望远镜，此时十字丝交点必然偏离 P 点。打开支架处横轴一端的护盖，调整支承横轴的偏心轴环，抬高或降低横轴一端，直至十字丝交点瞄准 P 点。此项校正由于技术性很高，一般由专业维修人员进行修理。

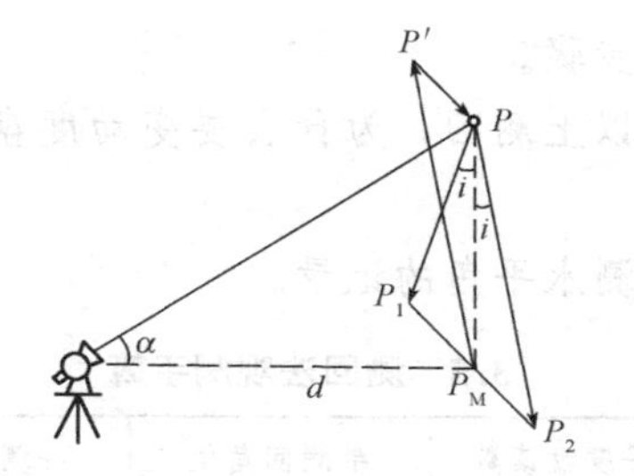

图 3.22　横轴的检验与校正

(五)光学对中器的检验与校正

1. 检验

选择一平坦的地面并精确整平仪器，对光学对中器进行调焦，使对中器的分划板和地面均清晰。然后在脚架中央的地面上固定一张白纸，将对中器的分划板中心投在白纸上，然后将照准部旋转 180°，并同样将分划板中心投在白纸上，若两次投在白纸上的两点重合，说明条件满足，否则要校正。

2. 校正

校正时先在白纸上定出两点的中点，然后调整对中器的直角棱镜或对中器的分划板，使对中器中心对准中点。此项校正也应反复进行，直至条件满足为止。

(六)竖盘指标差的检验与校正

1. 检验

整平仪器后，以盘左、盘右位置先后瞄准同一明显目标，在竖盘指标水准管气泡居中的情况下分别读取竖盘读数 L 和 R，然后计算指标差 x。若指标差超限，则需进行校正。

2. 校正

校正一般是在盘右位置进行的，即在读完盘右的竖盘读数后仪器保持不动，先计算出盘右的正确读数 $R_{正}=R-x$，旋转竖盘指标水准管微动螺旋使竖盘读数为 $R_{正}$，此时竖盘指标水准管气泡不再居中，用校正针调节竖盘指标水准管一端的校正螺丝，使气泡居中。此项检校也应反复进行，直至满足要求为止。

对于竖盘指标是自动归零装置的经纬仪，校正时，先调节望远镜微动螺旋，使竖盘读数由 R 变为 $R_{正}$，再用校正针调节十字丝环的上、下校正螺丝，使十字丝交点对准目标。

思考与练习

1. 什么叫水平角？若某测站与两不同高度的目标点位于同一竖直面内，那么测站与两目标构成的水平角是多少？

2. 经纬仪由哪几部分组成？有哪些制动和微动螺旋？各有何作用？

3. 观测水平角时，为什么要进行对中和整平？简述光学经纬仪对中和整平的方法。

4. 试述测回法测角的操作步骤。

5. 观测水平角，若测两个以上测回，为什么要变动度盘位置？若测三个测回，各测回起始方向读数应是多少？

6. 整理表 3.5 中测回法观测水平角的记录。

3.5 测回法观测手簿

测站	竖盘位置	目标	水平度盘读数 /(° ′ ″)	半测回角值 /(° ′ ″)	一测回角值 /(° ′ ″)	各测回平均角值 /(° ′ ″)	备注
第一测回 0	左	A	0 01 30				
		B	65 08 12				
	右	A	180 01 42				
		B	245 08 30				
第二测回 0	左	A	90 02 24				
		B	155 09 12				
	右	A	270 02 36				
		B	335 09 30				

第四章　距离测量和直线定向

通过本章学习，掌握钢尺测距、视距测量和光电测距的基本原理、操作方法和计算过程；明确直线定向的概念；掌握标准方向的种类，方位角的种类；掌握坐标象限角、方位角的基本概念，计算方法；能够推算坐标方位角。

距离测量是测量的基本工作之一。测量中常需测量两点间的水平距离，所谓水平距离是指地面上两点垂直投影到水平面上的直线距离。实际工作中，需要测定距离的两点一般不在同一水平面上，沿地面直接测量所得距离往往是倾斜距离，需将其换算成水平距离。测定距离的方法有钢尺量距、视距测量、光电测距等。

直线的方向是通过该直线与过直线起点的标准方向之间的水平角来确定的，这项工作叫做直线定向。一般采用坐标纵轴方向作为标准方向，用坐标方位角来进行直线定向。

第一节　钢尺量距

钢尺量距工具简单，是工程测量中最常用的一种距离测量方法，按精度要求不同可分为一般方法和精密方法。

一、钢尺量距的工具

钢尺量距的工具为钢尺。辅助工具有标杆、测钎、垂球等。

钢尺也称钢卷尺，有架装和盒装两种，普通钢尺是钢制带尺，尺宽 10～15 mm。长度有 20 m、30 m 和 50 m 等多种。钢尺的零分划位置有两种：一种是在钢尺前端有一条刻线作为尺长的零分划线，称为刻线尺；另一种是零点位于尺端，即拉环外沿，这种尺称为端点尺(图 4.1)。端点尺的缺点是拉环易磨损。钢尺上在分米和米处都刻有注记，便于量距时读数。

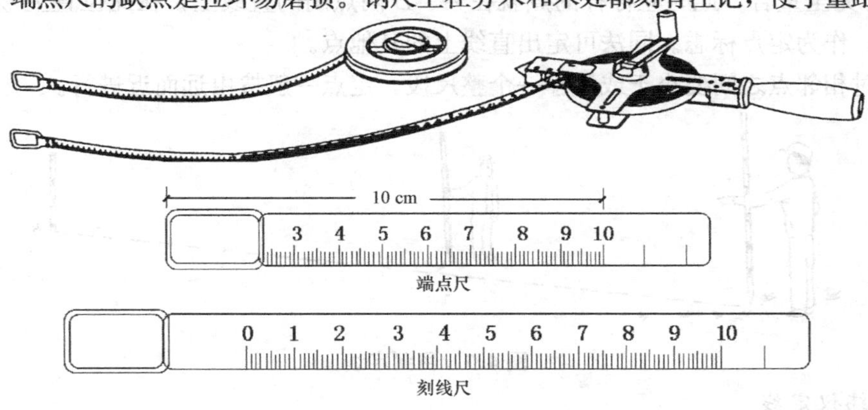

图 4.1　钢尺

量距工具还有皮尺，外形同钢卷尺，用麻皮制成，基本分划为厘米，零点在尺端。

皮尺精度低，只用于精度要求不高的距离丈量。钢尺量距最高精度可达到 1/10 000。由于其在短距离量距中使用方便，常在工程中使用。

测钎用直径 5 mm 左右的粗铁丝制成，长约 30 cm。它的一端磨尖，便于插入土中，用来标志所量尺段的起、止点。另一端做成环状，便于携带。6 根或 11 根测钎为一组，它用于计算已量过的整尺段数。标杆长 3 m，杆上涂以 20 cm 间隔的红、白漆，以便远处清晰可见，用于标定直线。弹簧秤和温度计用以控制拉力和测定温度(图 4.2)。

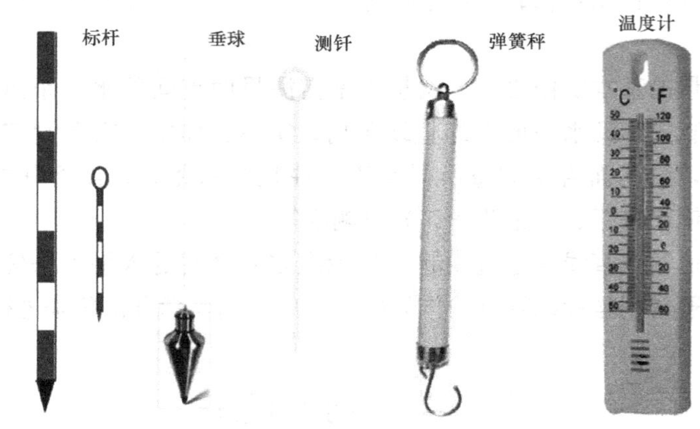

图 4.2　钢尺量距的辅助工具

二、直线定线

当两个地面点之间的距离较长或地势起伏较大时，为能沿着直线方向进行距离丈量工作，需在直线方向上标定若干个点，作为分段丈量的依据。在直线方向上作一些标记表明直线走向的工作就叫直线定线。直线定线可以采用目测法，也可以采用经纬仪法来进行。

1. 目测定线

如图 4.3 所示，当要测定 A、B 间距离时，可先在 A、B 两点分别竖立标杆，一人站在 A 点标杆后 1～2 m 处，由 A 瞄向 B，同时指挥另一持标杆的人左、右移动，使所持标杆与 A、B 标杆完全重合，此时立标杆的点就在 A、B 两点间的直线上，在此位置上竖立标杆或插上测钎，作为定点标志。同法可定出直线上的其他点。

定线时相邻点之间要小于或等于一个整尺段，定点一般按由远而近进行。

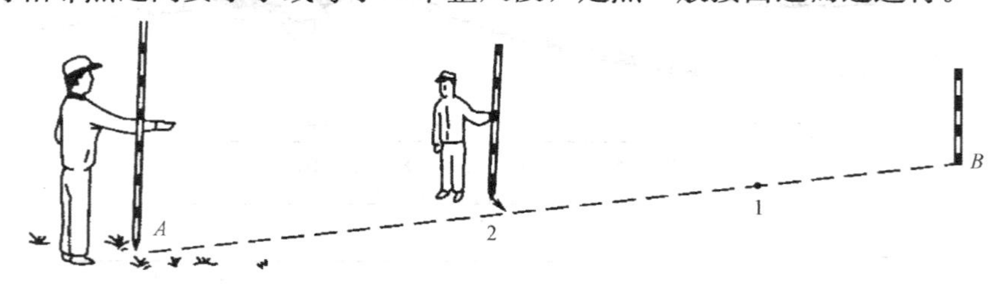

图 4.3　目测定线

2. 经纬仪定线

经纬仪定线是在直线的一个端点安置经纬仪后，对中、整平，用望远镜十字丝竖丝瞄准另一个端点目标，固定照准部。观测员指挥另一测量员将测钎由远及近按十字丝纵丝位置垂直插入地下，即得到各分段点，如图 4.4 所示。

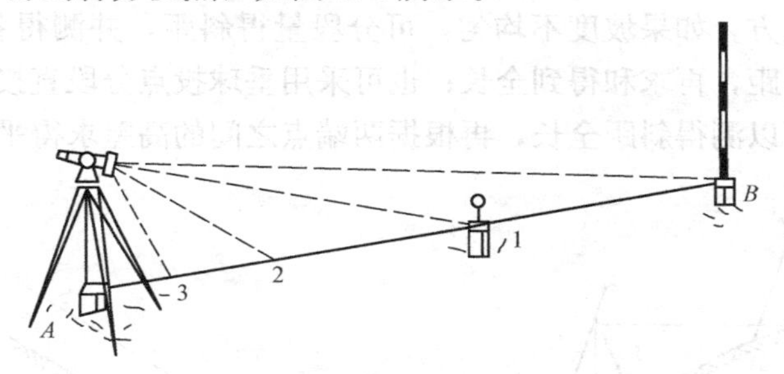

图 4.4　经纬仪定线

三、钢尺量距的一般方法

在坡度均匀而且比较平缓的地方，可以先进行定线，然后直接量平距。具体步骤如下。

1. 准备工作

(1)主要工具：钢尺、垂球、测钎、标杆等。使用前应该检查钢尺是否完好，刻划是否清楚，并注意其零点位置。

(2)工作人员组成：拉尺人、读数人、记录人，共 2～3 人。

(3)场地：一般比较平坦，各分段点已定线在直线上，并插有测钎，如图 4.5 所示。

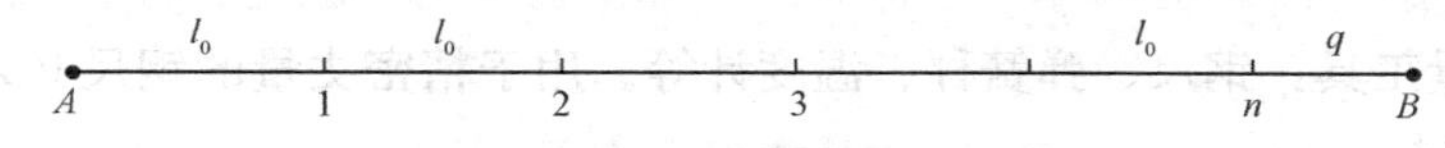

图 4.5　已完成定线的直线

2. 丈量工作

(1)逐段丈量整尺段，尺段长为 l_0，最后丈量零尺段长 q。

(2)返测全长。按步骤(1)丈量工作从 A 丈量至 B，称为往测，往测长度记为 $D_{往}$；在此基础上再按步骤(1)的丈量工作从 B 丈量至 A，称为返测，返测长度记为 $D_{返}$。

3. 计算与检核

(1)计算往测、返测全长，即：

$$D_{往}=nl_0+q_{往} \tag{4.1}$$

$$D_{返}=nl_0+q_{返} \tag{4.2}$$

(2)检核。为了防止错误和提高丈量精度，把往返丈量所得距离的差除以该距离的概值 $D_{往}$ 或 $D_{返}$，并化为分子为 1 的分数 K，该分数叫做相对较差。一般丈量要求相对较差 K 不大于 1/2 000，即：

$$\Delta D=D_{往}-D_{返} \tag{4.3}$$

$$K=\frac{\Delta D}{D_{往}}=\frac{1/D_{往}}{\Delta D} \tag{4.4}$$

(3)计算往返平均值。在往返相对较差 K 满足要求时，按下式计算往返平均值作为 AB 全长的观测值：

$$D=\frac{D_{往}+D_{返}}{2} \tag{4.5}$$

在比较陡峭的地方，如果坡度不均匀，可分段量得斜距，并测得各分段两端点间的高差，求出各分段的平距，再求和得到全长；也可采用垂球投点分段直接量平距[图 4.6(a)]，如果坡度均匀，则可以测得斜距全长，再根据两端点之间的高差求得平距全长[图 4.6(b)]。

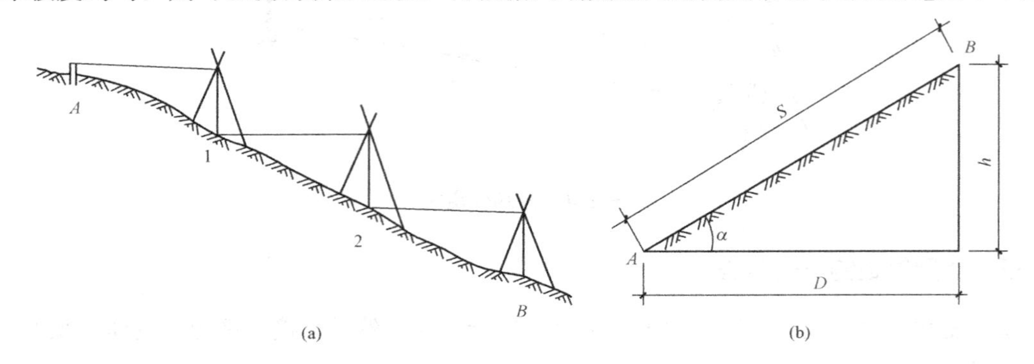

图 4.6　水平距的方法

(a)垂球投点分段直接量平距；(b)测得斜距全长后根据高差求平距

四、钢尺量距的精密方法

1. 准备工作

(1)主要丈量工具：钢尺、弹簧秤、温度计等。用于精密丈量的钢尺必须经过检定，而且有其尺长方程式。

(2)工作人员组成：通常主要工作人员有 5 人，其中拉尺员 2 人、读数员 2 人、记录员 1 人，他们的分工安排如图 4.7 所示。

(3)场地：整理便于丈量；定线后的分段点设有精确的标志，如图 4.8 所示，分段点设有木桩顶面的定线方向有“十”字标志(或小钉)，测量各分段点顶面尺段高差 h_i。

图 4.7　钢尺量距精密方法的人员组成与分工　　**图 4.8　精确的丈量标志**

2. 精密量距

丈量必须有统一的口令来协调全体人员的工作步调。现以一尺段丈量为例，介绍其丈量方法：

(1)拉尺。拉尺员在尺段两个分段点上拉着弹簧秤摆好钢尺，其中钢尺零端在后分段点，整尺端在前分段点。前方拉尺员发出“预备”，同时进行拉尺准备，后方拉尺员在拉尺准备就绪回声“好”的口令，两拉尺员同时用力拉弹簧秤，使弹簧秤拉力指示为检定时拉力(如 100N)，钢尺面刻划与分段点标志纵线对齐。

(2)读数。两位读数员两手轻扶钢尺，在钢尺刻划与分段点标志相对稳定时，前方读数员使钢尺厘米刻划与分段点标志横线对齐，同时发出“预备”口令。后方读数员预备就绪(即看准钢尺刻划面与分段点标志横线对齐的读数)发出“好”的口令。就在口令之后的瞬间，两位读数员依次读取分段点标志横线所对的钢尺刻划值，前端读数员读前端读数为 $l_{前}$，后端读数员读后端读数为 $l_{后}$。

(3)记录。记录 $l_{前}$、$l_{后}$，计算尺段丈量值 $l'=l_{前}-l_{后}$。

(4)重复丈量。按步骤(1)、(2)、(3)重复丈量和记录，计算获得 l''、l'''。

(5)检核。比较 l'、l''、l'''，观察各尺段丈量值之差 Δl，如果 $\Delta l \leqslant \Delta l_{容}$，则检核合格。计算尺段丈量平均值 l_i，即：

$$l_i=\frac{l'+l''+l'''}{3} \tag{4.6}$$

把计算的尺段丈量平均值 l_i 填写到表格中。

(6)记录温度 t_i，抄录尺段高差 h_i。

五、尺长方程式

由于刻划误差等原因，钢尺的实际长度与名义长度会有所差别，而且钢尺的长度会随温度的变化而变化，从而给所量距离带来系统误差，不能通过往返测量取平均值而减小或消除。因此，用于精密量距的钢尺出厂时需经检定，其长度用尺长方程式表示：

$$l_t=l+\Delta l_0+\alpha l(t-t_0) \tag{4.7}$$

式中 l_t——钢尺在温度 t 时的实际长度；

l——钢尺上所标注的长度，即名义长度；

Δl_0——尺长改正数，即钢尺检定时读出的实际长度减去钢尺名义长度；

α——钢尺的线膨胀系数，一般取 1.25×10^{-5} m/m·℃；

t——钢尺使用时的温度；

t_0——钢尺检定时的温度。

每根钢尺都应有尺长方程式，根据量距时测得的温度，才能得出其实际长度。根据钢尺的实际长度就可求出所量距离的实际长度。

【例 4.1】 某钢尺名义长度为 30 m，其尺长方程式为：

$$l_t=30+0.007+30\times12.5\times10^{-6}\times(t-20)\text{(m)}$$

用这根钢尺在温度为 16℃时丈量一段水平距离为 209.62 m，试求改正后的实际距离。

解： 钢尺丈量时实际长度：

$$l_t=30+0.007+30\times12.5\times10^{-6}\times(16-20)=30.006\text{(m)}$$

实际水平距离为：

$$L=209.62\times\frac{30.006}{30}=209.62\times1.000\,2=209.66\text{(m)}$$

六、钢尺量距的误差来源

在平坦地区进行钢尺量矩，若考虑了温差改正和尺长改正，并用弹簧秤衡量拉力，在外界条件良好的情况下，丈量精度可达1/5 000以上。若地面有起伏，即使分段较多，丈量精度也能达到1/3 000。当地面崎岖不平，坡陡多变化的困难条件下，仔细丈量，其精度也不会低于1/1 000。

通常往返两次丈量结果，一般不会绝对相同，这说明丈量中不可避免地有误差存在。钢尺量矩中的误差来源有下列几种：

1. 尺长本身的误差

如果钢尺未经检定或未按尺长方程式进行改算，仅用钢尺名义长度计算丈量的距离，则其中就包含了尺长误差。

2. 温度变化的误差

钢尺的膨胀系数为1.25×10^{-5} m/m·℃，对每米每摄氏度温差变化仅1/80 000，但温差较大，距离很长时其影响也不小。由于一般测定的是空气温度，并未反映钢尺的实际温度，特别是沿地面丈量时，钢尺温度与空气温度可能相差较大，因此，对于较精确的丈量，无论在检定钢尺和使用钢尺时都以测定钢尺温度为好，可用点温计测定尺温。

以上两项在尺长方程式中已被考虑。

3. 拉力误差

拉力的大小会影响钢尺的长度。如果丈量不用弹簧秤衡量拉力，仅凭拉尺员手臂感觉，则与检定时拉力相比难免要存在误差。这项误差在丈量过程中可正可负，凡丈量时拉力大于检定时拉力，这项误差为正，即钢尺伸长了；反之为负。其影响比前两项要小，为精确计，应用弹簧秤使拉力等于钢尺检定时的拉力。

4. 丈量本身的误差

如钢尺端点对准的误差、插测钎的误差等。钢尺基本分划为厘米，若读数只要求读到厘米，就可能会有5 mm的凑整误差。所有这些误差是在工作进行中由于人的感官能力限制而产生的，其性质可正可负，或大或小，因此实际结果中已抵消了一部分，但这是丈量工作中一项主要误差来源，无法全部消除。

5. 钢尺垂曲的误差

所谓垂曲，就是钢尺悬空丈量时中间下垂而产生的误差。悬空丈量时尺子中间必然有下垂现象，所以在检定钢尺时要考虑这一因素，把尺子分悬空与水平两种情况予以检定，得出各自相应的尺长方程式。在成果整理时，若按实际情况采用相应的尺长方程式，这项误差就不存在了。但是拉力与规定有差异时仍会产生影响，只是这种影响很小。

6. 钢尺不水平的误差

直接丈量水平距离时钢尺应尽量水平，否则会产生距离量长的误差，这与下面谈到的把倾斜距离改算为水平距离具有相同的性质。根据计算，有一根30 m长的钢尺，若尺的两端高差达0.4 m，则使30 m距离增长约2.67 mm，其相对误差约为1/11 200。要求这样的钢尺整尺段两端高差小于0.4 m是不难达到的，因此只要丈量时旁边有人仔细目估水平，这项误差实际会很小。

7. 定线误差

钢尺丈量时应伸直紧靠所量直线，如果偏离定线方向，就成了一条折线，把实际距离量长了。这类情况与上述钢尺不水平相似，只不过前者是竖直面内的偏斜，而后者是水平面内的偏斜，故误差值的计算公式也相同。使用标杆目估定线使每 30 m 整尺段偏离直线方向不大于 0.4 m 很容易做到，实际会更小，故这项误差也是很小的。

第二节　视距测量

视距测量是一种根据几何光学原理简便而迅速地测出两点间距离的方法。

视线水平时，视距测量能直接测出水平距离，如果视线是倾斜的，为求得水平距离，还应测出竖角(仪器视准轴与水平线之间的夹角在竖直面内的投影)。有了竖角，还可以求得测站至目标的高差。所以说视距测量也是一种能同时测得两点之间距离和高差的测量方法。

一般在经纬仪、水准仪等仪器的望远镜上增加视距装置(最简单的是在十字丝分划板上加视距丝)，配以视距尺或水准尺来进行视距测量，测定立尺点与仪器中心之间的水平距离和高差。

一、视准轴水平时视距法测距原理

对于目前普遍使用的内调焦望远镜，其物镜系统由物镜 L_1 和调焦透镜 L_2 两部分组成。当标尺 R 在不同距离时，为使它的像落在十字丝平面上，必须移动 L_2，因此，物镜系统的焦距是变化的。

如图 4.9 所示，设望远镜的视准轴水平，物镜 L_1 和调焦透镜 L_2 的焦点和焦距分别为 L_1、f_1，L_2、f_2。

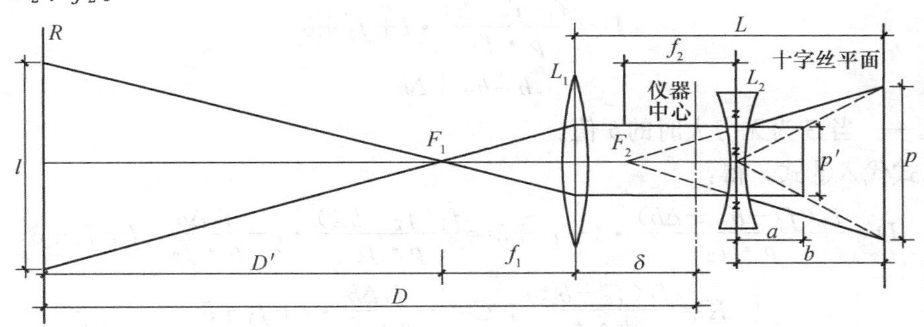

图 4.9　视准轴水平时视距法测距原理

由图 4.9 可知，立尺点与仪器中心之间的水平距离为：

$$D=D'+f_1+\delta \tag{4.8}$$

由透镜 L_1 成像原理可得下式：

$$\frac{D'}{f_1}=\frac{l}{p'} \quad ①$$

即：

$$D'=\frac{f_1}{p'}\cdot l \quad ②$$

式中　l——物的视距尺上的上、下丝读数差，称为尺间隔；

p'——l 经透镜之后的像。

由透镜 L_2 成像原理可得：

$$\frac{p}{p'}=\frac{b}{a} \quad ③$$

式中　p'——物(实际是 l 经透镜 L_1 后的像)；

p——p'的像；

a——物距；

b——像距。

因 L_2 为凹透镜，而且作为物的 p'是在出射光线一方，根据透镜成像的公式得：

$$\frac{1}{b}-\frac{1}{a}=\frac{1}{f_2} \quad ④$$

即：

$$\frac{1}{a}=\frac{f_2-b}{b\cdot f_2} \quad ⑤$$

将⑤式代入③式，得：

$$\frac{p}{p'}=\frac{f_2-b}{f_2}$$

即：

$$\frac{1}{p'}=\frac{f_2-b}{pf_2} \quad ⑥$$

将⑥式代入②式得：

$$D'=\frac{f_1(f_2-b)}{p\cdot f_2}\cdot l \quad ⑦$$

将⑦式代入式(4.8)得：

$$D=\frac{f_1(f_2-b)}{p\cdot f_2}\cdot l+f_1+\delta \quad ⑧$$

令：

$$b=b_\infty+\Delta b \quad ⑨$$

式中　b_∞——当 S 为无穷大时的 b 值。

将⑨式代入⑧式，得：

$$D=\frac{f_1(f_2-b_\infty-\Delta b)}{p\cdot f_2}\cdot l+f_1+\delta=\frac{f_1(f_2-b_\infty)}{p\cdot f_2}\cdot l-\frac{f_1\Delta b}{p\cdot f_2}\cdot l+f_1+\delta \quad ⑩$$

令：

$$K=\frac{f_1(f_2-b_\infty)}{p\cdot f_2}，C=-\frac{f_1\Delta b}{p\cdot f_2}\cdot l+f_1+\delta$$

则有：

$$D=K\cdot l+C \quad (4.9)$$

其中 $K\cdot l$ 称为视距。

在⑩式中，Δb 和 l 均随 D 而变。通常设计望远镜时，适当选择参数后，可使 $K=100$，$C=0$，则：

$$D=K\cdot l=100\cdot l \quad (4.10)$$

二、视准轴倾斜时视距法测距原理

如图 4.10 所示，B 点高出 A 点较多，不可能用水平视线进行视距测量，必须把望远镜视准轴放在倾斜位置，如尺子仍竖直立着，则视准轴不与尺面垂直，上面推导的公式就不适用了。若要把视距尺与望远镜视准轴垂直，那是不易办到的。因此在推导水平距离的公式时，必须导入两项改正：

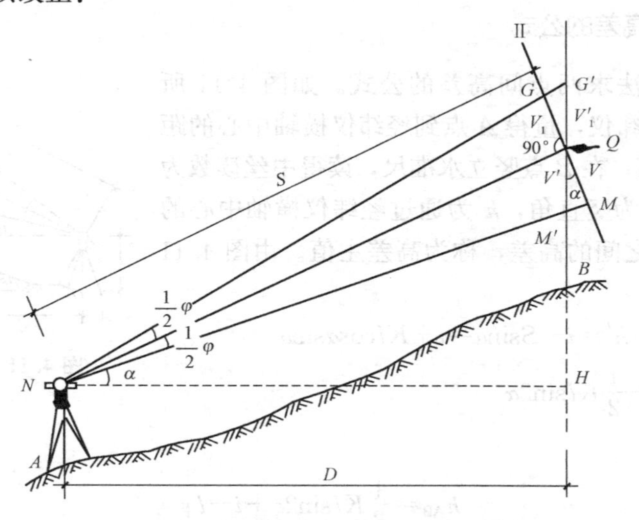

图 4.10　视准轴倾斜时视距法测距原理

(1)视距尺不垂直于视准轴的改正。

(2)视线倾斜的改正。测定倾斜地面线 AB 的水平投影 D 时(图 4.10)，在 A 点安置仪器，在 B 点竖立视距尺，望远镜内上、下视距丝和中丝分别截在尺上 M'、G'和 Q 点。若视距尺安放与视准轴垂直(图示Ⅱ的位置)，则视距丝将分别截在尺上 M 和 G 两点。

设竖直角为 α，则：

$$\angle MQM'=\angle GQG'=\alpha$$

$$\angle QMM'=90°-\frac{1}{2}\varphi\approx 90°$$

$$\angle QGG'=90°+\frac{1}{2}\varphi\approx 90° \qquad \left(\frac{\varphi}{2}=17'11.5''\right)$$

由图 4.10 可知：

$$V+V_1=V'\cos\alpha+V'_1\cos\alpha=(V'+V'_1)\cos\alpha$$

上式中，$V'+V'_1$ 是两视距丝所截竖直视距尺的间隔 l，而 $V+V_1$ 是假设视距尺与视准轴垂直时两视距丝在尺上的间隔，因此有：

$$l_0=l\cos\alpha$$

根据式(4.10)，倾斜视线 NQ 的长度为：

$$S=Kl_0=Kl\cos\alpha$$

而 AB 的水平距离为：

$$D=Kl\cos^2\alpha \tag{4.11}$$

视距法测量水平距离的精度较低，从实验资料的分析来看，在比较良好的外界条件下普通视距的精度为距离的 1/200～1/300。当外界条件较差或尺子竖立不直时，甚至只有

1/100或更低。但是，视距测量可以在测水平角的同时进行水平距离和高差的测量，快捷方便，所以广泛应用于碎部测量。

三、视距法求高差的公式

下面介绍视距法求两点间高差的公式。如图 4.11 所示，在 A 点安置经纬仪，量得 A 点到经纬仪横轴中心的距离为 i，称为仪器高；在 B 点竖立水准尺，读得中丝读数为 $l_{中}$，l 为尺间隔，α 为竖直角，h' 为通过经纬仪横轴中心的水准面与中丝读数之间的高差，称为高差主值。由图 4.11 中可以看出：

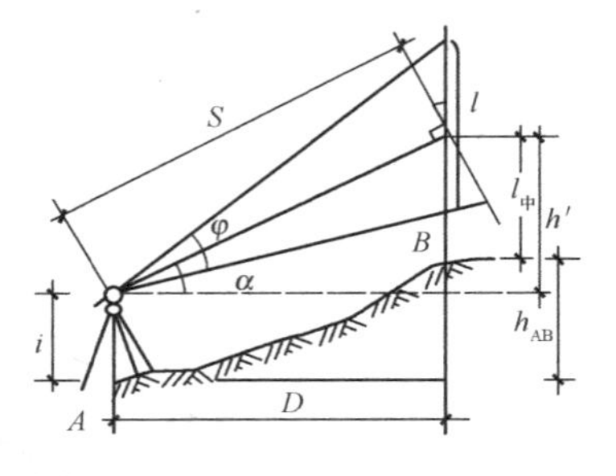

图 4.11　视距法求高差

$$h_{AB}+l_{中}=i+h'=i+S\sin\alpha=i+Kl\cos\alpha\sin\alpha$$
$$=i+\frac{1}{2}Kl\sin2\alpha$$

则：

$$h_{AB}=\frac{1}{2}Kl\sin2\alpha+i-l_{中} \tag{4.12}$$

第三节　光电测距

一、概述

前面已经讨论过钢尺量距和视距法测距。用钢尺直接量距，外业工作繁重，工作效率低，在复杂的地形条件下甚至无法工作。用视距法测距，虽然操作比较简单，可以克服某些地形条件的限制(如测线通过高低起伏的地区，跨过河流、池塘等障碍物)，但测程较短，测距精度也不高。随着光电技术的发展，人们又创造出一种新的测距方法——电磁波测距法。

电磁波测距的基本原理是通过测定电磁波(无线电波或光波)在测线两端点间往返传播的时间，按下列公式算出距离 S。即：

$$S=\frac{1}{2}ct \tag{4.13}$$

式中，c 为电磁波在大气中的传播速度，它可以根据观测时的气象条件来确定。

电磁波测距一般采用光波(可见光或红外光)作为载波，因此又称为光电测距。

过去光电测距仪多属于中长程(测程为 5 千米至几十千米)测距仪，一般应用于大地测量。近几十年来，短程(测程在 5 千米以内)光电测距仪发展很快，它具有小巧轻便、自动化程度高、测距精确等特点，应用日益广泛，特别适用于小面积的控制测量、地形测量和各种工程测量。

由式(4.13)可知，光在 1 千米路程的往返时间约为 1/150 000 s。准确测定这样短的瞬时时间，有相位法、脉冲法等技术，本节主要介绍相位法测距原理。

二、相位法测距原理

相位法测距的实质是利用测定光波的相位移 φ 来代替测定电磁波在测线两端点间往返传播的时间 t，以实现距离的测量。

1. 光电测距的技术指标

(1)测距误差。光电测距仪的误差表达通式为：

$$m=\pm(a+b\cdot S) \tag{4.14}$$

式中 a——非比例误差；

b——比例误差；

S——以千米为单位的测距长度。

例如，通过检验测定，某光电测距仪的测距误差为：

$$m=\pm(5\text{mm}+5\text{ppm}\times S) \tag{4.15}$$

式中，ppm 是百万率，5 ppm 是 5 mm/km 的意思；S 是测距的千米数。

(2)测程。在满足测距精度的条件下测距仪可能测得的最大距离。一台测距仪的实际测程与大气状况及反射器棱镜数有关。

(3)测尺频率。一般的红外测距仪设有 2～3 个测尺频率，其中有一个是精测频率，其余是粗测频率。有的仪器说明书标明了这些频率值，以便于用户使用。

(4)测距时间。不同测距模式的测距时间不一样，一般为 1～4 s。

红外测距仪的技术指标还有功耗、工作温度、测距分辨率、光束发散角、发光波长、测尺长度、仪器重量体积等。

2. 光电测距的主要设备

光电测距的主要设备有测距仪主机、反射镜、蓄电池、充电器、气象仪器等。

(1)测距仪主机内装有红外光调制及调制光波发射系统、接收光学系统、内外光路转换、测相系统、微处理系统。主机外装有发射、接收的物镜，操作键盘及数据接口。测距的结果可通过数据接口和有关的电缆连接输出。

(2)反射镜(又称棱镜)安置在被测距离的另一端，它的作用是将调制光反射回主机。单个的反射镜一般为一个矩形角镜，即将一个矩形体切下一角形成的反射镜。这种反射镜的特点是可以使任何方向进入反射镜的光线都可沿入射方向平行地反射回去。与光电测距仪配合使用的反射镜在近距离可用一块，在远距离则要用一组，如 3 块、4 块、6 块、9 块、12 块等。

(3)蓄电池是适合测距仪的一种小型化学电源，具有电池本身电能与化学能相互转化的性能，在反复充放电中具有重复应用功能。充电则把电能转化为化学能储存在蓄电池中；蓄电池对负载供电则是把化学能转化为电能释放出来。充电器是对蓄电池充电的专用设备，可接入 AC220V 市电，经降压和整流电路输出。

(4)主要的气象仪器是空盒气压计和温度计(图 4.12)，用以测量测线两端的大气压力和温度 t。在精密的光电测距中，必须配备精密度较高的通风干湿温度计，用以测量空气干温 t 和湿温 t'。

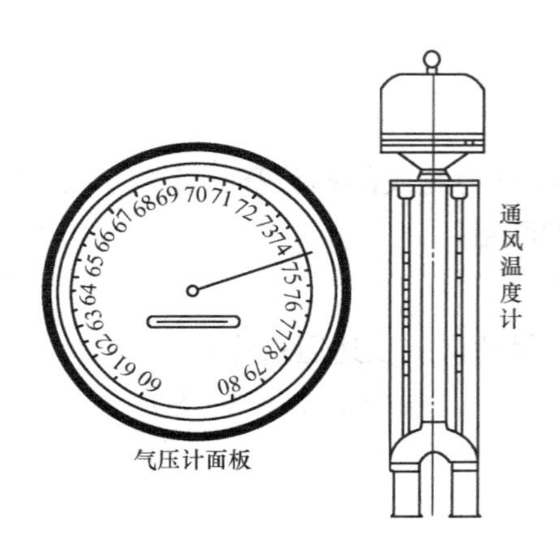

图 4.12　空盒气压计和温度计

3. 距离计算

由光电测距仪或全站仪测定的距离，其观测成果如果还只是测线倾斜距离的初步值，为了求得测线的水平距离，则需要加入一系列改正。这些改正大致可分为三类：仪器系统误差改正、气象改正(目前绝大多数全站仪在输入气象参数后可由仪器自动进行气象改正)、归算改正。

(1)仪器系统误差改正一般包括加常数改正、乘常数改正。

(2)使用测距仪测距时的大气状态(温度、气压、湿度)一般不会与仪器选定的基准大气状态(气象参考点)相同，而大气折射率随大气状态而改变引起测尺长度发生变化，所以必须加入气象改正。

(3)归算改正主要有倾斜改正、归算到参考椭球面上的改正、投影到高斯平面上的改正。对于后面两项改正，只有在比较精密的测量中才考虑。

第四节　直线定向

一、标准方向的种类

在测量工作中常常需要确定两点间平面位置的相对关系。要确定这种关系，仅仅量得两点间的距离是不够的，还需要知道这条直线的方向。测量工作中，一条直线的方向是根据某一标准方向来确定的。确定一条直线与标准方向的关系称为直线定向。

测量工作中常用的三种标准方向分别是真子午线方向、磁子午线方向和坐标纵轴方向。

椭球的子午线称为真子午线，通过地球表面某点的真子午线的切线方向称为真子午线方向，又称真北方向。磁针在地球磁场的作用下，自由静止时其轴线所指的方向，称为磁子午线方向，又称磁北方向；过地面某点平行于该高斯投影带中央子午线的方向，称为坐标纵轴方向，又称坐标北方向。这三类标准方向通常称为“三北方向”。

由于地面各点的真子午线和磁子午线都收敛于地球的地理北极和磁北极，所以各点的真子午线方向并不相互平行，各点的磁子午线方向也不相互平行。地形图图廓下方所绘三北方向中的真子午线是该幅图中间位置的真子午线。但是在同一高斯投影带内，各点的坐标纵轴方向是相互平行的。

二、表示直线方向的方法

直线的方向一般用方位角表示。由直线起点标准方向的北端起，顺时针量至某直线所夹的水平角，称为方位角。

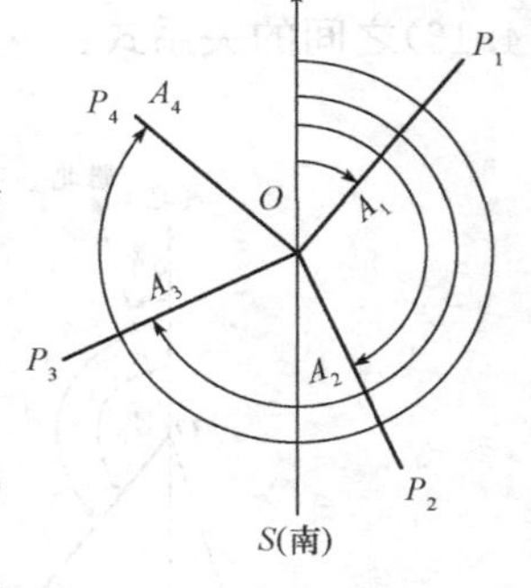

图 4.13　方位角

图 4.13 中，设 NS 为通过 O 点的标准方向线，OP_1、OP_2、OP_3、OP_4 为通过 O 点的四条方向线，则水平角 A_1、A_2、A_3、A_4 即为四条直线的方位角。方位角的取值范围通常为 0°和大于 360°的方位角应该以＋360°或－360°的方法换算至 0°～360°的范围内。

对应于三类标准方向有三类方位角。由真子午线北端起算的方位角，称为真方位角，用 $A_{真}$ 表示；由磁子午线北端起算的方位角，称为磁方位角，用 $A_{磁}$ 表示；由坐标纵轴北端起算的方位角，称为坐标方位角，用 α 表示。

由于同一个高斯投影带内，各点的坐标纵轴方向相互平行，不同直线之间坐标方位角的推算比较方便，因此坐标方位角最常用，如果不特别指出，本书中的方位角一般是指坐标方位角。

三、几种方位角之间的关系

通过地面上某点的磁子午线方向和真子午线方向之间的夹角称为磁偏角。凡磁子午线偏于真子午线以东称为东偏，其角值为正；偏于西者称为西偏，角值为负，磁偏角用 δ 表示。

通过地面上某点的真子午线，与该点坐标纵轴方向比较，这两个标准方向之间的夹角，一般测量工作中称子午线收敛角。凡坐标纵轴偏在真子午线以东者为正，反之为负。子午线收敛角用 γ 表示。图 4.14 所示为分别处于中央子午线东、西两侧的情况。

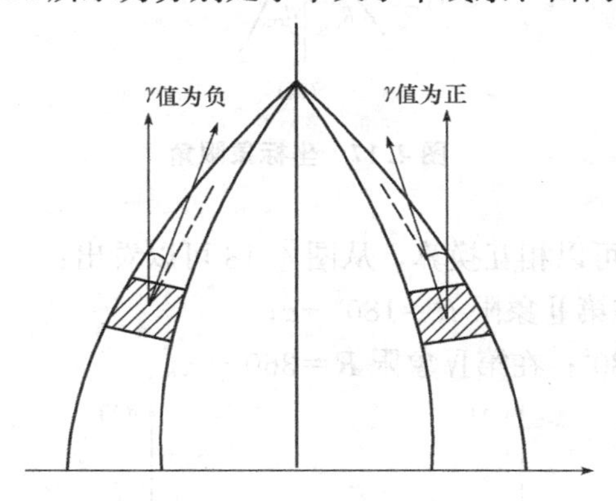

图 4.14　子午线收敛角

如果有当地磁偏角的资料，真方位角与磁方位角可以相互换算。如图 4.15 所示，设 $A_{真}$ 为 OP_1 方向的真方位角，$A_{磁}$ 为 OP_1 方向的磁方位角，δ 为磁偏角。

根据图 4.15，知：

$$A_{真}=A_{磁}+\delta \tag{4.16}$$

类似地，如果能计算出子午线收敛角的大小，也能得出真方位角与坐标方位角(图4.16)之间的关系式：

$$A_{真}=\alpha+\gamma \tag{4.17}$$

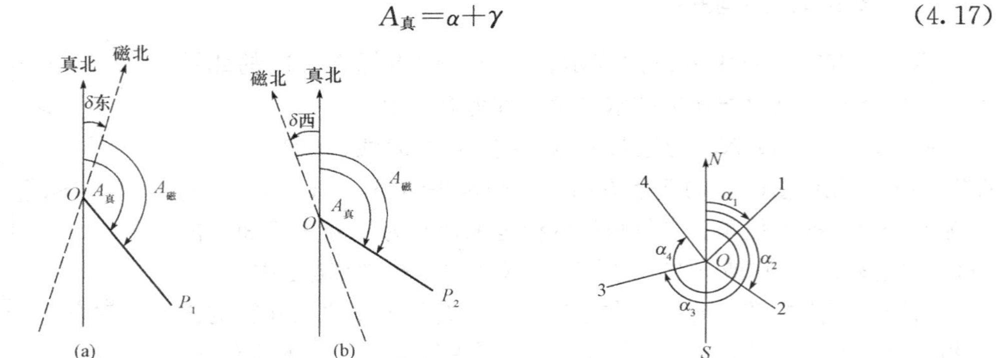

图 4.15　真方位角与磁方位角的换算　　　　图 4.16　坐标方位角

四、象限角

由标准方向北端或南端起，顺时针或逆时针方向量到某直线所夹的水平锐角，称为该直线的象限角，并注记象限，通常用 R 表示，角值从 0°～90°。如图 4.17 所示，直线 $O1$、$O2$、$O3$、$O4$ 的象限角分别为北东 R_{O1}、南东 R_{O2}、南西 R_{O3}、北西 R_{O4}。象限角也有正反之分，正反象限角值相等，象限名称相反。

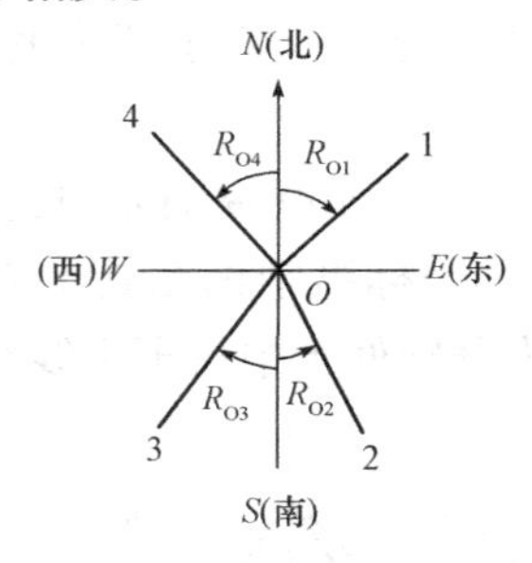

图 4.17　坐标象限角

象限角与坐标方位角可以相互换算，从图 4.18 可以看出：

在第Ⅰ象限 $R=\alpha$；在第Ⅱ象限 $R=180°-\alpha$；

在第Ⅲ象限 $R=\alpha-180°$；在第Ⅳ象限 $R=360°-\alpha$。

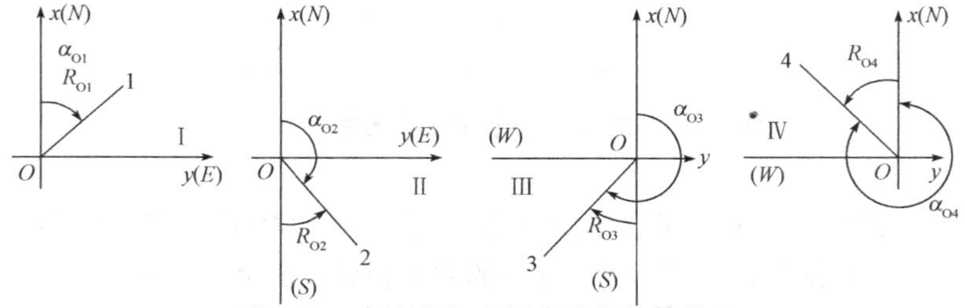

图 4.18　象限角与坐标方位角换算关系

五、正反坐标方位角

由两点连成的直线是有方向的，而直线的方向是相对的。如A、B两点间的直线，若将AB作为正方向，则BA就是反方向；也可将BA作为正方向，那么AB就是反方向。

一条直线可按正反两个方向来定向。按正方向定向的方位角称为正方位角；按反方向定向的方位角称为反方位角。

如图4.19所示，一般来说，一条直线的两个端点在同一个高斯投影带内，通过这两点的坐标纵轴方向相互平行，所以正反坐标方位角之间相差180°，即：

$$\alpha_{正}=\alpha_{反}\pm180° \tag{4.18}$$

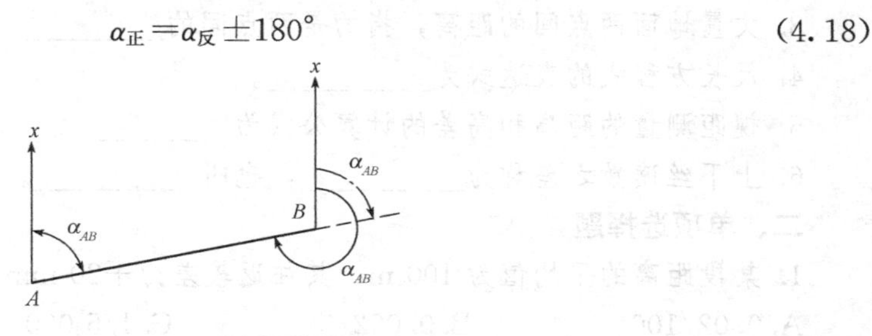

图4.19　正反坐标方位角

六、坐标方位角的推算

方位角一般不能实测，可以由两个已知点的坐标来反算其连线的坐标方位角，再通过已知坐标方位角和未知边的水平角来推算未知边的坐标方位角。如图4.20所示，假设按$\alpha_{12}\rightarrow\alpha_{23}$方向由后往前推算，推算路线右边的水平角叫右角，推算路线左边的水平角叫左角。

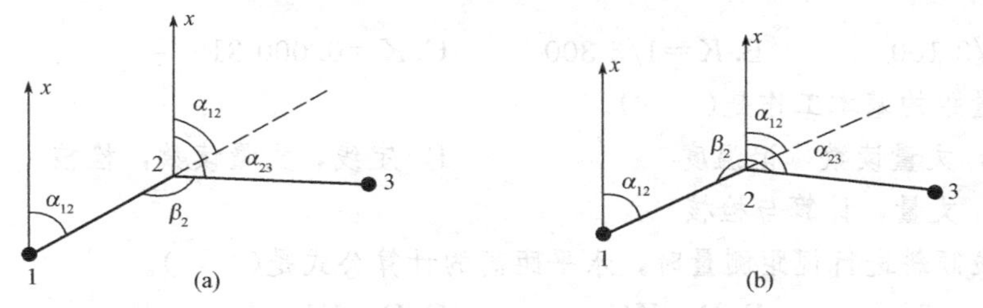

图4.20　坐标方位角的推算

当β为右角时，$\alpha_{23}=\alpha_{12}+180°-\beta_2$　(4.19)

当β为左角时，$\alpha_{23}=\alpha_{12}+\beta_2-180°$　(4.20)

对于用式(4.19)和式(4.20)推算出的方位角，如果大于360°，则应减去360°；如果小于0°，则应加上360°，以保证坐标方位角在0°～360°的范围内。

思考与练习

一、填空题

1. 距离丈量的相对误差的公式为__________。

2. 距离丈量是用__________误差来衡量其精度的，该误差是用分子为__________的形式来表示。

3. 丈量地面两点间的距离，指的是两点间的__________距离。

4. 尺长方程式的表达式为__________。

5. 视距测量的距离和高差的计算公式为__________。

6. 上下丝读数之差称为__________，也叫__________。

二、单项选择题

1. 某段距离的平均值为100 m，其往返较差为+20 mm，则相对误差为(　　)。

A. 0.02/100　　B. 0.002　　C. 1/5 000

2. 在距离丈量中衡量精度的方法是用(　　)。

A. 往返较差　　B. 相对误差　　C. 闭合差

3. 距离丈量的结果是求得两点间的(　　)。

A. 斜线距离　　B. 水平距离　　C. 折线距离

4. 往返丈量直线 AB 的长度为：$D_{往}=126.72$ m，$D_{返}=126.76$ m，其相对误差为(　　)。

A. $K=1/3\ 100$　　B. $K=1/3\ 300$　　C. $K=0.000\ 315$

5. 钢尺量距的基本工作是(　　)。

A. 拉尺，丈量读数，记温度　　B. 定线，丈量读数，检核

C. 定线，丈量，计算与检核

6. 当视线倾斜进行视距测量时，水平距离的计算公式是(　　)。

A. $D=K\cos 2\alpha$　　B. $D=Kl\cos\alpha$　　C. $D=Kl\cos 2\alpha$

7. 视距测量时用望远镜内视距丝装置，根据几何光学原理同时测定两点间的(　　)的方法。

A. 倾斜距离和高差　　B. 水平距离和高差　　C. 距离和高程

三、多项选择题

1. 用钢尺进行直线丈量，应(　　)。

A. 尺身放平　　B. 确定好直线的坐标方位角

C. 丈量水平距离　　D. 目估或用经纬仪定线

E. 进行往返丈量

2. 视距测量可同时测定两点间的(　　)。

A. 高差　　B. 高程　　C. 水平距离　　D. 高差与平距

E. 水平角

四、简答题

1. 距离丈量有哪些主要误差来源？

2. 钢尺的名义长度与实际长度有何区别？

3. 什么是水平距离？为什么测量距离的最后结果都要化为水平距离？

4. 在进行一距离改正时，当钢卷尺实长大于名义长，量距时的温度高于检定时的温度时，尺长改正、温度改正和倾斜改正数为正还是负，为什么？

5. 名义长为 30 m 的钢卷尺，其实际长为 29.996 m，这把钢卷尺的尺长改正数为多少？若用该尺丈量一段距离得 98.326 m，则该段距离的实际长度是多少？

6. 一钢卷尺经检定后，其尺长方程式为 $l_t=30\ \text{m}+0.004\ \text{m}+1.2\times10^{-5}\times(t-20)\times30\ \text{m}$，式中 30 m 表示什么？+0.004 m 表示什么？$1.2\times10^{-5}\times(t-20)\times30\ \text{m}$ 又表示什么？

7. 视距测量时，测得高差的正、负号是否一定取决于竖直角的正、负号，为什么？

第五章　测量误差知识

通过本章学习，明确测量误差产生的原因、误差的分类；了解衡量精度的标准；理解中误差的概念，会计算中误差；掌握误差传播定律，会运用误差传播定律计算函数值的中误差。

第一节　测量误差产生的原因和分类

测量工作的实践表明，当对某一量，如一段距离、一个角度或两点之间的高差等进行多次重复观测时，不论测量仪器多么精密，观测多么仔细，观测结果之间往往存在着差异。研究测量误差的主要目的在于分析误差的来源和性质，以便在观测中采取合理的对策，减弱误差对观测结果的影响；正确处理含有误差的观测值，以便求得观测量的最可靠值；对观测值进行精度评定。

一、测量误差产生的原因

测量误差产生的原因是多方面的，概括起来主要有以下三个方面：

1. 仪器误差

使用的仪器在构造及制造工艺等方面不十分完善，尽管经过了检验和校正，但还有可能存在残余误差，因此不可避免地会给观测值带来影响。

2. 人为因素

由于观测者的感觉器官鉴别能力的限制，在进行测量时都可能产生一定的误差，同时观测者的操作技术、工作态度也会对观测值产生影响。

3. 外界条件的影响

测量作业时，温度、湿度、风力等外界的变化，也会给观测值带来误差。

上述三个方面的因素是引起观测误差的主要原因，通常称为观测条件。观测条件相同的各次观测，称为等精度观测，观测条件不同的各次观测称为非等精度观测。在工程测量中多采用等精度观测。

在观测过程中，有时还会出现错误。如照错目标、读错读数、记录、计算错误等。这些错误统称为粗差，粗差不属于误差范畴，在观测结果中是不允许存在的。为了杜绝粗差，除认真仔细地进行作业外，还必须采取必要的检核措施，例如，对距离往返丈量，对角度进行重复观测，对计算采用不同的方法，以便用一定的集合条件或数理统计方法来检验，及时发现和剔除粗差。

二、测量误差的分类

测量误差按其对观测成果的影响性质，可分为系统误差和偶然误差两类。

1. 系统误差

在相同的观测条件下，对某量进行一系列观测，若误差的大小及符号均相同或按一定的规律变化，那么这类误差称为系统误差。产生系统误差的主要原因是测量仪器和工具构造不完善或校正不完全所致。例如，用一把名义长为 30 m，而实际长为 30.01 m 的钢尺丈量距离 300 m，每量一尺段就要少量 1 cm，该 1 cm 误差在数值上和符号上都是固定的，而全长要比实际长度短 10 cm，总误差的大小与距离成正比，距离越长，误差积累越大。又如在水准测量中，当水准仪的水准管轴不平行于视准轴时，就会使水准尺上的读数产生误差，这种误差的大小是与水准仪到水准尺之间的距离成正比的。系统误差可以采用一定的方法进行消除：

(1)测定仪器误差，对观测值加以改正。如对钢尺进行鉴定，求出尺长改正数，以后测量时对量得的距离加入尺长改正数。

(2)测量前对仪器结构进行检验与校正。如对水准仪做视准轴是否平行于水准管轴的检验校正，使其偏差减小到最低限度。

(3)采用合理的观测方法，使误差自行抵消或者减弱到最小。如在水平观测时，采用正镜和倒镜观测，消除视准轴误差和水准轴误差。

2. 偶然误差

偶然误差从表面上看其大小和符号是没有规律的，即呈现一种偶然性。根据无数次的测量实践，人们发现在相同的观测条件下，对同一量进行多次观测，大量的偶然误差也呈现出一定的规律，当观测次数越多时，这种规律就越明显，归纳起来有以下四个特性：

(1)有限性：在一定的观测条件下，偶然误差的绝对值不会超过一定的限值。

(2)集中性：绝对值小的误差比绝对值大的误差出现的机会多。

(3)对称性：绝对值相等的正误差与负误差出现的机会相等。

(4)抵偿性：偶然误差的算术平均值，随着观测次数的无限增加而趋向于零，即：

$$\lim_{n \to \infty} \frac{[\Delta]}{n} = 0 \tag{5.1}$$

式中，$[\Delta] = \Delta_1 + \Delta_2 + \cdots + \Delta_n$。

偶然误差的特性(1)说明误差出现的范围；特性(2)说明误差绝对值大小出现的规律；特性(3)说明误差符号出现的规律；特性(4)可由特性(3)导出，说明偶然误差具有抵偿性。

第二节　衡量精度的标准

在测量工作中，为了评定测量成果的精度，以便确定其是否符合要求，需要有衡量精度的统一标准。常用的标准有以下几种。

一、中误差

设对一未知量 x 进行了等精度观测，观测值为 l_1、l_2，…，l_n，其真误差为 Δ_1，Δ_2，…，Δ_n。测量工作中，通常是以各个真误差的平方和的均值再开方作为评定该组每一观测值精度的标准，即：

$$m=\pm\sqrt{\frac{[\Delta\Delta]}{n}} \tag{5.2}$$

式中，m 为观测值的中误差；$[\Delta\Delta]=\Delta_1^2+\Delta_2^2+\cdots+\Delta_n^2$；$n$ 为观测次数。

从上式可以看出中误差与真误差的关系。中误差不等于真误差，它仅是一组真误差的代表值，中误差 m 值的大小反映了这组观测值精度的高低，而且它明显地反映出测量结果中较大误差的影响。因此，一般都采用中误差作为评定观测质量的标准。

二、相对误差

对于精度评定来说，在很多情况下，仅仅知道中误差还不能完全表明观测精度的高低。例如，分别测量了两段距离，一段为 100 m，其中误差为±2 cm；另一段为 200 m，其中误差也为±2 cm；这不能说明两段距离的精度相同，因为长度的精度与长度本身的大小有关。为了更客观地衡量精度，这里必须引入相对误差的概念。

相对误差 K 就是绝对误差的绝对值与相应测量结果的比，通常表示为分子为 1 的形式：

$$K=\frac{|m|}{D}=\frac{1}{\frac{D}{|m|}} \tag{5.3}$$

当 m 为距离 D 的中误差时，K 为相对误差。即：

$$K_1=\frac{|m_1|}{D_1}=\frac{0.02}{100}=\frac{1}{5\ 000}$$

$$K_2=\frac{|m_2|}{D_2}=\frac{0.02}{200}=\frac{1}{10\ 000}$$

用相对误差来衡量，就可直观地看出后者比前者的精度高。

还应该指出，角度测量时，不能用相对误差来衡量测角精度，因为测角误差与角度大小无关。

三、极限误差

由偶然误差的第一个特性可知，在一定的测量条件下，偶然误差的绝对值不会超过一定的界限。如果在测量的过程中某一观测值超过了这个界限，就认为这次观测结果不符合要求，应该舍去。我们把这个限值叫做极限误差，或称最大误差。根据误差理论及多次实验表明，观测值中大于二倍中误差的偶然误差出现的机会只有 5%，大于三倍中误差者仅有 0.3%。因此，在实际工作中常采用二倍中误差作为极限误差，即在工程测量规范中，通常以二倍中误差作为极限来规定各项限差。

$$\Delta_{限}=2m$$

第三节　算术平均值及中误差

一、算术平均值

在相同的观测条件下，对某一量进行 n 次观测，通常取其算术平均值作为未知量的最可靠值。

例如，对某段距离丈量了 6 次，观测值分别为 l_1、l_2、l_3、l_4、l_5、l_6，则算术平均值 x 为：

$$x=\frac{l_1+l_2+l_3+l_4+l_5+l_6}{6} \tag{5.4}$$

若观测 n 次，则 $x=[l]/n$。下面简要论证为什么算术平均值是最可靠值。

设某未知量的真值为 X，观测值为 $l_i(i=1、2、3、\cdots、n)$，其真误差为 Δ_i，则一组观测值的真误差为：

$$\Delta_1=l_1-X$$
$$\Delta_2=l_2-X$$
$$\vdots$$
$$\Delta_n=l_n-X$$

以上各式左右取和并除 n 得：

$$\frac{[\Delta]}{n}=\frac{[l]}{n}-X$$

将 $x=\frac{[l]}{n}$ 代入上式并移项得：

$$x=\frac{[\Delta]}{n}+X$$

式中，$\frac{[\Delta]}{n}$ 为 n 各观测值真误差的平均值。

根据偶然误差的第四特性，当 $n\to\infty$ 时，$\frac{[\Delta]}{n}$ 趋于 0，则有：

$$\lim_{n\to\infty}=X$$

由上式可看出，当观测次数 n 趋于无限时，观测值的算术平均值就是该未知量的真值。但实际工作中，通常观测次数总是有限的，因而在有限次观测情况下，算术平均值与各个观测值比较，最接近于真值，故称为该量的最可靠值或最或然值。当然，其可靠程度不是绝对的，它随着观测值的精度和观测次数而变化。

二、观测值的改正数

设某量在相同的观测条件下，观测值为 l_1，l_2，…，l_n，观测值的算术平均值为 x，则算术平均值与观测值之差称为观测值改正数，用 v 表示，则有：

$$
\begin{aligned}
v_1 &= x - l_1 \\
v_2 &= x - l_2 \\
&\vdots \\
v_n &= x - l_n
\end{aligned}
\tag{5.5}
$$

将等式两端分别取和得：

$$[v]=nx-[l]$$

将 $x=\frac{[l]}{n}$ 代入上式得：

$$[v]=0 \tag{5.6}$$

式(5.6)说明在相同观测条件下，一组观测值改正数之和恒等于零，此式可以作为计算工作的校核。

三、用改正数求观测值的中误差

前述中误差的定义式是在已知真误差的条件下，计算观测值的中误差，而实际工作中观测值的真值往往是不知道的，故真误差也无法求得，例如未知量高差、距离等。因此可用算术平均值代替真值，用观测值的改正数求观测值中误差，即：

$$m=\pm\sqrt{\frac{[vv]}{n-1}} \tag{5.7}$$

式中 $[vv]=v_1v_1+v_2v_2+\cdots+v_nv_n$；

n——观测次数；

m——观测值中误差(代表每一次观测值的精度)。

观测值的最可靠值是算术平均值，算术平均值的中误差用 M 表示，按下式计算：

$$M=\frac{m}{\sqrt{n}}=\pm\sqrt{\frac{[vv]}{n(n-1)}} \tag{5.8}$$

式(5.8)表明算术平均值的中误差等于观测值中误差的 $\frac{1}{\sqrt{n}}$ 倍，所以增加观测次数可以提高算术平均值的精度。根据分析，观测达到一定的次数，精度提高的非常缓慢。例如水平角观测，一般最高 12 次。若精度达不到，可采取提高仪器精度或改变观测方法等。

第四节 误差传播定律

前面已经讨论了如何根据同精度观测值的真误差来评定观测值精度的问题。但是，在实际工作中不可能或不便于直接进行观测，而需要由另一些量的直接观测值根据一定的函数关系计算出来。例如水准测量中，在一测站上测得后、前视读数分别为 a、b，则高差为：

$$h=a-b$$

这里，高差值 h 是直接观测值 a、b 的函数。显然，当 a、b 存在误差时，h 也受其影响而产生误差，这种关系称为误差传播。阐述观测值中误差与观测值函数中误差之间关系的定律称为误差传播定律。下面分别讨论倍数函数、和差函数及一般线性函数的误差传播定律。

一、倍数函数

设有函数：

$$Z=kx$$

式中　x——观测值；

k——常数；

Z——观测值的函数。

若观测值 x 的中误差为 m_x，现在要求 Z 的中误差 m_Z：

设对 x 进行了 n 次观测，其相应的真误差为 Δx_i。由于 Δx_i 的存在，使函数也产生相应的真误差 ΔZ_i，其中=1，2，3，…，n，则：

$$\Delta Z_i=k\Delta x_i$$

将上式平方得：

$$\Delta Z_i^2=k^2\Delta x_i^2 \tag{5.9}$$

将上式求和并除以 n，得：

$$\frac{[\Delta Z^2]}{n}=\frac{k^2[\Delta x^2]}{n}$$

由中误差定义可知：

$$m_Z^2=\frac{[\Delta Z^2]}{n};\ m_x^2=\frac{[\Delta x^2]}{n}$$

所以，式(5.9)可写为：

$$m_Z^2=k^2m_x^2$$

或者：

$$m_Z=km_x$$

二、和差函数

设有函数：

$$Z=x\pm y$$

式中，x、y 是彼此独立的可直接观测的未知量，Z 是 x、y 的和或差函数。

设对 x、y 均观测了 n 次，x、y、Z 的真误差分别为 Δx_i、Δy_i、ΔZ_i（$i=1$，2，3，…，n）。则：

$$\Delta Z_i=\Delta x_i\pm\Delta y_i$$

将上式平方得：

$$\Delta Z_i^2=\Delta x_i^2+\Delta y_i^2\pm 2\Delta x_i\Delta y_i$$

将上式求和并除以 n，得：

$$\frac{[\Delta Z^2]}{n}=\frac{[\Delta x^2]}{n}+\frac{[\Delta y^2]}{n}\pm 2\frac{[\Delta x\Delta y]}{n}$$

由于 Δx、Δy 均为偶然误差且互相独立，所以其乘积也具有正负机会相同的性质。根据偶然误差特性，当 n 越大时，上式中最后一项将趋近于 0，即：

$$\lim_{n\to\infty}\frac{[\Delta x\Delta y]}{n}=0$$

当 n 有限时，该项近似为 0，再根据式(5.7)，则：

$$m_Z^2=m_x^2+m_y^2 \tag{5.10}$$

当 Z 是一组可直接观测未知量 x_1，x_2，…，x_n 代数和的函数时，即

$$Z=x_1+x_2+\cdots+x_n$$

根据上述推导方法，可以得出函数 Z 的中误差平方为：

$$m_Z^2=m_{x_1}^2+m_{x_2}^2+\cdots+m_{x_n}^2 \tag{5.11}$$

三、一般线性函数

设有函数：

$$Z=k_1x_1+k_2x_2+\cdots+k_nx_n$$

式中，x_1，x_2，…，x_n 为相互独立的可直接观测的未知量，K_1，K_2，…，K_n 为常数，则综合式(5.10)和式(5.11)可得：

$$m_Z^2=(k_1m_1)^2+(k_2m_2)^2+\cdots+(k_nm_n)^2 \tag{5.12}$$

式中，m_1，m_2，…，m_n 分别是 x_1，x_2，…，x_n 观测值的中误差。

思考与练习

1. 研究测量误差的目的是什么？产生观测误差的原因有哪些？

2. 偶然误差和系统误差有什么区别？试举例说明。

3. 偶然误差有哪些特性？

4. 衡量精度的标准有哪些？在对同一量的一组等精度观测中，中误差与真误差有什么区别？

5. 设对某直线测量 8 次，其观测结果为：258.741 m、258.752 m、258.763 m、258.749 m、258.775 m、258.770 m、258.748 m、258.766 m。试计算其算术平均值、算术平均值的中误差及相对中误差。

6. 设同精度观测了某水平角 6 个测回，观测值分别为 56°32′12″、56°32′24″、56°32′06″、56°32′18″、56°32′12″、56°32′06″。试求观测一测回中误差、算术平均值及其中误差。如果要算术平均值中误差小于±2.5″，共需测多少个测回？

第六章　小地区控制测量

通过本章学习，掌握控制测量的基本知识，掌握导线测量的内、外业工作，高程控制测量方法；了解GPS在控制测量中的应用。其重点内容包括导线测量的外业工作，导线测量的内业计算，以及高程控制测量中三、四等水准测量的施测和内业计算方法。

第一节　控制测量概述

控制测量是研究精确测定地面点空间位置的学科，其任务是作为较低等级测量工作的依据，在精度上起控制作用。

测量成果的质量高低，其核心指标是精度。保证地面点的测定精度可选用的措施有提高观测元素(角度、距离、高差等)的观测精度；限制“逐点递推”的点数，从而对误差的逐点积累加以控制；采用“多余观测”，构成检核条件，由此可提高观测结果的精度，并能发现粗差是否存在。

为了限制误差传递和误差积累，提高测量精度，无论是测绘还是测设都必须遵循“先整体后局部，先控制后碎部，由高级到低级”的原则来组织实施。测量工作的基本程序分为控制测量、碎部测量两步。控制测量分为平面控制测量和高程控制测量。测定控制点平面位置(x，y)的工作，称为平面控制测量。测定控制点高程(H)的工作，称为高程控制测量。

一、平面控制测量

(一)建立平面控制网的方法

平面控制测量的任务就是用精密仪器和采用精密方法测量控制点间的角度、距离要素，根据已知点的平面坐标、方位角，从而计算出各控制点的坐标。建立平面控制网的方法有导线测量、三角测量、三边测量、全球定位系统(GPS)测量等。

1. 导线测量

导线测量是将各控制点组成连续的折线或多边形，如图6.1所示。这种图形构成的控制网称为导线网，也称导线，转折点(控制点)称为导线点。测量相邻导线边之间的水平角与导线边长，根据起算点的平面坐标和起算边方位角，计算各导线点坐标，这项工作称为导线测量。

2. 三角测量

三角测量是将控制点组成互相连接的一系列三角形，如图6.2所示，这种图形构成的控制网称为三角锁，是三角网的一种类型。所有三角形的顶点称为三角点。测量三角形的

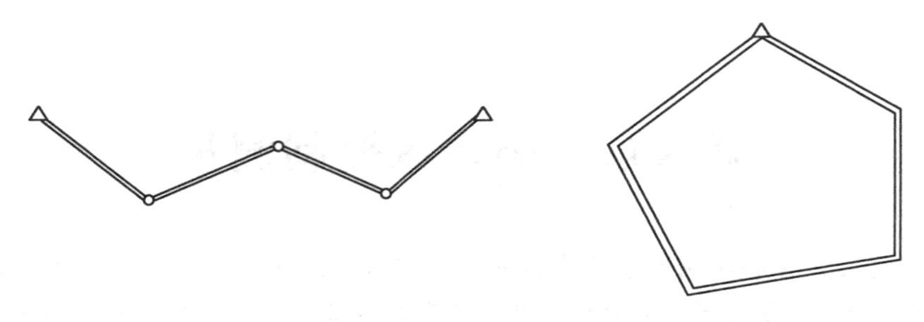

图 6.1　导线测量

一条边和全部三角形内角，根据起算点的坐标与起算边的方位角，按正弦定律推算全部边长与方位角，从而计算出各点的坐标，这项工作称为三角测量。

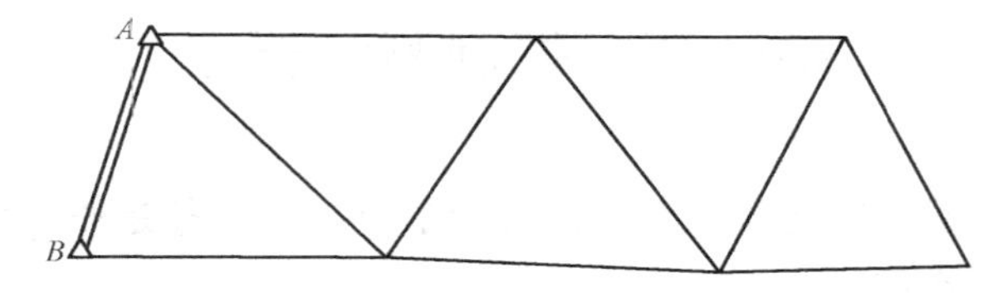

图 6.2　三角测量

3. 三边测量

三边测量是指使用全站型电子速测仪或光电测距仪，采取测边方式来测定各三角形顶点水平位置的方法。三边测量是建立平面控制网的方法之一，其优点是较好地控制了边长方面的误差、工作效率高等。三边测量只是测量边长，对于测边单三角网，无校核条件。

4. GPS 测量

全球定位系统(GPS)是具有在海、陆、空进行全方位实时三维导航与定位能力的新一代卫星导航与定位系统。GPS 以全天候、高精度、自动化、高效率等显著特点，成功地应用于工程控制测量。GPS 控制测量控制点是在一组控制点上安置 GPS 卫星地面接收机接收 GPS 卫星信号，解算求得控制点到相应卫星的距离，通过一系列数据处理取得控制点的坐标。

(二)国家平面控制网

为各种测绘工作在全国范围内建立的基本控制网称为国家控制网。国家平面控制网的布设原则是分级布网、逐级控制。按其精度由高级到低级分一、二、三、四共四个等级。一等三角锁是在全国范围内沿经线和纬线方向布设的，是作为低级三角网的坚强基础，也为研究地球形状和大小提供资料。二等三角网是布设在一等三角锁环内，形成国家平面控制网的全面基础。三、四等三角网是以二等三角网为基础进一步加密，用插点或插网形式布设。

(三)小区域控制网

小区域控制网主要指面积在 10 km^2 以内的小范围，为大比例尺测图和工程建设而建立的控制网。测区范围内若有国家控制点或相应等级的控制点应尽可能联测，以便获取起算数据和方位。无条件联测时，可建立测区独立控制网。

在地形测量中，为满足地形测图精度的要求所布设的平面控制网称为地形平面控制网。地形平面控制网分首级控制网、图根控制网。测区最高精度的控制网称为首级控制网。直接用于测图的控制网称为图根控制网，控制点称为图根点。

首级平面控制的等级选择，要根据测区面积大小和测图比例尺等考虑。一般情况下，可采用一、二、三级导线作为首级控制网，在首级控制网的基础上建立图根控制网。当测区面积较小时，可以直接建立图根控制网。

二、高程控制测量

高程控制测量的任务就是在测区范围内布设一批高程控制点(水准点)，用精确方法测定控制点高程。

国家高程控制网是用精密水准测量的方法建立的，分为一、二、三、四四个等级。小区域高程控制测量的主要方法有水准测量和三角高程测量。一般是以国家水准点或相应等级的水准点为基础，在测区范围内建立三、四等水准路线，在三、四等的基础上建立图根高程控制点。

第二节　导线测量

导线测量因其布设灵活、计算简单等特点，成为小区域平面控制的主要方法，尤其近年来全站仪的普及，使这种控制方法得到越来越广泛的应用。导线既可以用于国家控制网的进一步加密，也常用于小地区的独立控制网。

一、导线的布设形式

导线测量目前是建立平面控制网的主要形式，导线布设的基本形式有闭合导线、附合导线、支导线三种。

1. 闭合导线

如图 6.3 所示，导线是从一高级控制点(起始点)开始，经过各个导线点，最后又回到

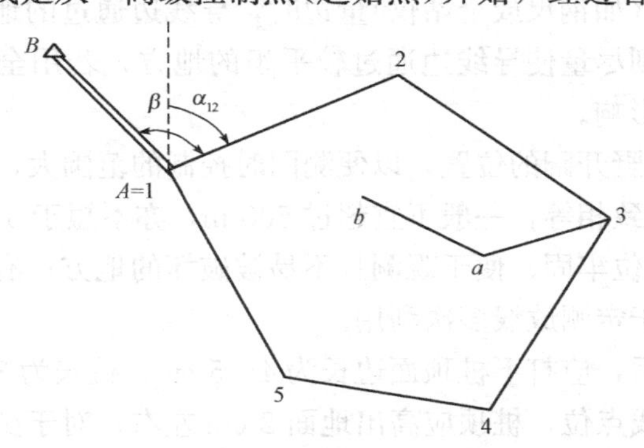

图 6.3　闭合导线和支导线

原来的起始点，形成闭合多边形，这种导线称为闭合导线。闭合导线有着严密的几何条件，构成对观测成果的校核作用，多用于范围较为宽阔地区的控制。

2. 附合导线

如图 6.4 所示，导线是从一高级控制点(起始点)开始，经过各个导线点，附合到另一高级控制点(终点)，形成连续折线，这种导线称为附合导线。附合导线由本身的已知条件构成对观测成果的校核作用，常用于带状地区的地区控制，如铁路、公路、河道的测图控制。

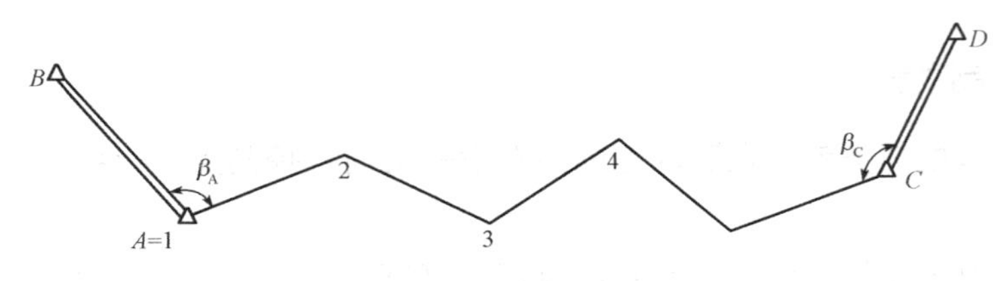

图 6.4　附合导线

3. 支导线

从一个已知控制点出发，支出 1～2 个点，既不附合至另一控制点，也不回到原来的起始点，这种形式称为支导线，如图 6.3 中的 3—a—b。由于支导线缺乏检核条件，故测量规范规定支导线一般不超过两个点。它主要用于当主控导线点不能满足局部测图需要时，而采用的辅助控制。

二、导线测量的外业工作

导线测量的外业工作包括选点、埋设标志桩、量边、测角以及导线的联测。

1. 选点及埋标

在选点之前，应尽可能地收集测区范围及其周围的已有地形图、高级平面控制点和水准点等资料。若测区内已有地形图，应先在图上研究，初步拟定导线点位，然后再到现场实地踏勘，根据具体情况最后确定下来，并埋设标桩。现场选点时，应根据不同的需要，掌握以下几点原则：

(1)相邻导线点间应通视良好，以便于测角。

(2)采用不同的工具(如钢尺或全站仪)量边时，导线边通过的地方应考虑到它们各自不同的要求。如用钢尺，则尽量使导线边通过较平坦的地方，若用全站仪，则应使导线避开强磁场及折光等因素的影响。

(3)导线点应选在视野开阔的位置，以便测图时控制的范围大，减少设测站次数。

(4)导线各边长应大致相等，一般不宜超过 500 m，亦不短于 50 m。

(5)导线点应选在点位牢固、便于观测且不易被破坏的地方；有条件的地方，应使导线点靠近线路位置，以便于定测放线多次利用。

导线点位置确定之后，应打下桩顶面边长为 4～5 cm、桩长为 30～35 cm 的方木桩，顶面应打一小钉以标志导线点位，桩顶应高出地面 2 cm 左右；对于少数永久性的导线点，亦可埋设混凝土标石。为便于以后使用时寻找，应作“点之记”，即将导线桩与其附近的地物关系量出绘记在草图上，如图 6.5 所示；同时在导线点方桩旁应钉设标志桩(板桩)，上面标明导线点的编号及里程。

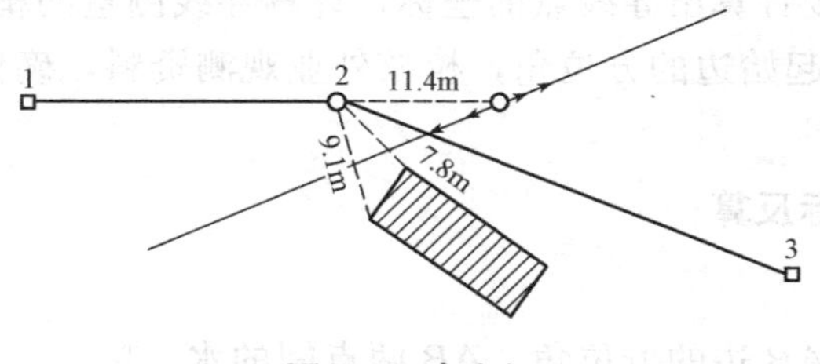

图 6.5　点之记

2. 量边

导线边长可以用全站仪、钢卷尺等工具来丈量。

用全站仪测边时，应往返观测取平均值。对于图根导线仪进行气象改正和倾斜改正；对于精度要求较高的一、二级导线，应进行仪器加常数和乘常数的改正。

用钢尺丈量导线边长时，需往返丈量，当两者较差不大于边长的 1/2 000 时，取平均值作为边长采用值。所用钢尺应经过检定或与已检定过的钢卷尺比长。

3. 测角

导线的转折角可测量左角或右角，按照导线前进的方向，在导线左侧的角称为左角，导线右侧的角称为右角。一般规定闭合导线测内角，附合导线在铁路系统习惯测右角，其他系统多测左角。但若采用电子经纬仪或全站型速测仪，测左角要比测右角具有较多的优点，它可直接显示出角值、方位角等。

导线角一般用 DJ6 或 DJ2 级经纬仪用测回法测一个测回，其上、下半测回角值较差要求 DJ6 仪器不大于 30″，DJ2 级仪器不大于 20″。各级导线的主要技术要求见表 6.1。

表 6.1　各级导线的主要技术要求

等级	测图比例尺	附合导线长度/km	平均边长/m	测角中误差/(″)	测回数		角度闭合差/(″)	导线全长相对闭合差
					DJ6	DJ2		
一级		2.5	250	±5	4	2	$\pm 10''\sqrt{n}$	1/10 000
二级		1.8	180	±8	3	1	$\pm 16''\sqrt{n}$	1/7 000
三级		1.2	120	±12	2	1	$\pm 24''\sqrt{n}$	1/5 000
图根	1∶500	500	75	±20	—	1	$\pm 60''\sqrt{n}$	1/2 000
	1∶1 000	1 000	110					
	1∶2 000	2 000	180					

4. 导线的定向与联测

为了计算导线点的坐标，必须知道导线各边的坐标方位角，因此应确定导线始边的方位角。若导线起始点附近有国家控制点时，则应与控制点联测连接角，再推算导线各边方位角。如果附近无高级控制点，则利用罗盘仪施测导线起始边的磁方位角，并假定起始点的坐标作为起算数据。如图 6.4 所示的 β_A、β_C，再来推算导线各边方位角。

三、导线测量的内业工作

导线计算的目的是要计算出导线点的坐标，计算导线测量的精度是否满足要求。首先要查实起算点的坐标、起始边的方位角，校核外业观测资料，确保外业资料的计算正确、合格无误。

(一)坐标正算与坐标反算

1. 坐标正算

已知 A 点的坐标、AB 边的方位角、AB 两点间的水平距离，计算待定点 B 的坐标，称为坐标正算。如图 6.6 所示，点的坐标可由下式计算：

$$x_B = x_A + \Delta x_{AB} \qquad y_B = y_A + \Delta y_{AB} \tag{6.1}$$

式中，Δx_{AB}、Δy_{AB} 为两导线点坐标之差，称为坐标增量，即：

$$\Delta x_{AB} = x_B - x_A = D\cos\alpha_{AB} \qquad \Delta y_{AB} = y_B - y_A = D\sin\alpha_{AB} \tag{6.2}$$

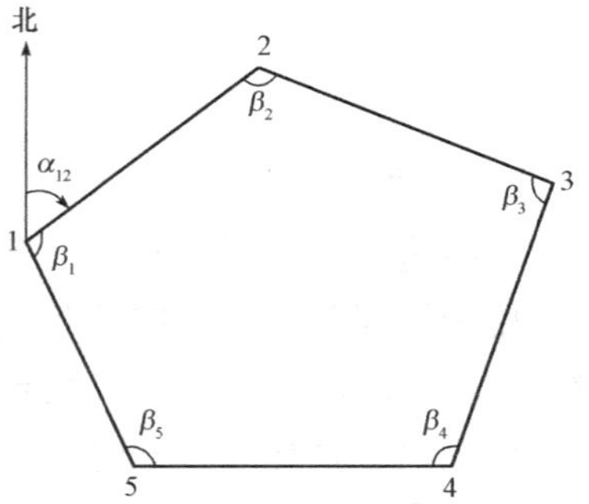

图 6.6　闭合导线角度闭合差的计算

【例 6.1】 已知点 A 坐标，$x_A = 1\ 000$ m、$y_A = 1\ 000$ m、方位角 $\alpha_{AB} = 35°17'36.5''$，$A$、$B$ 两点水平距离 $D_{AB} = 200.416$ m，计算 B 点的坐标。

解： $x_B = x_A + D_{AB}\cos\alpha_{AB} = 1\ 000 + 200.416 \times \cos 35°17'36.5'' = 1\ 163.580$(m)

$y_B = y_A + D_{AB}\sin\alpha_{AB} = 1\ 000 + 200.416 \times \sin 35°17'36.5'' = 1\ 115.793$(m)

2. 坐标反算

已知 A、B 两点的坐标，计算 A、B 两点的水平距离与坐标方位角，称为坐标反算。

由下式计算水平距离与坐标方位角：

$$D_{AB} = \sqrt{\Delta x_{AB}^2 + \Delta y_{AB}^2} \tag{6.3}$$

$$\alpha_{AB} = \arctan\frac{\Delta y_{AB}}{\Delta x_{AB}} \tag{6.4}$$

式中，反正切函数计算出的是象限角，根据 Δy、Δx 的正负号所在象限，把象限角换算成方位角。

【例 6.2】 $x_A = 3\ 712\ 232.528$ m、$y_A = 523\ 620.436$ m、$x_B = 3\ 712\ 227.860$ m、$y_B = 523\ 611.598$ m，计算水平距离 D_{AB}、坐标方位角 α_{AB}。

解： $D_{AB} = \sqrt{\Delta x_{AB}^2 + \Delta y_{AB}^2} = \sqrt{(27.860 - 32.528)^2 + (611.598 - 620.436)^2}$

$= \sqrt{99.900468} = 9.995$(m)

$$\alpha_{AB} = \arctan\frac{\Delta y_{AB}}{\Delta x_{AB}} = \arctan\frac{611.598 - 620.436}{27.860 - 32.528} = \arctan\frac{-8.838}{-4.668}$$

$$= 62°09'29.4'' + 180° = 242°09'29.4''$$

注意：一直线有两个方向，存在两个方位角，式中：$\Delta x_{AB} = x_B - x_A$、$\Delta y_{AB} = y_B - y_A$ 的计算是过 A 点坐标纵轴至直线 A 的坐标方位角，若所求坐标方位角为 α_{BA}，则应是 A 点坐标减 B 点坐标。坐标正算与反算，可以利用普通科学电子计算器的极坐标和直角坐标相互转换功能计算。

(二)导线测量的内业计算

导线测量的内业工作是计算出各导线点的坐标(x, y)。在进行计算之前，首先应对外业观测记录和计算的资料检查核对，同时亦应对抄录的起算数据进一步复核，当资料没有错误和遗漏，而且精度符合要求时，方可进行导线的计算工作。

下面分别介绍闭合导线和附合导线的计算方法与过程，但对于附合导线，仅介绍其与闭合导线计算中的不同之处。

1. 闭合导线的计算

(1)角度闭合差的计算与调整。闭合导线规定测内角，而多边形内角总和的理论值为：

$$\sum \beta_{理} = (n-2) \times 180^\circ \tag{6.5}$$

式中，n 为内角的个数，如图 6.6 中，$n=5$。

测量过程中，误差是不可避免的，实际测量的闭合导线内角之和 $\sum \beta_{测}$ 与其理论值 $\sum \beta_{理}$ 会有一定的差别，两者之间的不符值称为角度闭合差 f_β，即：

$$f_\beta = \sum \beta_{测} - \sum \beta_{理} = \sum \beta_{测} - (n-2) \times 180^\circ \tag{6.6}$$

不同等级的导线规定有相应的角度闭合差容许值，见表 6.1。

若 $f_\beta \leqslant f_{\beta允}$，因各角都是在同精度条件下观测的，故可将闭合差按相反符号平均分配到各角上，即改正数为：

$$V_i = -f_\beta / n \tag{6.7}$$

当 f_β 不能被 n 整除时，余数应分配在含有短边的夹角上。经改正后的角值总和应等于理论值，以此来校核计算是否有误。可检核 $\sum V_i = -f_\beta$ 。

若 $f_\beta > f_{\beta允}$，即角度闭合差超出规定的容许值时，则应查找原因，必要时应进行返工重测。

(2)导线各边坐标方位角的计算。当已知一条导线边的方位角后，其余导线边的坐标方位角是根据已经经过角度闭合差配赋后的各个内角依次推算出来的，其计算公式为：

$$\alpha_{前} = \alpha_{后} + 180^\circ \pm \beta_{左}^{右} \tag{6.8}$$

如图 6.7 中，假设已知 12 边的坐标方位角为 α_{12}，则 23 边的坐标方位角 α_{23} 可根据上式计算出来。

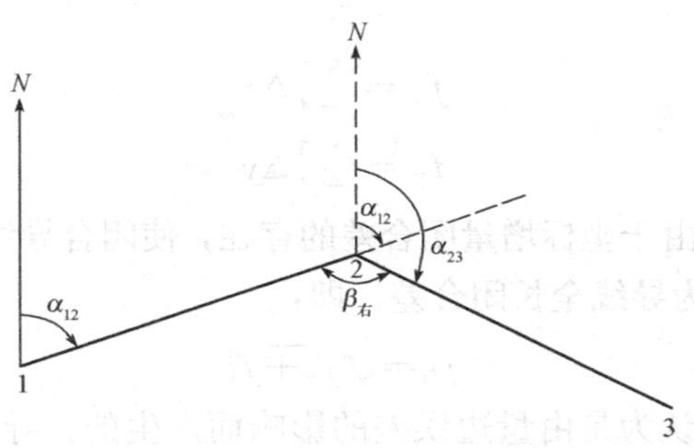

图 6.7　导线边方位角的推算

坐标方位角值应在 0°～360°之间，不应该为负值或大于 360°的角值。当计算出的坐标方位角出现负值时，则应加上 360°；当出现大于 360°之值时，则应减去 360°。最后计算出起始边 12 的坐标方位角，若与原来已知值相符合，则说明计算正确无误。

(3)坐标增量的计算。在平面直角坐标系中，两导线点的坐标之差称为坐标增量。它们分别表示导线边长在纵横坐标轴上的投影，如图 6.8 中的 Δx_{12}、Δy_{12}。

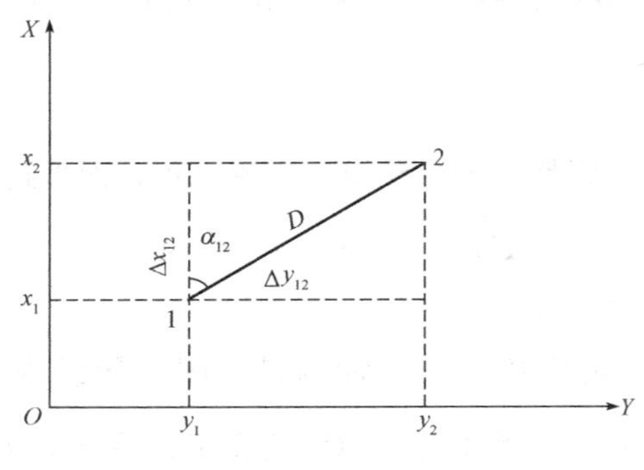

图 6.8　坐标增量

当知道了导线边长 D 及坐标方位角，就可以计算出两导线点之间的坐标增量。坐标增量可按下式计算：

$$\begin{aligned}\Delta X_i &= D_i\cos\alpha_{\mathrm{i}}\\ \Delta Y_i &= D_i\sin\alpha_i\end{aligned} \tag{6.9}$$

坐标增量有正、负之分：Δx 向北为正、向南为负，Δy 向东为正、向西为负。

(4)坐标增量闭合差的计算与调整。闭合导线的纵、横坐标增量代数和，在理论上应该等于零，即：

$$\begin{aligned}\sum \Delta x_{理} &= 0\\ \sum \Delta y_{理} &= 0\end{aligned} \tag{6.10}$$

量边和测角中都会含有误差，在推算各导线边的方位角时，是用改正后的角度来进行的，因此可以认为第(3)步计算的坐标增量基本不含有角度误差；但是用到的边长观测值是带有误差的，故计算出的纵横坐标增量其代数和往往不等于零，其数值 f_x、f_y 分别为纵横坐标增量的闭合差，即：

$$\begin{aligned}f_{\mathrm{x}} &= \sum \Delta x\\ f_{\mathrm{y}} &= \sum \Delta y\end{aligned} \tag{6.11}$$

由图 6.9 中可看出，由于坐标增量闭合差的存在，使闭合导线在起点 1 处不能闭合，从而产生闭合差 f_{D}。f_{D} 称为导线全长闭合差，即：

$$f_{\mathrm{D}}=\sqrt{f_{\mathrm{x}}^2+f_{\mathrm{y}}^2} \tag{6.12}$$

导线全长闭合差可以认为是由量边误差的影响而产生的，导线越长则闭合差的累积越大，故衡量导线的测量精度应以导线全长与闭合差之比 K 来表示：

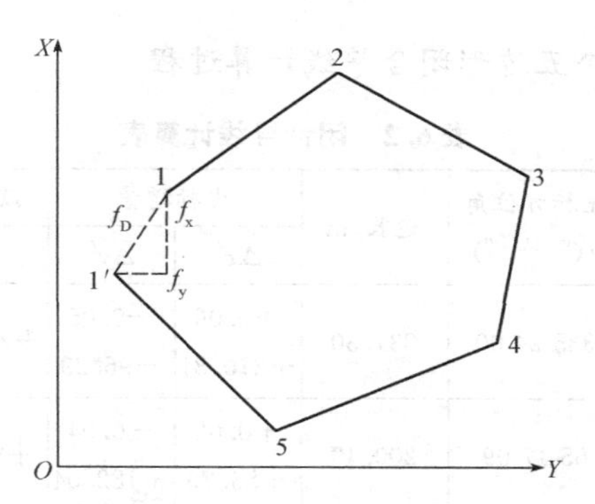

图 6.9　导线全长闭合差

$$K=\frac{f_D}{\sum D}=\frac{1}{\frac{\sum D}{f_D}} \tag{6.13}$$

式中　K——通常化为用分子为 1 的形式表示，称为导线全长相对闭合差；

$\sum D$——导线总长，即一条导线所有导线边长之和。

各级导线的相对精度应满足表 6.1 中的要求，否则应查找超限原因，必要时进行重测。若导线相对闭合差在容许范围内，则可进行坐标增量的调整。调整的方法是：一般钢尺量边的导线，可将闭合差反号，以边长按比例分配；若为光电测距导线，其测量结果已进行了加常数、乘常数和气象改正后，则坐标增量闭合差也可按边长成正比反号平均分配，即：

$$v_{xi}=-\frac{f_x}{\sum D}\times D_i$$

$$v_{yi}=-\frac{f_y}{\sum D}\times D_i \tag{6.14}$$

式中　v_{xi}、v_{yi}——第 i 条边的纵、横坐标增量的改正数；

D_i——第 i 条边的边长；

$\sum D$——导线全长。

而坐标增量改正数的总和应满足下面条件：

$$\sum v_x=-f_x$$

$$\sum v_y=-f_y \tag{6.15}$$

改正后的坐标增量总代数和应等于零，此可作为对计算正确与否的检核。

(5)坐标的计算。根据调整后的各个坐标增量，从一个已知坐标的导线点开始，可以依次推算出其余导线点的坐标。在图 6.8 中，若已知 1 点的坐标 x_1、y_1，则 2 点的坐标计算过程为：

$$x_2=x_1+\Delta x_{12}$$

$$y_2=y_1+\Delta y_{12} \tag{6.16}$$

已知点的坐标，既可以是高级控制点的，也可以是独立测区中的假定坐标。

最后推算出起点 1 的坐标。二者与已知坐标完全相等。以此作为坐标计算的校核。

【例 6.3】 表 6.2 为一个五边形闭合导线计算过程。

表 6.2 闭合导线计算表

测站	右角观测值/(° ′ ″)	改正后右角/(° ′ ″)	坐标方位角/(° ′ ″)	边长/m	坐标增量		改正后坐标增量		坐标	
					$\Delta x'$	$\Delta y'$	Δx	Δy	x	y
1										
			335 24 00	231.30	+0.06 +210.31	−0.05 −96.29	+210.37	−96.34		
2	−11″ 90 07 02	90 06 51							200.00	200.00
			65 17 09	200.40	+0.06 +83.79	−0.04 +182.04	+83.85	+182.00		
3	−11″ 135 49 12	135 49 01							410.37	103.66
			109 28 08	241.00	+0.07 −80.32	−0.05 +227.22	−80.25	+227.17		
4	−10″ 84 10 18	84 10 08							494.22	285.66
			205 18 00	263.40	+0.07 −238.14	−0.05 −112.57	−238.07	−112.62		
5	−10″ 108 27 18	108 27 08							413.97	512.38
			276 50 52	201.60	+0.06 +24.04	−0.05 −200.16	+24.10	−200.21		
1	−10″ 121 27 02	121 26 52							224.10	400.21
			335 24 00							
2									200.00	200.00
$\sum$	540 00 52	540 00 00		1 137.70	−0.32	+0.24	0	0		

$\sum\beta_{理}=(5-2)\times180°=540°00'00''$

$f_\beta=\sum\beta_{测}-\sum\beta_{理}$

$f_{\beta容}=\pm40\sqrt{n}=\pm89''$

$f_D=\sqrt{(-0.32)^2+(0.24)^2}=0.40$

$K=\dfrac{f_D}{\sum D}=\dfrac{0.40}{1\,137.70}=\dfrac{1}{2\,840}<\dfrac{1}{2\,000}$

$f_\beta=540°00'52''-540°00'00''$

$f_\beta=+52''<f_{\beta容}$ 合格

(1)角度闭合差的计算与调整。观测内角之和与理论角值之差 $f_\beta=+52''$，按图根导线容许角度闭合差 $f_{\beta允}=\pm30\sqrt{5}=\pm67''$，$f_\beta<f_{\beta允}$，说明角度观测质量合格。将闭合差按相反符号平均分配到各角上后，余下的 $2''$ 则分配到最短边 2～3 两端的角上各 $1''$。

(2)坐标增量闭合的计算与导线精度的评定。坐标增量初算值用改正后的角值推算各边方位角后按式(6.8)计算，最后得到坐标增量闭合差 $f_x=-0.32$，$f_y=+0.24$，则导线全长闭合差 $f_D=0.40$ m，用此计算导线全长的相对闭合精度 $K=1/2\,840<1/2\,000$，故导线测量精度合格。

(3)坐标计算。在角度闭合差、导线全长相对闭合差合格的条件下，方可按式(6.10)计算坐标增量改正数，得到改正后坐标增量，最后按式(6.12)推算各点坐标。

2. 附合导线的计算

附合导线的计算过程与闭合导线的计算过程基本相同，它们都必须满足角度闭合条件和纵横坐标闭合条件。但附合导线是从一已知边的坐标方位角 α_{AB} 闭合到另一条已知边的坐标方位角 α_{CD} 上的，同时还应满足从已知点 B 的坐标推算出 C 点坐标时，与 C 点的已知坐标相吻合，如图 6.10 所示。因而在角度闭合差和坐标增量闭合差的计算与调整方法上与闭合导线稍有不同，以下仅指出两类导线计算中的区别。

(1)角度闭合差的计算。图 6.10 中，A、B、C、D 是高级平面控制点，因而四个点的坐标是已知的，AB 及 CD 的坐标方位角也是已知的。β 是导线观测的右角，故可依下式推算出各边的坐标方位角：

$$\alpha_{12}=\alpha_{AB}+180°-\beta_1$$
$$\alpha_{23}=\alpha_{12}+180°-\beta_2$$
$$\vdots$$
$$\alpha'_{CD}=\alpha_{(n-1),n}+180°-\beta_n$$

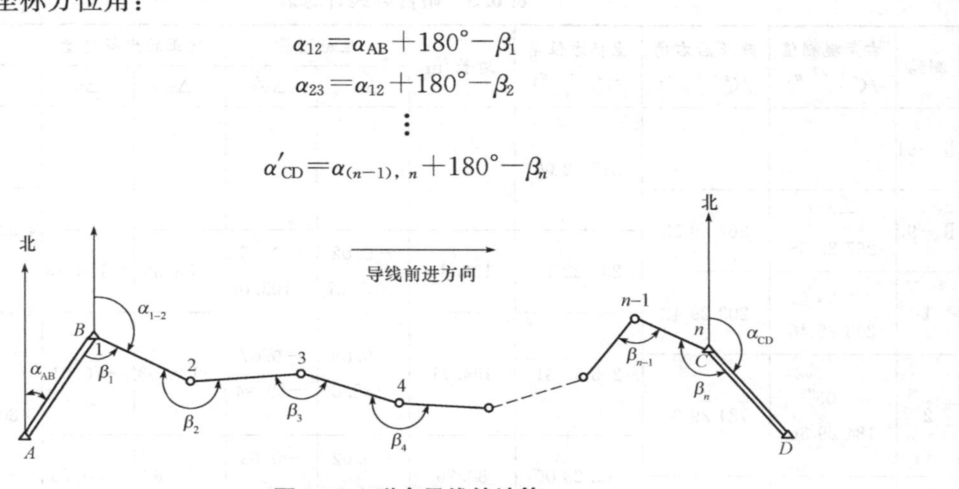

图 6.10　附合导线的计算

将以上各式等号两边相加，消去两边相同项可得：

$$\alpha'_{CD}=\alpha_{AB}+n\cdot 180°-\sum_{i-1}^{n}\beta_i \tag{6.17}$$

由此可以得出推导终边坐标方位角的一般公式为：

若观测右角，则 $\alpha_{终}=\alpha_{始}+n\cdot 180°-\sum\limits_{i-1}^{n}\beta_i$　　(6.18)

若观测左角，则 $\alpha_{终}=\alpha_{始}-n\cdot 180°+\sum\limits_{i-1}^{n}\beta_i$　　(6.19)

由于测量角度误差所致，推算值 $\alpha'_{终}$ 与已知值 $\alpha_{终}$ 不相等，产生了附合导线的角度闭合差，即：

$$f_{\beta}=\alpha'_{终}-\alpha_{终} \tag{6.20}$$

角度闭合差的调整原则上与闭合导线相同，但需注意：当用右角计算时，闭合差应以相同符号平均分配在各角上；当用左角计算时，闭合差则以相反符号分配。

(2)坐标增量闭合差的计算。附合导线各边坐标增量的代数和，理论上应该等于终点与始点已知坐标之差值，即：

$$\sum\Delta x_{理}=x-x_{始}$$
$$\sum\Delta y_{理}=y-y_{始} \tag{6.21}$$

由于测量误差的不可避免性，使二者之间产生不符值，这种差值称为附合导线坐标增量的闭合差，即：

$$f_x = \sum \Delta x - (x - x_{始})$$
$$f_y = \sum \Delta y - (y - y_{始}) \tag{6.22}$$

坐标增量闭合差的分配办法同闭合导线。

【例 6.4】 表 6.3 中为一附合导线计算例题。

表 6.3　附合导线计算表

测站	右角观测值 /(° ′ ″)	改正后右角 /(° ′ ″)	坐标方位角 /(° ′ ″)	边长/m	坐标增量		改正后坐标增量		坐标	
					$\Delta x'$	$\Delta y'$	Δx	Δy	x	y
Ⅱ−91										
			317 52 06							
Ⅱ−90	−05″ 267 29 58	267 29 53							4 028.53	4 006.77
			230 22 13	133.84	−0.02 −85.37	−0.05 −103.08	−85.39	−103.13		
1	−04″ 203 29 46	203 29 42							3 943.14	3 903.64
			206 52 31	154.71	−0.03 −138.00	−0.07 −69.94	−138.03	−70.01		
2	−05″ 184 29 36	184 29 31							3 805.11	3 833.63
			202 23 00	80.70	−0.02 −74.66	−0.03 −80.75	−74.68	−30.78		
3	−05″ 179 16 06	179 16 01							3 730.43	3 802.85
			203 06 59	148.93	−0.03 −136.97	−0.06 −58.47	−137.00	−58.53		
4	−04″ 81 16 52	81 16 48							3 593.43	3 744.32
			301 50 11	147.16	−0.03 +77.63	−0.06 −125.02	+77.60	−125.08		
Ⅱ−89	−05″ 147 07 34	147 07 29							3 671.03	3 619.24
			334 42 42							
Ⅱ−88										
$\sum$	540 00 52	1 063 09 52		665.33	−357.37	−387.26				

$\alpha'_{终} = 317°52'06'' + 6 \times 180° - 1\ 063°09'52'' = 334°42'14''$

$f_\beta = \alpha'_{终} - \alpha_{终} = 334°42'14'' - 334°42'42'' = -28'' < f_{\beta容} = \pm 40''\sqrt{6} = \pm 98''$ 合格

$f_x = +0.13$　　$f_y = +0.27$

$f_D = \sqrt{0.13^2 + 0.27^2} = 0.30(\mathrm{m})$

$K = \dfrac{f_D}{\sum D} = \dfrac{0.30}{665.33} = \dfrac{1}{2\ 200} < \dfrac{1}{2\ 000}$　　合格

第三节　交会定点

当测区内用导线或小三角布设的控制点还不能满足测图或施工放样的要求时，可采用交会定点的方法来加密。常用的方法有前方交会、侧方交会、后方交会、距离交会等。

一、前方交会

如图 6.11 所示，在三角形 ABP 中，已知点 A、B 的坐标。在 A、B 两点设站，分别测得 α、β 两角，通过解算三角形算出未知点 P 的坐标。这种方法称测角前方交会。

计算公式：

$$\begin{cases} x_{\mathrm{p}}=x_{\mathrm{A}}+x_{\mathrm{B}}\cot\alpha_{\mathrm{AP}} \\ y_{\mathrm{p}}=y_{\mathrm{A}}+D\sin\alpha_{\mathrm{AP}} \end{cases}$$

利用解方程的方法再求出 D 和 $\cos\alpha_{\mathrm{AP}}$，代入上式可得：

$$\begin{cases} x_{\mathrm{p}}=\dfrac{x_{\mathrm{A}}\cot\beta+x_{\mathrm{B}}\cot\alpha-y_{\mathrm{A}}+y_{\mathrm{B}}}{\cot\alpha+\cot\beta} \\ y_{\mathrm{p}}=\dfrac{y_{\mathrm{A}}\cot\beta+y_{\mathrm{B}}\cot\alpha+x_{\mathrm{A}}-x_{\mathrm{B}}}{\cot\alpha+\cot\beta} \end{cases} \tag{6.23}$$

在一般测量规范中，都要求布设有三个起始点的前方交会(图 6.12)。这时在 A、B、C 三个已知点向 P 点观测，测出四个角值 α_1、β_1、α_2、β_2，分两组计算 P 点坐标。计算时，可按△ABP 求出 P 点坐标(x'_{p}，y'_{p})，再按△BCP 求出 P 点坐标(x''_{p}，y''_{p})。当这两组坐标的较差在容许限差内时，取它们的平均值作为 P 点的最后坐标。测量规范中，对上述限差要求两组算得的点位较差不大于二倍的比例尺精度，用公式表示为：

$$e=\sqrt{\delta_{\mathrm{x}}^2+\delta_{\mathrm{y}}^2}\leqslant 2\times 0.1M \tag{6.24}$$

式中，$\delta_{\mathrm{x}}=x'_{\mathrm{p}}-x''_{\mathrm{p}}$，$\delta_{\mathrm{y}}=y'_{\mathrm{p}}-y''_{\mathrm{p}}$，$M$ 是测图比例尺。

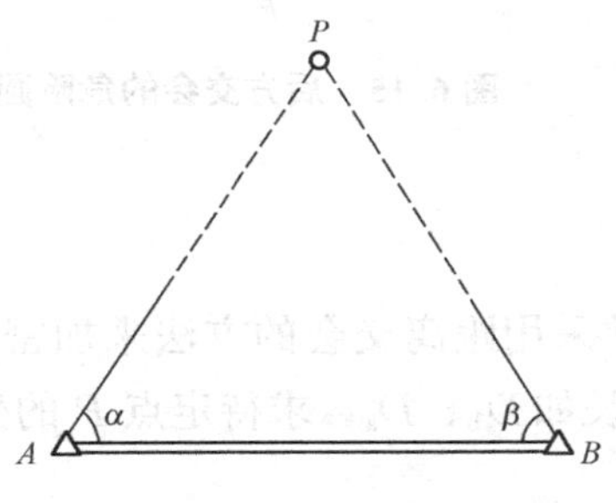

图 6.11　前方交会

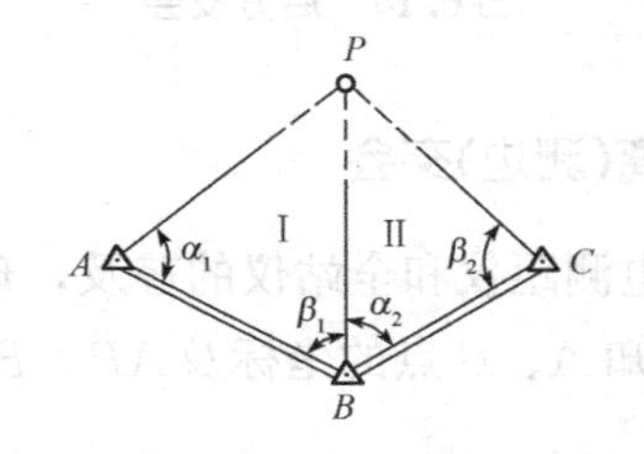

图 6.12　已知三个起始点的前方交会

二、侧方交会

图 6.13 为一侧方交会，它是在一个已知点 A 和待求点 P 上安置经纬仪，测出 α、γ 角，并由此推算出 β 角，求出 P 点坐标。侧方交会主要用于有一个已知点不便安置仪器的情况。为了检核，它也需要测出第三个已知点 C 的 ε 角。

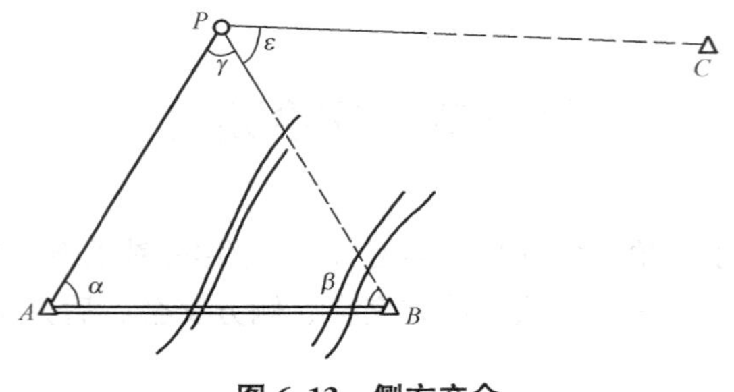

图 6.13 侧方交会

三、后方交会

如图 6.14 所示，后方交会是在待求点 P 上安置经纬仪，观测三个已知点 A、B、C 之间的夹角 α、β，然后根据已知点的坐标和 α、β 计算 P 点的坐标。

为了检核，在实际工作中往往要求观测 4 个已知点，组成两个后方交会图形。

由于后方交会只需在待求点上设站，因而较前方交会、侧方交会的外业工作量少。它不仅用于控制点加密，也多用于导线点与高级控制点的联测。

后方交会法中，若 P、A、B、C 位于同一个圆周上，则 P 点虽然在圆周上移动，但由于 α、β 值不变，故使 x_p、y_p 值不变，因而 P 点坐标产生错误，这一个圆称为危险圆(图 6.15)。P 点应该离开危险圆附近，一般要求 α、β 和 B 点内角之和不应在 160°～200°之间。

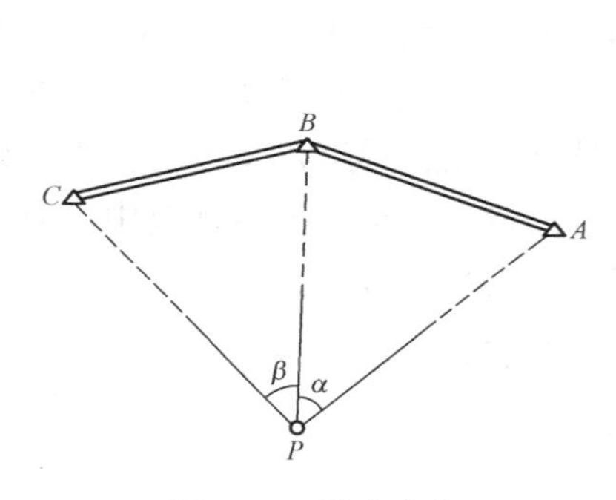

图 6.14 后方交会

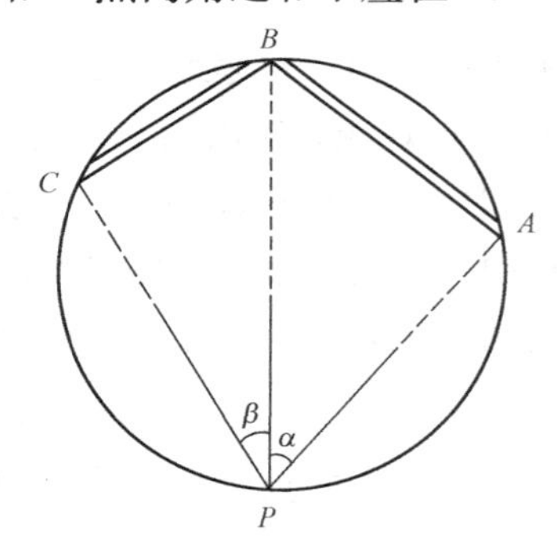

图 6.15 后方交会的危险圆

四、距离(测边)交会

由于光电测距仪和全站仪的普及，现在也常采用距离交会的方法来加密控制点，如图 6.16 中，已知 A、B 点的坐标及 AP、BP 的边长如 D_b、D_a，求待定点 P 的坐标。

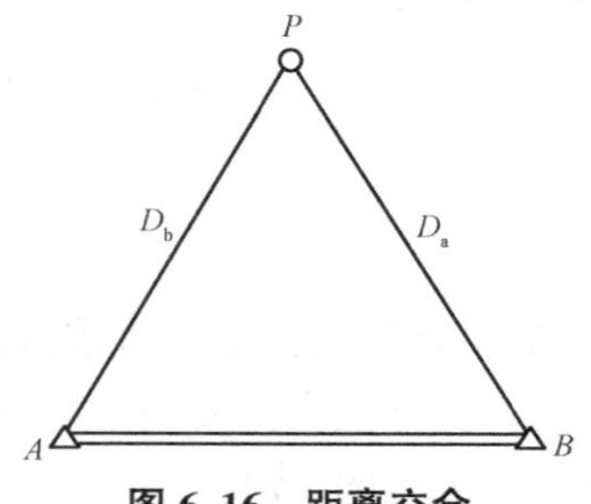

图 6.16 距离交会

第四节　高程控制测量

小地区高程控制测量包括三、四等水准测量和三角高程测量。

一、三、四等水准测量

三、四等水准路线用于建立小区域首级控制网和工程施工高程控制网。水准观测的主要技术要求见表6.4，仪器等级采用DS3级水准仪，水准尺不同于普通水准尺，它是双面水准尺，每次观测使用两把尺子，称为一对，每根水准尺一面为红色，另一面为黑色。一对水准尺的黑面尺底刻划均为零，而红面尺一根尺底刻划为4.687 m，另一根尺底刻划为4.787 m，这一数值用k表示，称为同一水准尺红、黑面常数差。下面以四等水准测量为例，介绍用双面水准尺法在一个测站的观测程序、记录与计算。

表6.4　水准测量主要技术要求

等级	水准仪的型号	视线长度/m	前后视较差/m	前后视距累计差/m	视线离地面最低高度/m	黑、红面读数较差/mm	黑红面所测高差较差/mm
三等	DS1	100	3	6	0.3	1.0	1.5
	DS3	75	3	6	0.3	2.0	3.0
四等	DS3	100	5	10	0.2	3.0	5.0

(一)观测方法与记录

四等水准测量每站的观测顺序和记录见表6.5，括号中数字1～8号代表观测记录顺序，9～18号为计算的顺序与记录位置。观测步骤为：

(1)照准后视水准尺黑面，读取下、上、中三丝读数。

(2)转动水准仪，照准前视水准尺黑面读取中丝读数，下、上、中三丝读数。

(3)将水准尺转为红面，前视水准尺红面，读取中丝读数。

(4)转动水准仪，照准后视水准尺红面，读取中丝读数。

这样的观测顺序简称为“后—前—前—后”。

(二)计算与检核

1. 测站上的计算与检核

(1)视距计算。根据视线水平时的视距原理(下丝－上丝)×100计算前、后视距离。

后视距离(9)＝(1)－(2)

前视距离(10)＝(4)－(5)

前后视距差(11)＝(9)－(10)，前后视距离差不超过5 m。

前后视距累计差(12)＝上一个测站(12)＋本测站(11)，前后视距累计差不超过10 m。

表 6.5　四等水准测量记录表

时间：**2012 年 8 月 27 日**　　　　天　气：**晴**　　　　成　像：**清晰**

仪器及编号：DS**20120018**　　　　观测者：**张新华**　　　　记录者：**郑兴**

测站编号	点号	后尺 下丝 / 上丝 后视距/m 视距差 d/m	前尺 下丝 / 上丝 前视距/m $\sum d$ /m	方向及尺号	标尺读数/m 黑面	标尺读数/m 红面	黑+K−红/mm	高差中数/m	备注
1	$BN1$	1	4	后 K01	3	8	13	18	
	$TP1$	2	5	前 K02	6	7	14		
		9	10	后−前	15	16	17		
		11	12						
	$BM1$	1.891	0.758	后 K01	1.708	6.395	0	+1.134 0	K01:4 687 K02:4 787
	$TP1$	1.525	0.390	前 K02	0.574	5.361	0		
		36.6	36.8	后−前	+1.134	+1.034	0		
		−0.2	−0.2						
	$TP1$	2.746	0.867	后 K02	2.530	7.319	−2	+1.885 0	
	$TP2$	2.313	0.425	前 K01	0.646	5.333	0		
		43.3	−44.2	后−前	+1.884	+1.986	−2		
		−0.9	−1.1						

(2)同一水准尺黑、红面读数差计算(K01=4 687、K02=4 787)。

$$(13)=(3)+K-(8)$$

$$(14)=(6)+K-(7)$$

同一水准尺黑、红面读数差不超过 3 mm。

(3)高差计算与检核。

黑面尺读数之高差(15)=(3)−(6)

红面尺读数之高差(16)=(8)−(7)

黑、红面所得高差之差检核计算：

$$(17)=(15)-(16)\pm 0.100=(13)-(14)$$

式中，±0.100 为两水准尺常数 K 之差。

黑、红面所得高差之差不超过 5 mm。

(4)计算平均高差 $(18)=\frac{1}{2}[(15)+(16)\pm 0.100]$

2. 每页的计算和检核

(1)总视距计算与检核。

本页末站 $(12)=\sum(9)-\sum(10)$

本页总视距 $=\sum(9)+\sum(10)$

(2) 总高差的计算和检核。

当测站数为偶数时：

$$总高差=\sum(18)=\frac{1}{2}[(15)+(16)]$$

$$=\frac{1}{2}\{\sum[(3)+(4)]-\sum[(7)+(8)]\}$$

当测站为奇数时：

$$(18)=\frac{1}{2}[(15)+(16)\pm 0.100]$$

三、四等水准测量一般应与国家一、二等水准网进行联测，除用于国家高程控制网加密外，还用于建立小地区首级高程控制网，以及建筑施工区内工程测量及变形观测的基本控制。独立测区可采用闭合水准路线。

三、四等水准测量的观测应在通视良好、成像清晰稳定的条件下进行。常用的有双面尺法和变仪器高法。

二、三角高程测量

在山地测定控制点的高程，若采用水准测量，则速度慢，困难大，故可采用三角高程测量的方法。但必须用水准测量的方法在测区内引测一定数量的水准点，作为三角高程测量高程起算的依据。常见的三角高程测量为电磁波测距三角高程测量和视距三角高程测量。电磁波测距三角高程适用于三、四等和图根高程网。视距三角高程测量一般适用于图根高程网。

1. 三角高程测量原理

三角高程测量是根据已知点高程及两点间的竖直角和距离，通过应用三角公式计算两点间的高差，求出未知点的高程(图 6.17)。

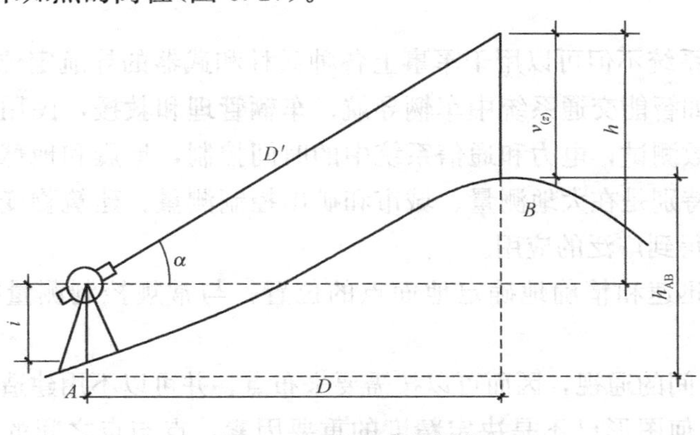

图 6.17　三角高程测量

A、B 两点间的高差：

$$h_{AB}=D\tan\alpha+i-v$$

若用测距仪测得斜距 D'，则：

$$h_{AB}=D'\sin\alpha+i-v$$

B 点的高程为：

$$H_B = H_A + h_{AB}$$

三角高程测量一般应进行往返观测，即由 A 向 B 观测(称为直觇)，再由 B 向 A 观测(称为反觇)，这种观测称为对向观测(或双向观测)。

2. 三角高程测量的观测与计算

(1)在测站上安置仪器，量仪器高 i 和标杆或棱镜高度 v，读到毫米；

(2)用经纬仪或测距仪采用测回法观测竖直角 1～3 各测回；

(3)采用对向观测法且对向观测高差符合要求，取其平均值作为高差结果；

(4)进行高差闭合差的调整计算，推算出各点的高程。

第五节　GPS 测量

一、GPS 概述

(一)GPS 简介

全球定位系统(GPS)是导航卫星测时和测距全球定位系统(Navigation Satellite Timing and Ranging Global Positioning System)的简称。该系统是由美国国防部于 1973 年组织研制，历经 20 年，耗资 300 亿美元，于 1993 年建设成功，主要为军事导航与定位服务的系统。GPS 是利用卫星发射的无线电信号进行导航定位，具有全球性、全天候、高精度、快速实时的三维导航、定位、测速和授时功能，以及良好的保密性和抗干扰性。它已成为美国导航技术现代化的重要标志，被称为“20 世纪继阿波罗登月、航天飞机之后又一重大航天技术”。

GPS 导航定位系统不但可以用于军事上各种兵种和武器的导航定位，而且在民用上也发挥了重大作用。如智能交通系统中车辆导航、车辆管理和救援，民用飞机和船只导航及姿态测量，大气参数测试，电力和通信系统中的时间控制，地震和地球板块运动监测，地球动力学研究等。特别是在大地测量、城市和矿山控制测量、建筑物变形测量、水下地形测量等方面，GPS 得到广泛的应用。

GPS 能独立、迅速和精确地确定地面点的位置，与常规控制测量技术相比，有许多优点：

(1)不要求测站间的通视，因而可以按需要来布点，并可以不用建造测站标志；

(2)控制网的几何图形已不是决定精度的重要因素，点与点之间的距离长短可以自由布设；

(3)可以在较短时间内以较少的人力消耗来完成外业观测工作，观测(卫星信号接收)的全天候优势更为显著；

(4)由于接收仪器的高度自动化，内外业紧密结合，软件系统的日益完善，可以迅速提交测量成果；

(5)精度高，用载波相位进行相对定位，可达到±(5 mm+1 ppm×D)的精度；

(6)节省经费和工作效率高，用GPS定位技术建立大地控制网，要比常规大地测量技术节省70%～80%的外业费用，同时，由于作业速度快，使工期大大缩短，所以经济效益显著。

GPS于1986年开始引入我国测绘界，由于它比常规测量方法具有定位速度快、成本低，不受天气影响，点间无须通视，不建标等优越性，且具有仪器轻巧、操作方便等优点，目前已在测绘行业中广泛使用。广大测绘工作者在GPS应用基础研究和实用软件开发等方面取得了大量的成果，全国大部分省市都利用GPS定位技术建立了GPS控制网，并在大地测量(西沙群岛的大地基准联测)、南极长城站精确定位和西北地区的石油勘探等方面显示出GPS定位技术的无比优越性和应用前景。在工程建筑测量中，也已开始采用GPS技术，如北京地铁GPS网、云台山隧道GPS网、秦岭铁路隧道施工GPS控制网等。卫星定位技术的引入已引起了测绘技术的一场革命，从而使测绘领域步入一个崭新的时代。

(二)GPS的组成

GPS主要由空间卫星部分、地面监控部分和用户设备部分组成，如图6.18所示。

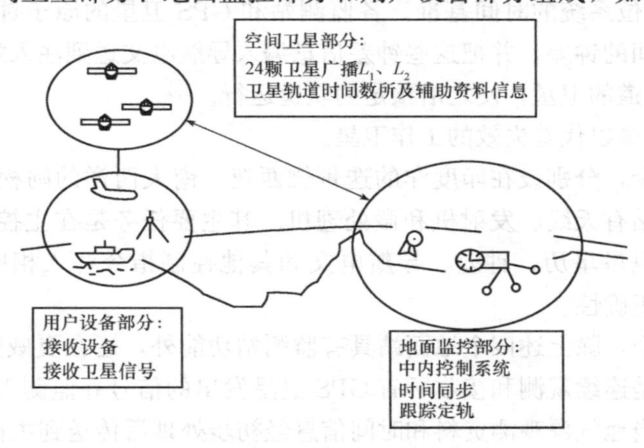

图6.18　GPS的组成部分

1. 空间卫星部分

空间卫星部分由24颗GPS卫星组成GPS卫星星座，其中有21颗工作卫星，3颗备用卫星，其作用是向用户接收机发射天线信号。GPS卫星(24颗)均匀分布在6个倾角为55°的轨道平面内，各轨道之间相距60°，卫星高度为20 200 km(地面高度)，结合其空间分布和运行速度，使地面观测者在地球上任何地方的接收机，都能至少同时观测到4颗卫星(接收电波)，最多可达11颗。GPS卫星的主体呈圆柱形，直径约为1.5 m，两侧设有两块双叶太阳能板，能自动对日定向，以保证卫星正常工作的用电。每颗卫星装有4台高精度原子钟，为GPS测量提供高精度的时间标准。空间卫星部分如图6.19所示。

2. 地面监控部分

地面监控部分由主控站、信息注入站和监测站组成。

主控站一个，设在美国的科罗拉多空间中心。其主要功能是协调和管理所有地面监控系统的工作，主要任务是：

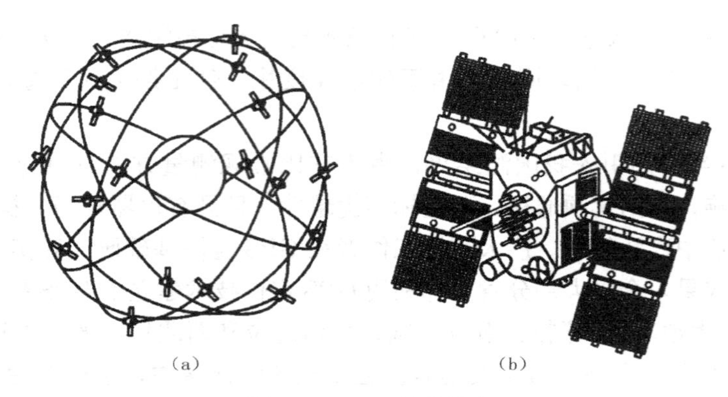

图 6.19 GPS 卫星星座

(1)根据本站和其他监测站的所有观测资料推算编制各卫星的星历、卫星钟差和大气层的修正参数等，并把这些数据传送到注入站。

(2)提供全球定位系统的时间基准。各监测站和 GPS 卫星的原子钟均应与主控站的原子钟同步或测出其间的钟差，并把这些钟差信息编入导航电文送到注入站。

(3)调整偏离轨道的卫星，使之沿预定的轨道运行。

(4)启用备用卫星以代替失效的工作卫星。

注入站现有三个，分别设在印度洋的迭哥伽西亚、南大西洋的阿松森群岛和南太平洋的卡瓦加兰。注入站有天线、发射机和微处理机。其主要任务是在主控站的控制下，将主控站推算和编制的卫星星历、钟差、导航电文和其他控制指令注入相应卫星的存储系统，并监测注入信息的正确性。

监测站共有五个，除上述四个地面站具有监测站功能外，还在夏威夷设有一个监测站。监测站的主要任务是连续观测和接收所有 GPS 卫星发出的信号并监测卫星的工作状况，将采集到的数据连同当地气象观测资料和时间信息经初步处理后传送到主控站。

图 6.20 是 GPS 地面监控站分布示意图，整个系统除主控站外，不需人工操作，各站间用现代化的通信系统联系起来，实现高度的自动化和标准化。

图 6.20 GPS 地面监控站

3. *用户设备部分*

用户设备部分包括 GPS 接收机硬件、数据处理软件和微处理机及其终端设备等。GPS

接收机的主要功能是捕获卫星信号，跟踪并锁定卫星信号，对接收的卫星信号进行处理，测量出GPS信号从卫星到接收机天线间的传播时间，译出GPS卫星发射的导航电文，实时计算接收机天线的三维坐标、速度和时间。

GPS接收机从结构来讲，主要由五个单元组成：天线和前置放大器；信号处理单元，它是接收机的核心；控制和显示单元；存储单元；电源单元。

GPS接收机的种类很多，按用途不同可分为测地型、导航型和授时型三种；按工作原理可分为有码接收机和无码接收机，前者动态、静态定位都可以，而后者只能用于静态定位；按使用载波频率的多少可分为用一个载波频率(L1)的单频接收机和用两个载波频率(L1，L2)的双频接收机，单频接收机便宜，而双频接收机能消除某些大气延迟的影响，对于边长大于10 km的精密测量，最好采用双频接收机，而对一般的控制测量，用单频接收机就行了，以双频接收机为今后精密定位的主要用机；按型号分种类就更多了，目前已有100多个厂家生产不同型号的接收机。不管哪种接收机，其主要结构都相似，都包括接收机天线、接收机主机和电源三个部分。

(三)GPS的坐标系统

任何一项测量工作都需要一个特定的坐标系统(基准)。由于GPS是全球性的定位导航系统，其坐标系统也必须是全球性的，根据国际协议确定，称为协议地球坐标系(Coventional Terrestrial system，简称CTS)。目前，GPS测量中使用的协议地球坐标系为1984年世界大地坐标系(WGS—84)。

WGS—84是GPS卫星广播星历和精密星历的参考系，它是由美国国防部制图局所建立并公布的。从理论上讲，它是以地球质心为坐标原点的地固坐标系，其坐标系的定向与BIH1984.0所定义的方向一致。它是目前最高水平的全球大地测量参考系统之一。

二、GPS定位的基本原理

GPS定位是利用空间测距交会定点原理。GPS测量有伪距与载波相位两种基本的测量。

伪距测量是GPS接收机测量了卫星信号(测距码)由卫星传播至接收机的时间，再乘以电磁波传播的速度，便得到由卫星到接收机的伪距。但由于传播时间含有卫星时钟与接收机时钟不同步误差，以及测距码在大气中传播的延迟误差等，所以求得的伪距并不等于卫星与测站的几何距离。

载波相位测量是把接收到的卫星信号和接收机本身的信号混频，再进行相位测量。伪距测量的精度约为一个测距码的码元长度的百分之一，对P码而言约为30 cm，对C/A码而言为3 m左右。而载波的波长则短得多(分别为19 cm和24 cm)，所以载波相位测量精度一般为1～2 mm。由于相位测量只能测定载波波长不足一个波长的部分，因此所测的相位可看成是波长整倍数未知的伪距。

GPS定位时，把卫星看成是动态的已知控制点，利用所测的距离进行空间后方交会，便可得到接收机的位置。GPS定位包括单点定位和相对定位。

独立确定待定点在WGS—84世界大地坐标系中绝对位置的方法，称为单点定位或绝对定位。其优点是只需一台接收机即可独立定位，外出观测的组织及实施较为自由方便，数据处理也较简单。但其结果受卫星星历误差和卫星信号传播过程中的大气延迟误差的影响比较显著。所以定位精度较差，一般为几十米。单点定位在船舶、飞机的导航，地质矿产勘探，暗礁定位，海洋捕鱼，国防建设及低精度测量等领域中有着广泛的应用前景。

相对定位是确定同步跟踪相同的 GPS 卫星信号的若干台接收机之间的相对位置(三维坐标差)的一种定位方法。相对定位测量时，许多误差对同步观测的测站有相同的或大致相同的影响。因此，计算时，这些误差可以得到抵消或大幅度削弱，从而获得高精度的相对位置，一般精度为几毫米至几厘米。

三、GPS 测量简介

与常规测量相类似，GPS 测量按其工作性质可分为外业工作和内业工作两大部分。外业工作主要包括选点、建立标志、野外观测作业等；内业工作主要包括 GPS 控制网技术设计、数据处理和技术总结等。

(一)GPS 控制网的技术设计

GPS 控制网的技术设计是进行 GPS 定位的基础，它依据国家有关规范(规程)、GPS 网的用途和用户的要求来进行，其主要内容包括精度指标的确定和网形设计等。

1. GPS 测量精度指标

《全球定位系统(GPS)测量规范》(GB/T 18314—2009)将 GPS 控制网分为 A、B、C、D、E 五级，表 6.6 给出了各等级 GPS 测量的主要用途。GPS 测量所属的等级不是由用途确定的，而是以实际的质量要求来确定的。此外各部委根据本部门 GPS 工作的实际情况也制定了其他的 GPS 规程或细则。

表 6.6 各等级 GPS 测量的主要用途(GB/T 18314—2009)

级别	用途
A	国家一等大地控制网，全球性的动力学研究，地壳形变测量和精密定轨等
B	国家二等大地控制网，地方或城市坐标基准框架，区域性地球动力学研究，地壳形变量，局部形变监测和各种精密工程等
C	三等大地控制网，区域、城市及工程测量的基本控制网等
D	四等大地控制网
E	中小城市、城镇及测图、地籍、土地信息、房产、物探、建筑施工等的控制测量等

根据 GB/T 18314—2009，A 级 GPS 网由卫星定位连续运行基准站构成，精度应不低于表 6.7 的要求。B、C、D、E 级 GPS 网的精度应不低于表 6.8 的要求。

表 6.7 A 级 GPS 网的精度指标(GB/T 18314—2009)

级别	坐标年变化率中误差		相对精度	地形坐标各分量年平均中误差/mm
	水平分量/($mm\cdot a^{-1}$)	垂直分量/($mm\cdot a^{-1}$)		
A	2	3	1×	0.5

表 6.8　B、C、D、E 级 GPS 网的精度指标(GB/T 18314—2009)

级别	相邻点基线分量中误差		相邻点平均距离/km
	水平分量/mm	垂直分量/mm	
B	5	10	50
C	10	20	20
D	20	40	5
E	20	40	3

根据 CJJ/T 73—2010，各等级城市 GPS 测量的相邻点间基线长度的精度用下式表示，具体要求见表 6.9。

$$\sigma=\sqrt{a^2+(bd)^2}$$

式中　σ——基线向量的边长中误差，单位为 mm；

a——固定误差，单位为 mm；

b——比例误差系数，单位为 1×10^{-6}；

d——相邻点的距离，单位为 km。

表 6.9　城市 GPS 测量技术精度指标(CJJ/T 73－2010)

等级	平均距离/km	a/mm	1×10^{-6}	最弱边相对中误差
二等	9	≤10	≤2	1/120 000
三等	5	≤10	≤5	1/80 000
四等	2	≤10	≤10	1/45 000
一级	1	≤10	≤10	1/20 000
二级	<1	≤15	≤20	1/10 000

2. 网形设计

常规测量中，控制网的图形设计是一项重要的工作。而在 GPS 测量时，由于不要求测站点间通视，因此其图形设计具有较大的灵活性。GPS 网的图形设计主要考虑网的用途、用户要求、经费、时间、人力及后勤保障条件等，同时还应考虑所投入的接收机的类型和数量等条件。

根据用途不同，GPS 网的基本构网方式有点连式、边连式、网连式和边点混合连接四种。

(1)点连式是相邻的同步图形(即多台接收机同步观测卫星所获基线构成的闭合图形，又称同步环)之间仅用一个公共点连接，如图 6.21(a)所示。这种方式所构成的图形几何强度很弱，一般不单独使用。

(2)边连式是指相邻同步图形之间由一条公共基线连接。如图 6.21(b)所示，这种布网方案中，复测的边数较多，网的几何强度较高。非同步图形的观测基线可以组成异步观测环(称为异步环)，异步环常用于检查观测成果的质量。边连式的可靠性优于点连式。

(3)网连式是指相邻同步图形之间由两个以上的公共点连接。这种方法要求四台以上的接收机同步观测。它的几何强度和可靠性更高，但所需的经费和时间也更多，一般仅用于较高精度的控制测量。

(4)边点混合连接是指将点连式与边连式有机地结合起来组成 GPS 网，如图 6.21(c)所示。它是在点连式基础上加测四个时段，把边连式与点连式结合起来得到的。这种方式既能保证网的几何强度，提高网的可靠性，又能减少外业工作量，降低成本，因而是一种较为理想的布网方法。

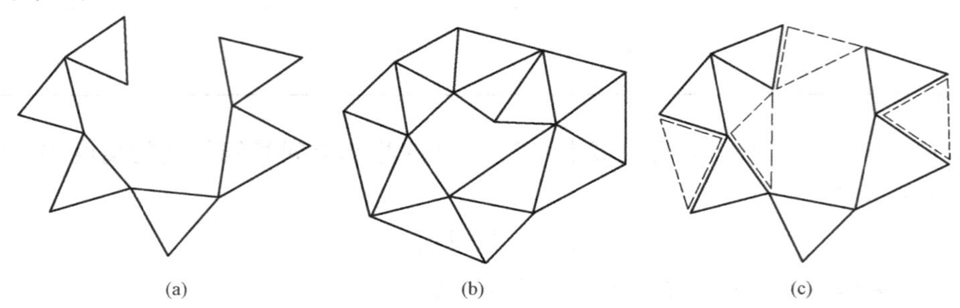

图 6.21　GPS 网的基本构网方式

对于低等级的 GPS 测量或碎部测量，也可采用如图 6.22 所示的星形布设。这种图形的主要优点是观测中只需要两台 GPS 接收机，作业简单。但由于直接观测边之间不构成任何闭合图形，所以其检查和发现粗差的能力比点连式更差。这种方式常采用快速定位的作业模式。

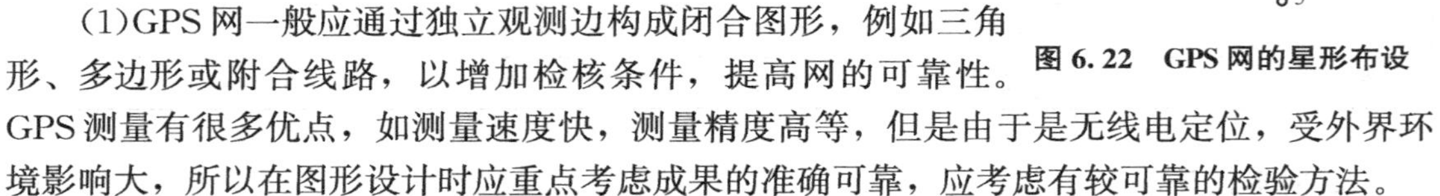

图 6.22　GPS 网的星形布设

进行网形设计时，还需注意以下几个问题：

(1)GPS 网一般应通过独立观测边构成闭合图形，例如三角形、多边形或附合线路，以增加检核条件，提高网的可靠性。GPS 测量有很多优点，如测量速度快，测量精度高等，但是由于是无线电定位，受外界环境影响大，所以在图形设计时应重点考虑成果的准确可靠，应考虑有较可靠的检验方法。

(2)GPS 网点应尽量与原有地面控制网点相重合。重合点一般不应少于三个(不足时应联测)且在网中应分布均匀，以便可靠地确定 GPS 网与地面网之间的转换参数。

(3)GPS 网点虽然不需要通视，但是为了便于用常规方法联测和扩展，要求控制点至少与一个其他控制点通视，或者在控制点附近 300 m 外布设一个通视良好的方位点，以便建立联测方向。

(4)为了利用 GPS 进行高程测量，在测区内 GPS 网点应尽可能与水准点重合，而非重合点一般应根据要求以水准测量方法(或相当精度的方法)进行联测，或在网中设一定密度的水准联测点，进行同等级水准连测。

(5)GPS 网点尽量选在天空视野开阔、交通方便地点，并要远离高压线、变电所及微波辐射干扰源。

3. 选点与建立标志

由于 GPS 测量测站之间不要求通视，而且网的图形结构比较灵活，故选点工作较常规测量简便。但 GPS 测量又有其自身的特点，因此选点时应满足以下要求：

(1)观测站(即接收天线安置点)应远离大功率的无线电发射台和高压输电线，以避免其周围磁场对 GPS 卫星信号的干扰。接收机天线与其距离一般不得小于 200 m。

(2)观测站附近不应有大面积的水域或对电磁波反射(或吸收)强烈的物体，以减弱多路径效应的影响。

(3)观测站应设在易于安置接收设备的地方，且视野开阔。在视场内周围障碍物的高度角，一般应大于 10°～15°，以减弱对流层折射的影响。

(4)观测站应选在交通方便的地方，并且便于用其他测量手段联测和扩展。

(5)对于基线较长的 GPS 网，还应考虑观测站附近具有良好的通信设施(电话与电报、邮电)和电力供应，以供观测站之间的联络和设备用电。

(6)点位选定后(包括方位点)，均应按规定绘制点位注记，其主要内容应包括点位及点位略图，点位的交通情况以及选点情况等。

在 GPS 测量中，网点一般应设置在具有中心标志的标石上，以精确标志点位。埋石是指具体标石的设置，可参照有关规范，对于一般的控制网，只需要采用普通的标石，或在岩层、建筑物上做标志。

(二)外业观测

GPS 外业观测工作主要包括天线安置、观测作业和观测记录等，下面分别进行介绍。

1. 天线安置

天线的相位中心是 GPS 测量的基准点，所以妥善安置天线是实现精密定位的重要条件之一。天线安置的内容包括对中、整平、测量天线高。

进行静态相对定位时，天线应架设在三脚架上，并安置在标志中心的上方直接对中，天线基座上的圆水准气泡必须居中(对中与整平方法与经纬仪安置相同)。天线高是指天线的相位中心至观测点标志中心的垂直距离，用钢尺在互为 120°的方向量三次，要求互差小于 3 mm，满足要求后取三次结果平均值记入测量手簿中。

2. 观测作业

观测作业的主要任务是捕获 GPS 卫星信号并对其进行跟踪、接收和处理，以获取所需的定位信息和观测数据。

天线安置完成后，将 GPS 接收机安置在距天线不远的安全处，接通接收机与电源、天线的连接电缆，经检查无误后，打开电源，启动接收机进行观测。

GPS 接收机具体的操作步骤和方法，随接收机的类型和作业模式不同而异，在随机的操作手册中都有详细的介绍。事实上，GPS 接收机的自动化程度很高，一般仅需按下若干功能键(有的甚至只需按一个电源开关键)，即能顺利地完成测量工作。观测数据由接收机自动形成，并以文件形式保存在接收机存储器中。作业人员只需定期查看接收机的工作状况并做好记录。观测过程中接收机不得关闭并重新启动；不得更改有关设置参数；不得碰动天线或阻挡信号；不准改变天线高。观测站的全部预定作业项目，经检查均已按规定完成，且记录与资料都确认完整无误后方可迁站。

3. 观测记录

观测记录的形式一般有两种，一种是由接收机自动形成，并保存在接收机存储器中供随时调用和处理，这部分内容主要包括 GPS 卫星星历和卫星钟差参数；观测历元及伪距和载波相位观测值；实时绝对定位结果；测站控制信息及接收机工作状态信息。另一种是测量手簿，由观测人员填写，内容包括天线高、气象数据测量结果、观测人员、仪器及时间等，同时对于观测过程中发生的重要问题、问题出现的时间及处理方式也应记录。观测记录是GPS定位的原始数据，也是进行后续数据处理的唯一依据，必须要真实、准确，并妥善保管。

4. 成果检核与数据处理

观测成果应进行外业检核，这是确保外业观测质量和实现预期定位精度的重要环节。观测任务结束后，必须在测区及时对观测数据的质量进行检核，对于外业预处理成果，要按《全球定位系统(GPS)测量规范》(GB/T 18314—2009)要求严格检查、分析，以便及时发现不合格成果，并根据情况采取重测或补测措施。

成果检核无误后，即可进行内业数据处理。内业数据处理过程大体可分为预处理、平差计算、坐标系统的转换或与已有地面网的联合平差。GPS接收机在观测时，一般情况下15～20 s自动记录一组数据，故其信息量大，数据多。同时，数据处理时采用的数学模型和算法形式多样，使数据处理的过程相当复杂。在实际应用中，一般是借助电子计算机通过相关软件来完成数据处理工作。

思考与练习

1. 试绘图说明导线的布设形式。
2. 导线外业工作包含哪些内容?
3. 闭合导线和附合导线内业计算有哪些不同?
4. 试述三角高程测量的原理。
5. GPS技术具有哪些优点?
6. 一闭合导线如图6.23所示，其中 $x_1=5\ 030.70$，$y_1=4\ 553.66$，$\alpha_{12}=97°58'08''$。各边边长与转折角角值均注于图中，求2、3、4点坐标。

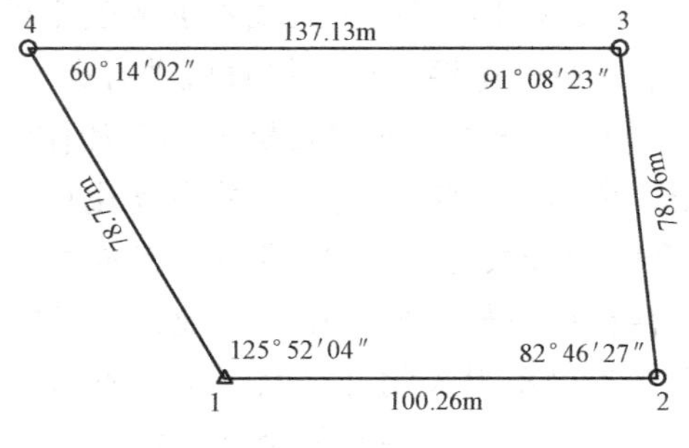

图6.23 闭合导线

第七章　大比例尺地形图与测绘

通过本章学习，了解地形图的基本知识，比例尺的相关概念；熟悉大比例尺地形图传统测绘方法和原理；掌握大比例尺地形图的分幅与编号，地物、地貌在地形图上的表示方法，等高线原理；熟悉数字化测图的作业过程。

大比例尺地形图的测绘是工程测量的三个基本任务之一，它是以一定的规则，将工程建设上所需要的基本信息在纸质图或者电子图上简洁明了地表现出来。地形图是测绘工作的主要成果之一，地形图测绘是将地球表面的地物和地貌，按一定的比例尺和规定的图式符号，用正射投影的方法测绘在图纸上。这种表示地面点的平面位置和高程的图称为地形图；当仅表示出地物的平面位置，不表示地形的起伏状态时，这种图称为平面图，在工程建设中被广泛应用。一般来说，按一定的投影方法和比例尺在平面图纸上表示地球表面空间位置和自然属性的图，统称为地图。按地图所描述的与地球表面空间位置有关的自然属性的不同，地图又分为普通地图和专题地图(如地质图、森林分布图等)。地形图和平面图都属于普通地图的范畴。

地形图在经济建设、国防建设和科学研究中被广泛应用。在城市和工程建设规划、设计和施工的各个阶段要用到各种比例尺的地形图。本章主要介绍地形图的基本知识和大比例尺地形图的测绘方法。

第一节　地形图的基本知识

一、概述

地球表面地势形态复杂，有高山、平原、河流、湖泊，还有楼房、道路等各种人工建筑物，有的是天然形成的，有的是人工构筑的，通常把它们分为地物和地貌两大类。地物是指地面上有明显轮廓的各种固定物体，如道路、桥梁、房屋、农田、河流和湖泊等。地貌是指地球表面的高低起伏、凹凸不平的各种形态，它没有明确的分界线，如高山、盆地、丘陵、洼地、斜坡、峭壁、平原等。地物和地貌总称为地形。

通过实地测量，将地面上各种地物和地貌的平面位置和高程沿垂直方向投影到水平面上，并按一定的比例尺，用《国家基本比例尺地图图式》(GB/T 20257)统一规定的符号和注记，将其缩绘在图纸上，这种既表示出地物的平面位置，又表示出地貌形态的图，称为地形图。简单地说，地形图就是地貌和地物位置、形状在平面图纸上的投影图。只表示地物的平面位置，不表示地貌起伏形态的地形图称为平面图。传统概念上的地图是按照一定的数学法则，用规定的图式符号和颜色，把地球表面的自然和社会现象有选择地缩绘在平面图纸上的图，如普通地图、专题地图、各种比例尺地形图、影像地图、立体地图等。现代地图已有缩微地图、数字地图、电子地图、全息相片等新品种。

由于地形图能客观形象地反映地面的实际情况，所以城乡建设和各项工程建设都需要用到地形图，特别是 1∶500、1∶1 000、1∶2 000 及 1∶5 000 比例尺的地形图称为大比例尺地形图，是工程勘测、规划、设计、施工及建后管理的重要的基础资料。

地形图的主要内容包括数学要素、地理要素及整饰要素等。数学要素主要是指比例尺，地理要素主要包括地物符号、地貌符号和地形图注记，整饰要素主要包括图名、图号、邻接图表、图廓、北方向、图例等。

二、地形图比例尺

(一)比例尺

比例尺是指地形图上某一线段的长度与地面上相应线段的水平距离之比。地形图比例尺可分为数字比例尺和图示比例尺。通常用分子为 1 的分数 $1/M$(或 $1:M$)表示。设图上某一直线长度为 d，地面上相应直线段的水平距离为 D，则图的比例尺为：

$$\frac{d}{D}=\frac{1}{\frac{D}{d}}=\frac{1}{M} \tag{7.1}$$

式中　M——比例尺分母。

例如，一地形图上 1 cm 的线段长度表示相应地面上水平距离 20 m，则该地形图的比例尺为：

$$\frac{1\ \text{cm}}{20\ \text{m}}=\frac{1\ \text{cm}}{2\ 000\ \text{cm}}=\frac{1}{2\ 000}$$

确定了比例尺，就可将图上两点间的长度和实地相应两点的水平距离相互换算；同理，还可以求出地图上某区域面积与实地对应区域的投影面积之比的关系式；要把地面上的线段描绘到地图平面上，首先将地面线段沿垂线投影到大地水准面上，然后归化到椭球体面上，再按某种方法将其投影到平面上，最后按某一比率将它缩小到地图上，这个缩小比率就是地图比例尺。

比例尺按表示方法的不同，一般可分为数字式比例尺、图式比例尺和文字式比例尺三种。

1. 数字式比例尺

如上所述，用分数形式 $1/M$(或 $1:M$)表示的比例尺称为数字式比例尺，M 越小，分数值越大，比例尺也越大，它在图上表示的地物和地貌也越详细；M 越大，分数值越小，比例尺也越小，它在图上表示的地物和地貌也越粗略。数字比例尺一般注记在地形图下方的正中间位置。

按地形图的比例尺划分，通常称 1∶500、1∶1 000、1∶2 000、1∶5 000 比例尺的地形图为大比例尺地形图，称 1∶1 万、1∶2.5 万、1∶5 万、1∶10 万比例尺的地形图为中比例尺地形图，称 1∶25 万、1∶50 万、1∶100 万比例尺的地形图为小比例尺地形图。在建筑、水利等工程测量中，通常使用的是大比例尺地形图。

2. 图式比例尺

除了数字式比例尺外，一般的地图或者地形图也常用图解法把比例尺绘在图上，作为图的组成部分之一，称为直线比例尺。图式比例尺常绘制在地形图的下方。图式比例尺的表示方法如图 7.1 所示，图中两条平行直线间距为 2 mm，以 1 cm 为单位分成若干大格，将左边第一、二大格十等分，大小格分界处注以 0，右边其他大格分界处标记实际长度。直线比例尺绘制在地形图下方，可以减少图纸伸缩对用图的影响。

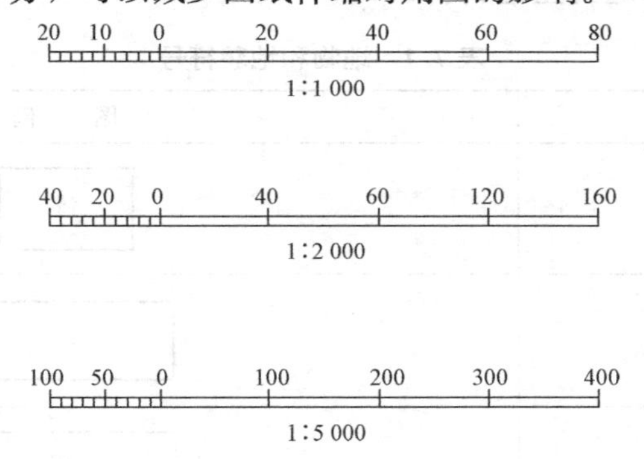

图 7.1 直线比例尺

使用直线比例尺时，先用分规在图上量取某线段的长度，然后用分规的右针尖对准右边的某个整分划，使分规的左针尖落在最左边的基本单位内。读取整分划的读数再加上左边 1/10 分划对应的读数，即为该直线的实地水平距离。如图 7.1 中，如果是 1∶1 000 的比例尺，则图上 10 mm 表示实地长度 10 m。图式比例尺的地形图绘制时常用三棱比例尺，可以直接量距而不必再进行换算。

3. 文字式比例尺

有些地形图、施工图，在图上直接写出 1 cm 代表实地水平距离的长度，如图上 1 cm 相当于地面距离 10 m 即表示该图的比例尺为 1∶1 000，这种用文字表示的比例尺就是文字式比例尺。

综上所述，数字式比例尺能清晰地表现地图缩小的倍数；图式比例尺可以直接在地图上量算，受图纸变形的影响小；文字式比例尺能清楚地表示比例尺的含义。

(二)比例尺精度

一般情况下，正常人的眼睛能分辨的最小距离为 0.1 mm。在测量上，将地形图上 0.1 mm的长度所代表的实地水平距离称为比例尺精度，一般用 ε 表示。显然，

比例尺精度＝0.1 mm×比例尺分母

即：

$$\varepsilon=0.1M \tag{7.2}$$

比例尺精度可用来确定测绘地形图量距的最短距离，也可用来确定测图比例尺。

【例 7.1】 如果测绘 1∶2 000 的地形图，地面丈量距离的精度为多大？

解： 根据式(7.2)$\varepsilon=0.1M=0.1\times2\ 000=200(\mathrm{mm})=0.2(\mathrm{m})$

即地面丈量距离的精度为 0.2 m。

三、地形图图式

为了便于测图和用图，用各种符号将实地的地物和地貌表示在图上，这些符号称为地形图图式。地形图图式分为地物符号、地貌符号和注记符号三种。地物符号与地貌符号表示相应的物体及地势起伏，而注记符号则是前两种符号的补充说明，以文字或特定符号加以说明，包括地物注记和地貌注记(表 7.1)。

表 7.1　地物和地貌符号

编　号	符号名称	图　　例
1	简单房屋	简
2	建筑中房屋	建
3	破坏房屋	破 2.0　1.0
4	棚房 a. 四边有墙的 b. 一边有墙的 c. 无墙的	a 1.0 b 1.0 c 1.0 1.0 0.5
5	埋石图根点 a. 土堆上的 12、16—点号 275.46、175.64—高程 2.0、2.5—比高	2.0 12/275.46 a 2.5 16/175.64
6	不埋石图根点	2.0 19/84.47
7	三角点 a. 土堆上的张湾岭、黄土岗—点名 156.718、203.623—高程 3.0—比高	3.0 张湾岭/156.718 a 1.0 黄土岗/203.623 0.1 1.0
8	水准点 II—等级 京石 5—点名点号 32.805—高程	2.0 Ⅱ京石5/32.805

续表

编　号	符号名称	图　例
9	廊房 a. 廊房 b. 飘楼	a 混3 1.0 2.5 0.5 b 混3 2.5 0.5
10	水塔 a. 依比例的 b. 不依比例的	a 2.0 3.0 1.0 1.2 b 2.0 3.6 2.0 3.0 1.0 1.2
11	学校	0.5 0.4 R6 0.4
12	医院	2.2 0.8 2.2
13	体育馆、科技馆、博物馆、展览馆	混凝土5科 0.6
14	商场、超市	混凝土4 M
15	无看台的体育场	体育场
16	游泳池	泳
17	厕所	厕

续表

编　号	符号名称	图　　例
18	垃圾场	垃圾场
19	旗杆	1.6　1.0　4.0　1.0
20	纪念碑 a. 依比例的 b. 不依比例的	a　1.2　3.2　1.2　2.0 b　1.2　3.2　1.2　2.0
21	教堂	1.6　1.6
22	围墙 a. 依比例的 b. 不依比例的	a　10.0　0.5 b　0.3　10.0　0.5
23	篱笆	10.0　1.0　0.5
24	地类界	1.6　0.3
25	阳台	砖5　2.0　1.0

续表

编　号	符号名称	图　　例
26	路灯	1.4 0.3 0.8 2.8 1.0
27	假山	4.0 2.0 2.0 1.0
28	高速公路 a. 临时停车点 b. 隔离带	0.4 b 0.4 a
29	加油站	油
30	地面上的配电线	a 8.0
31	地面上的管道	水 1.0 10.0
32	等高线及其注记 a. 首曲线 b. 计曲线 c. 间曲线 25—高程	a 0.15 b 25 0.3 c 1.0 6.0 0.15
33	高程及其注记 1 520.3、−15.3—高程	0.5 ● 1 520.3　● −15.3

续表

编　号	符号名称	图　　例
34	人工陡坎 a. 未加固的 b. 已加固的	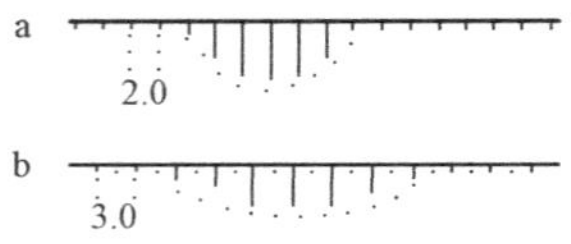 a 2.0 b 3.0
35	旱地	 1.3 2.6 10.0 10.0
36	独立树 阔叶	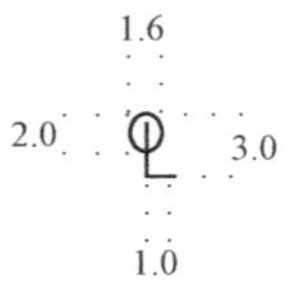 1.6 2.0 3.0 1.0
37	天然草地	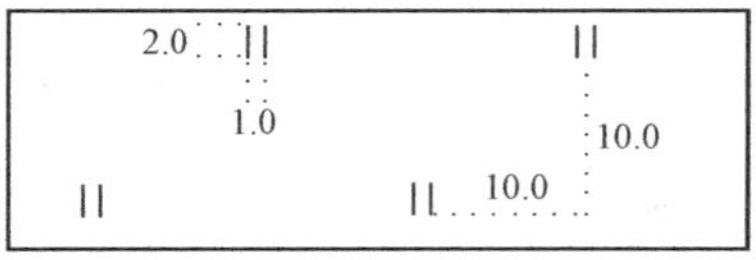 2.0 1.0 10.0 10.0

(一)地物符号

在地形图上表示各种地物的形状、大小及其位置的符号，即表示地物的属性的符号，称为地物符号。根据地物特性、用途、形状大小和描绘方法的不同，地物符号分为依比例尺符号、不依比例尺符号和半比例尺符号。

(1)依比例尺符号：地物依比例尺缩小后，其长度和宽度能依比例尺表示的地物符号。例如房屋、花园、草地等，此类地物的形状和大小均按测图比例尺缩小，并用规定的符号绘在图纸上，用依比例尺符号表示。

(2)不依比例尺符号：地物依比例尺缩小后，其长度和宽度不能用比例尺表示，需在本部分符号旁标注符号长、宽尺寸值的地物符号。例如烟囱、窨井盖、测量控制点等，这些地物轮廓较小，无法将其形状和大小按比例缩绘到图上，但它们又非常重要，因而采用不依比例尺符号表示。不依比例尺符号只表示地物的中心位置，而不能反映地物实际的大小。

(3)半比例尺符号：地物比例尺缩小后，其长度能按比例尺而宽度不能按比例尺表示的地物符号，在本部分符号旁只标注宽度尺寸值。半比例尺符号一般用来表示线状地物，因此也常被称为线性符号。例如，一些带状狭长地物，如管线、公路、铁路、河流、围墙、通信线路等，长度可按比例尺缩绘，而宽度按规定尺寸绘出，常用半比例尺符号表示。半比例尺符号的中心线代表地物的中心线位置。

上述三种符号的使用情况并不是固定不变的，它由测图比例尺的大小决定。例如，在大比例尺地形图中，铁路要用依比例尺符号表示，而在小比例尺地形图中，铁路就用不依比例尺符号表示。

(二)地貌符号

地貌是指地球表面高低起伏、凹凸不平的自然形态。地球表面的自然形态多数是有一定规律性的，认识了这种规律性，然后采用恰当的符号，即可将它表示在图纸上了。

在地形图上，显示地貌的方法很多，常用的是等高线法。等高线能够真实地反映出地貌形态和地面高低起伏。

1. 等高线的定义与原理

等高线指的是地形图上高程相等的各点所连成的闭合曲线。

设想用许多平行于高程基准面且间隔相等的平面去横截一地貌，则地貌的表面便现出一条条弯曲的闭合截面线。同一条截面线位于同一水平面(等高面)上，同一条截面线上任何一点的高程是相等的，这种曲线称为等高线。将这些地面上的等高线垂直投影到水平面上，则基准面上便呈现出表示地貌的一圈套一圈的等高线图形，将平面上的等高线依地形图的比例尺缩绘到图纸上，则得到一圈套一圈的等高线图形，这是等高线表示地貌的基本原理。如图 7.2 所示，设想有一山体被若干个高程为 45 m、50 m 和 55 m 的水平面所截，相邻水平面间的高差相同，均为 5 m，每个水平面与山体表面的交线就是与该水平面高程相同的等高线。将这些等高线沿铅垂方向投影到水平面上，并用规定的比例尺缩绘，即得用等高线表示这个山体的图形。

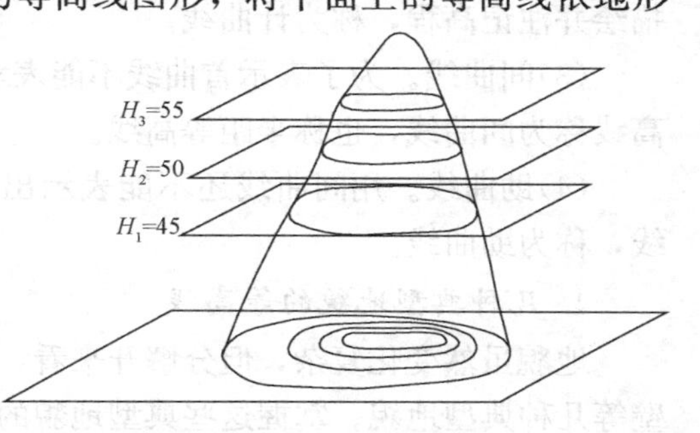

图 7.2　等高线原理图

2. 等高距和等高线平距

一般来说，等高线都是由高差相等的水平面截得的，相邻等高线之间的高差称为等高距，用 h 表示，如图 7.2 所示。在同一幅地形图上，除了一些特殊地形如太平坦或者太倾斜的地貌外，一般的地貌等高距应该相同，如图 7.2 所示地形图的基本等高距为 5 m。测图时选择等高距应依据测图比例尺的大小和测区地貌情况综合考虑而定，比例尺越大，选择的等高距越小，意味着地貌表示得更为详细，外业作业时也要采集更多的地貌特征点，从而加大了工作量。几种常用比例尺地形图的基本等高距可参见表 7.2。

表 7.2　常用比例尺地形图的基本等高距　　m

地形类别	比　例　尺			
	1∶500	1∶1 000	1∶2 000	1∶5 000
平地	0.5	0.5	0.5 或 1.0	0.5 或 1.0
丘陵地	0.5	0.5 或 1.0	1.0	1.0 或 2.0
山地	0.5 或 1.0	1.0	1.0 或 2.0	2.0 或 5.0
高山地	1.0	1.0	2.0	5.0

相邻等高线之间的水平距离称为等高线平距，用 d 表示。同一幅地形图的等高距是相等的，所以等高线平距的大小是由地面坡度的陡缓来决定的。等高距 h 与等高线平距 d 的

比值就是地面坡度 i，即：

$$i=\frac{h}{d} \tag{7.3}$$

由式(7.3)可知，地面坡度 i 与等高线平距 d 成反比。这说明地面坡度较缓的地方，等高线显得稀疏；而地面坡度较陡的区域，等高线显得密集。因此，根据等高线的疏密可判断地面坡度的缓与陡。

3. 等高线的分类

为了更详尽地表示地貌的特征，地形图常使用以下四种类型的等高线。

(1)首曲线。在同一幅地形图上，按规定的基本等高距描绘的等高线称为首曲线，也称基本等高线。

(2)计曲线。为了计算和读图的方便，凡是高程能被五倍基本等高距整除的等高线加粗描绘并注记高程，称为计曲线。

(3)间曲线。为了表示首曲线不能表示出的局部地貌，按二分之一基本等高距描绘的等高线称为间曲线，也称半距等高线。

(4)助曲线。用间曲线还不能表示出的局部地貌，可按四分之一基本等高距描绘等高线，称为助曲线。

4. 几种典型地貌的等高线

地貌虽然变化复杂，但分解开来看，主要有山丘、洼地、山脊、山谷、鞍部或悬崖和峭壁等几种典型地貌。掌握这些典型地貌的等高线特点，有助于分析和判断地势的起伏状态，测绘、应用地形图。

(1)山丘和洼地。四周低下而中部隆起的地貌称为山，矮而小的山称为山丘；四周高而中间低的地貌称为盆地，面积小者称为洼地。山丘和洼地的等高线都是一组闭合曲线。如图 7.3(a)所示，山丘内圈等高线的高程大于外圈等高线的高程；洼地则相反，如图 7.3(b)所示。

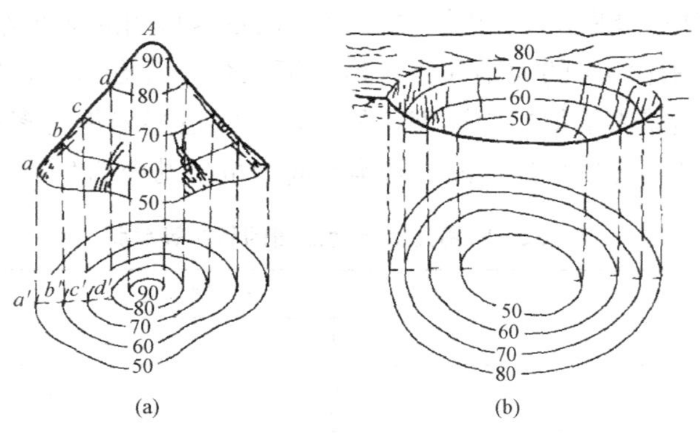

图 7.3　山丘和洼地的等高线

(a)山丘；(b)洼地

(2)山脊和山谷。山脊是山体延伸的最高棱线，山脊上最高点的连线称山脊线，又称分水线。山谷是山体延伸的最低棱线，山谷内最低点的连线称山谷线，又称集水线。如图 7.4(a)

所示，山脊等高线为一组凸向低处的曲线；如图 7.4(b)所示，山谷的等高线为一组凸向高处的曲线。

山脊线与山谷线统称为地性线，与等高线正交。

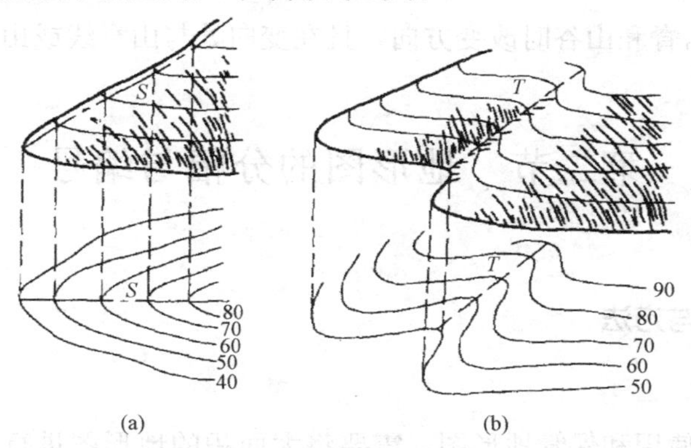

图 7.4　山脊和山谷的等高线

(a)山脊；(b)山谷

(3)鞍部。山脊上相邻两山顶间形如马鞍状的低凹部分称为鞍部。如图 7.5 所示，鞍部的等高线由两组相对的山脊和山谷的等高线组成，形如两组双曲线簇。

(4)峭壁和悬崖。峭壁是近于垂直的陡坡，此处不同高程的等高线投影后互相重合，如图 7.6(a)所示。如果峭壁的上部向前凸出，中间凹进去，就形成悬崖。悬崖凸出部位的等高线与凹进部位的等高线彼此相交，而凹进部位用虚线勾绘，如图 7.6(b)所示。

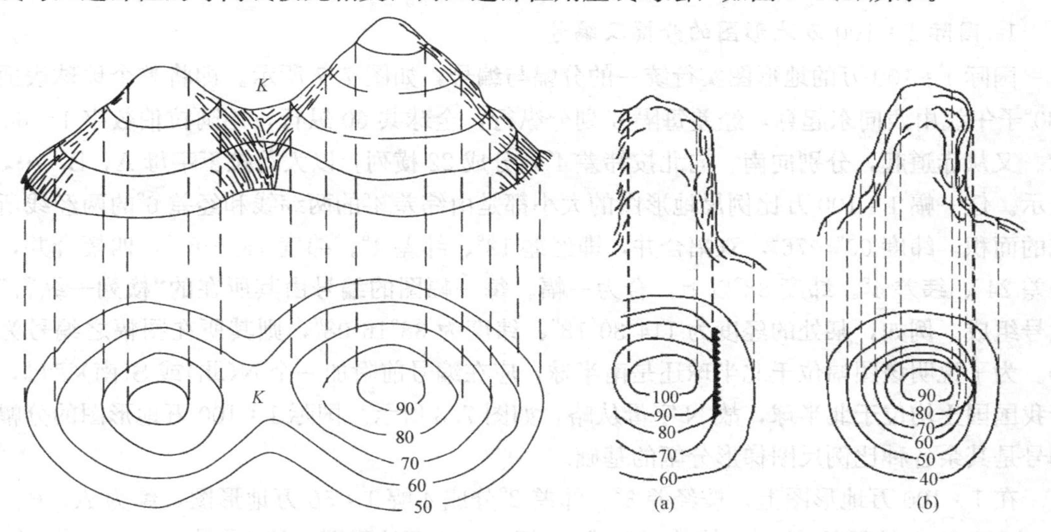

图 7.5　鞍部的等高线

图 7.6　峭壁和悬崖的等高线

(a)峭壁；(b)悬崖

5. 等高线的特性

(1)在同一等高线上，各点的高程相等。

(2)等高线是自行闭合的曲线，如不在本图幅闭合，则必在相邻图幅内闭合。

(3)除在悬崖、峭壁处外，不同高程的等高线不能相交。

(4)各等高线间的平距越小则坡度越陡，平距越大则坡度越平缓，各等高线间的平距相同则表示匀坡。

(5)等高线通过山脊和山谷时改变方向，且在变向处与山脊线或山谷线垂直相交。

第二节　地形图的分幅与编号

一、分幅的意义与方法

1. 分幅的意义

为了便于测绘、使用和保管地形图，需要将大面积的地形图进行分幅，并将分幅的地形图进行有系统的编号，因此需要研究地形图的分幅和编号问题。

2. 分幅的方法

地形图的分幅方法有两种：一种是经纬网梯形分幅法(国际分幅法)；另一种是按坐标格网分幅的矩形分幅法。前者用于国家基本比例尺地形图，后者用于工程建设大比例尺地形图。

二、梯形分幅与编号

1. 国际 1∶100 万地形图的分幅及编号

国际 1∶100 万的地形图实行统一的分幅与编号，如图 7.7 所示。即将整个地球表面自 180°子午线由西向东起算，经差每隔 6°划分纵行，全球共 60 纵行，用阿拉伯数字 1～60 表示。又从赤道起，分别向南、向北按纬差 4°划分成 22 横列，以大写拉丁字母 A，B，…，V 表示。任一幅 1∶100 万比例尺地形图的大小都是由纬差 4°的两纬线和经差 6°的两经线所围成的面积，纬度 60°～76°，双幅合并，即经差 12°、纬差 4°。纬度 76°～80°，四幅合并，即经差 24°、纬差 4°。纬度 88°以上，合为一幅。每一幅图的编号由其所在的“横列—纵行”的代号组成。例如，某处的经度为 114°30′18″、纬度为 38°16′08″，则其所在图幅之编号为 J-50。为了说明该图幅位于北半球还是南半球，应在编号前附加一个 N(北)或 S(南)字母，由于我国国土均位于北半球，故 N 字母从略，如图 7.8 所示。国际 1∶100 万地形图的分幅与编号是其余各种比例尺图梯形分幅的基础。

在 1∶100 万地形图上，按经差 3°、纬差 2°分成 4 幅 1∶50 万地形图，编为 A、B、C、D，如 E-49-A 按经差 1°30′、纬差 1°分成 16 幅 1∶25 万地形图，编为[1]，…，[16]，如 E-49-[1]；按经差 30′、纬差 20′分成 144 幅 1∶10 万地形图，编为 1，…，144，如 E-49-1。

1∶10 万地形图上每经差 15′、纬差 10′分成 4 幅 1∶5 万地形图，编为 A、B、C、D，如 E-49-1-A。

1∶5 万地形图上每经差 7′30″、纬差 5′分成四幅 1∶2.5 万，编为 1、2、3、4，如 E-49-1-A-1。

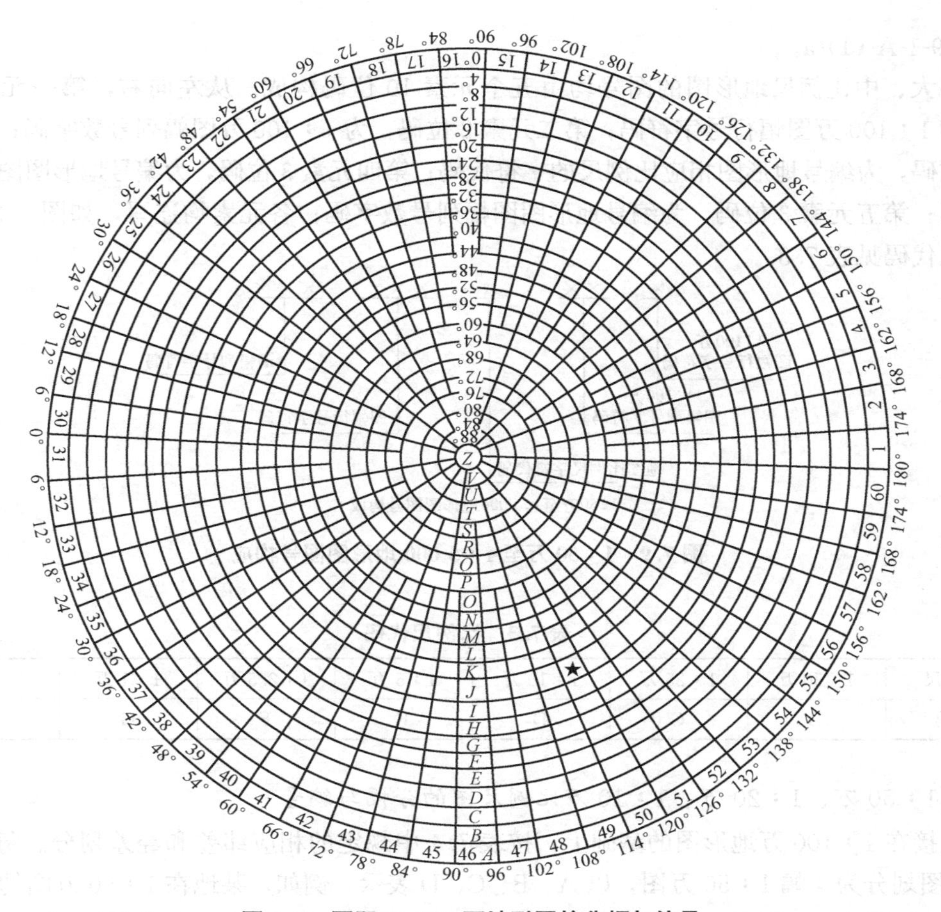

图 7.7　国际 1∶100 万地形图的分幅与编号

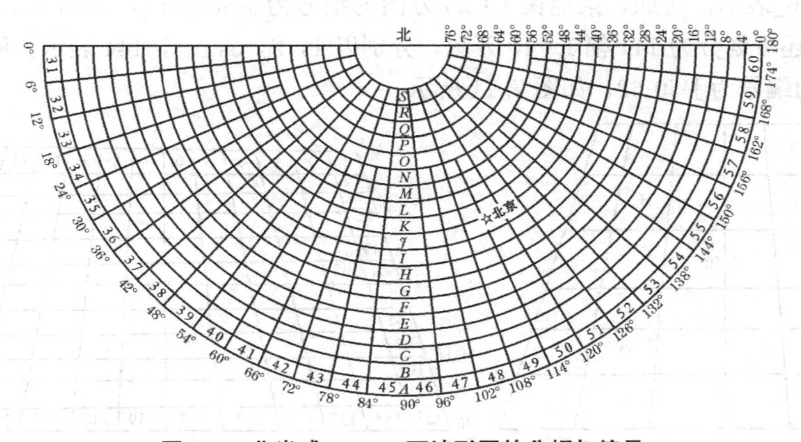

图 7.8　北半球 1∶100 万地形图的分幅与编号

1∶2.5 万地形图上每经差 3′45″、纬差 2′30″分成 64 幅 1∶1 万地形图，编为(1)，…，(64)，如 E-49-1-A-(1)。

1∶1 万地形图上每经差 1′52″、纬差 1′15″分成 4 幅 1∶5 000 地形图，编为 a、b、c、d，

如 E-49-1-A-(1)-a。

各大、中比例尺地形图的图号均由五个元素 10 位码构成。从左向右，第一元素 1 位码，为 1∶100 万图幅行号字符码；第二元素 2 位码，为 1∶100 万图幅列号数字码；第三元素 1 位码，为编号地形图相应比例尺的字符代码；第四元素 3 位码，为编号地形图图幅行号数字码；第五元素 3 位码，为编号地形图图幅列号数字码；各元素均连写，如图 7.9 所示。比例尺代码见表 7.3。

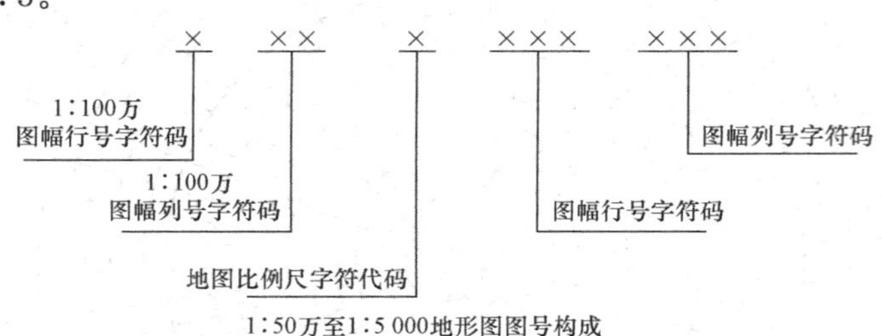

图 7.9　1∶50 万至 1∶5 000 地形图图号构成

表 7.3　比例尺代码

比例尺	1∶50 万	1∶25 万	1∶10 万	1∶5 万	1∶2.5 万	1∶1 万	1∶5 000
代码	B	C	D	E	F	G	H

2.1∶50 万、1∶20 万、1∶10 万比例尺图的分幅与编号

直接在 1∶100 万地形图的基础上，按表 7.4 中规定的相应纬差和经差划分。每幅 1∶100 万图划分为 4 幅 1∶50 万图，以 A、B、C、D 表示。例如，某地在 1∶50 万图的编号为 J-50-C，如图 7.10 所示。每幅 1∶100 万图又可划分为 36 幅 1∶20 万图，分别用[1]，[2]，…，[36]表示。例如，某地在 1∶20 万图的编号为 J-50-[13]，如图 7.10 所示。每幅 1∶100 万图还可划分为 144 幅 1∶10 万图，分别以 1，2，3，…，144 表示。例如，某地在 1∶10 万图的编号为 J-50-62，如图 7.11 所示。

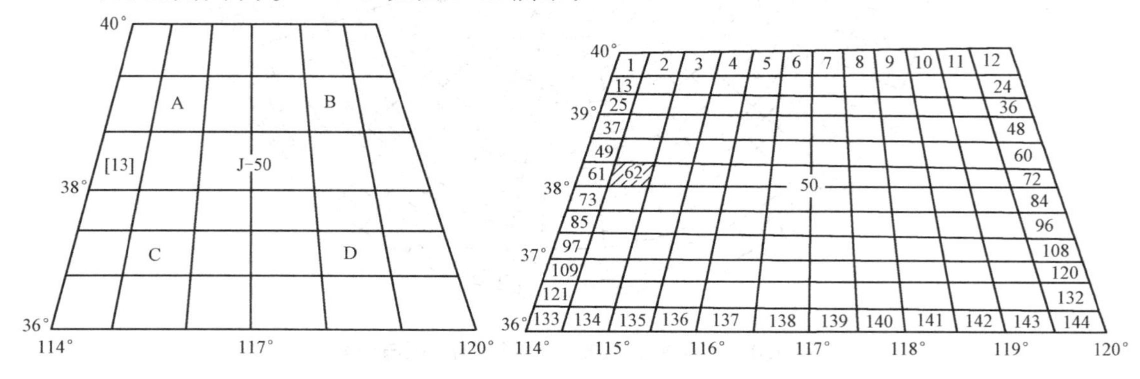

图 7.10　1∶50 万及 1∶20 万图分幅　　**图 7.11　1∶10 万图分幅**

表 7.4　按梯形分幅的各种比例尺图的划分及编号

比例尺	图幅大小		分幅代号	某地的图号
	经差	纬差		
1∶100 万	6°	4°	横行 A，B，C，…，V 纵列 1，2，3，…，60	J-50
1∶50 万	3°	2°	A，B，C，D	J-50-C
1∶20 万	1°	40′	[1]，[2]，[3]，…，[36]	J-50-[15]
1∶10 万	30′	20′	1，2，3，…，144	J-50-62
1∶5 万	15′	10′	A，B，C，D	J-50-62-A
1∶2.5 万	7′30″	5′	1，2，3，4	J-50-62-A-2
1∶1 万	3′45″	2′30″	(1)，(2)，(3)，…，(64)	J-50-62-(3)
1∶5 000	1′52.5″	1′15″	a，b，c，d	J-50-62-(3)-d
1∶2 000	37.5″	25″	1，2，3，…，9	J-50-62-(3)-d-2

3. 1∶5 万、1∶2.5 万、1∶1 万比例尺图的分幅与编号

每幅 1∶10 万图可划分为 4 幅 1∶5 万图，在 1∶10 万图的图号后边加上各自的代号 A、B、C、D。例如，某地在 1∶5 万图的编号为 J-50-62-A，如图 7.12 所示。每幅 1∶5 万图四等分，得 1∶2.5 万图，分别用 1、2、3、4 编号，如某地在 1∶2.5 万的图幅为 J-50-62-A-1，如图 7.12 所示。

每幅 1∶10 万图按经、纬差八等分，成为 64 幅 1∶1 万图，以(1)，(2)，…，(64)编号，如某地在 1∶1 万图幅为 J-50-62-(9)，如图 7.13 所示。

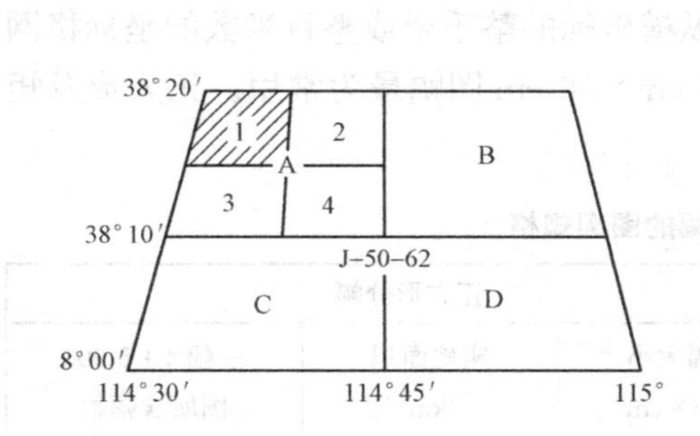

图 7.12　1∶5 万及 1∶2.5 万图分幅

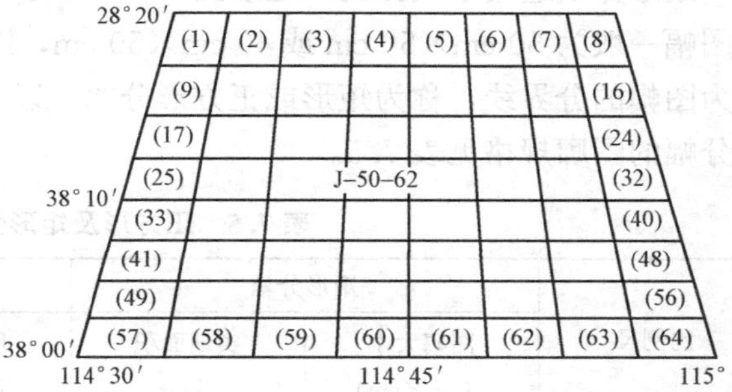

图 7.13　1∶1 万图分幅

4. 1∶5 000 比例尺图的分幅与编号

每幅 1∶1 万图分成 4 幅 1∶5 000 图，并在 1∶1 万图的图号后写各自代号 a、b、c、d 作为编号。例如，某地在 1∶5 000 梯形分幅图号为 J-50-62-(9)-c，如图 7.14 所示。

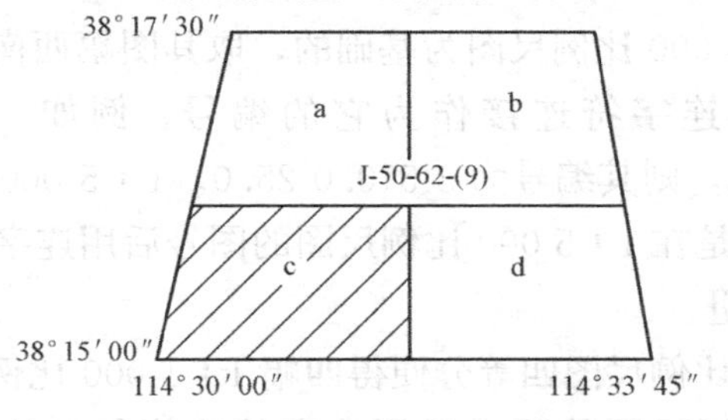

图 7.14　1∶5 000 图分幅

在 1∶100 万图幅的基础上划分的其他比例尺的图幅与编号方法如图 7.15 所示。

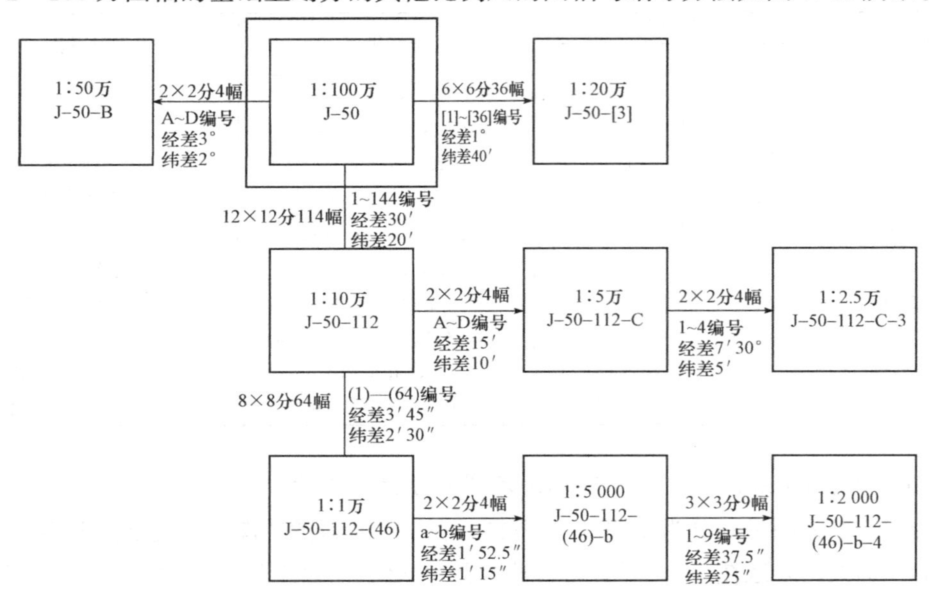

图 7.15 地图国际分幅框图

三、矩形分幅与编号

矩形分幅适用于大比例尺地形图，1∶500、1∶1 000、1∶2 000、1∶5 000 比例尺地形图图幅一般为 50 cm×50 cm 或 40 cm×50 cm，以纵横坐标的整千米或整百米数的坐标格网作为图幅的分界线，称为矩形或正方形分幅，以 50 cm×50 cm 图幅最为常用。正方形及矩形分幅的图廓规格见表 7.5。

表 7.5 正方形及矩形分幅的图廓规格

比例尺	矩形分幅		正方形分幅		
	图幅大小/(cm×cm)	实地面积/km²	图幅大小/(cm×cm)	实地面积/km²	一幅 1∶5 000 图所含幅数
1∶5 000	50×40	5	40×40	4	1
1∶2 000	50×40	0.8	50×50	1	4
1∶1 000	50×40	0.2	50×50	0.25	16
1∶500	50×40	0.05	50×50	0.062 5	64

正方形分幅是以 1∶5 000 比例尺图为基础的，取其图幅西南角 x 坐标和 y 坐标以千米为单位的数字，中间用连字符连接作为它的编号。例如，某图西南角的坐标 $x=$ 3 510.0 km、$y=$25.0 km，则其编号为 3 510.0-25.0。1∶5 000 比例尺图四等分便得四幅 1∶2 000 比例尺图；编号是在 1∶5 000 比例尺图的图号后用连字符连接各自的代号Ⅰ、Ⅱ、Ⅲ、Ⅳ，如 3510.0-25.0-Ⅱ。

依此类推，1∶2 000 比例尺图四等分便得四幅 1∶1 000 比例尺图；1∶1 000 比例尺图的编号是在 1∶2 000 比例尺图的图号后用连字符连接各自的代号Ⅰ、Ⅱ、Ⅲ、Ⅳ，如

3510.0-25.0-Ⅱ-Ⅳ。

1∶1 000 比例尺图再四等分便得四幅 1∶500 比例尺图；1∶500 比例尺图的编号是在 1∶1 000比例尺图的图号后用连字符连接各自的代号Ⅰ、Ⅱ、Ⅲ、Ⅳ，如 3510.0-25.0-Ⅱ-Ⅳ-Ⅲ。

矩形图幅的编号，也取其图幅西南角 x 坐标和 y 坐标(以千米为单位)，中间用连字符连接作为它的编号。编号时，1∶5 000 地形图，坐标取至 1 km；1∶2 000、1∶1 000 地形图坐标取至 0.1 km；1∶500 地形图，坐标取至 0.01 km。

四、独立地区测图的特殊编号

正方形与矩形的分幅，都是按规范全国统一编号的。大型工程项目的测图也力求与国家或城市的分幅、编号方法一致。但有些独立地区的测图，由于与国家或城市控制网没有关系，或者由于工程本身保密的需要，或者小面积测图，也可以采用其他特殊的编号方法。

1. 按坐标编号

第一种情况：当测区与国家控制网联测时，图幅编号为“图幅所在投影带中央经线的经度-图幅西南角横坐标-图幅西南角纵坐标”。例如，某 1∶2 000 地形图的编号为“112°-3 108.0-38 656.0”，表示图幅所在投影带中央经线的经度为 112°，图幅西南角的坐标为 $x=$ 3 108 km，$y=$38 656 km(38 为投影带带号)。

第二种情况：当测区采用独立坐标系时，图幅编号为“测区坐标起算点的坐标(x，y)-图幅西南角纵坐标-图幅西南角横坐标”，坐标以千米或百米为单位。例如，某图幅编号“30，30-16-18”，表示测区起算点坐标为 $x=$30 km、$y=$30 km，图幅西南角坐标为 $x=$16 km、$y=$18 km。

2. 按数字顺序编号

小面积独立测区的图幅编号，可采用数字顺序进行编号。如图 7.16 所示，虚线表示测区范围，数字表示图幅编号，排列顺序一般从左到右、从上到下。矩形分幅的地形图编号应以方便管理和使用为目的，可以不必强求统一。

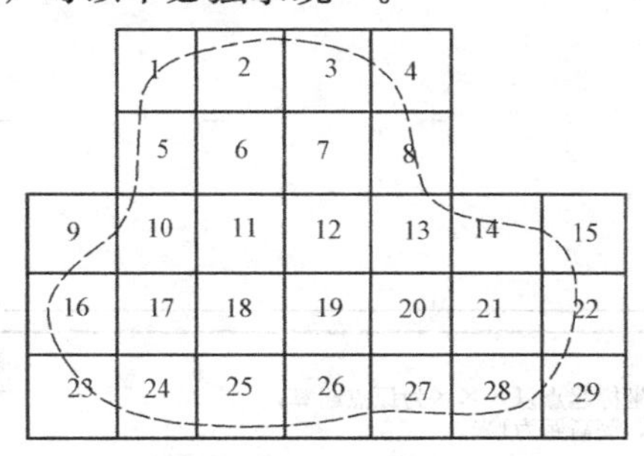

图 7.16 按数字顺序编号

五、图名、图号、结合图

1. 图名

每幅地形图都应标注图名，通常以图幅内最著名的地名、厂矿企业或村庄的名称作为图名。图名一般标注在地形图北图廓外上方中央。如图 7.17 所示，图名为“水口”。

2. 图号

图号就是该图幅相应分幅方法的编号。为了区别各幅地形图所在的位置，把地形图图号标注在本图廓上方的中央、图名的下方，如图 7.17 中的图号“30.0-20.0”。

3. 图廓和结合图

(1)图廓。图廓是地形图的边界线，有内、外图廓线之分。内图廓就是坐标格网线，也是图幅的边界线，用 0.1 mm 细线绘出。在内图廓线内侧，每隔 10 cm 绘出 5 mm 的短线，表示坐标格网线的位置。外图廓线为图幅的最外围边线，用 0.5 mm 粗线绘出。内、外图廓线相距 12 mm，在内、外图廓线之间注记坐标格网线坐标值，如图 7.17 所示。

(2)结合图。为了说明本幅图与相邻图幅之间的关系，便于索取相邻图幅，在图幅左上角列出相邻图幅图名，斜线部分表示本图位置，如图 7.17 所示。

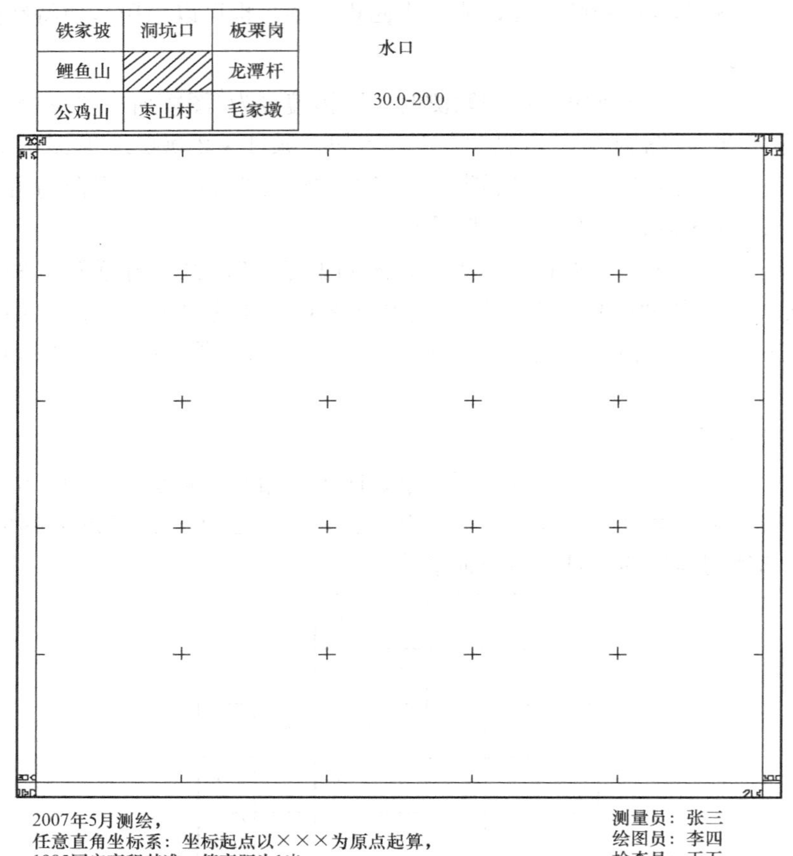

图 7.17　1∶2 000 地形图示意图

第三节 大比例尺地形图的测绘

大比例尺地形图的测绘是在控制测量工作完成后进行的。把直接用于地形图测绘的控制点称为图根控制点。控制测量中除了测定图根控制点的平面位置外，一般还需用水准测量或三角高程测量的方法测定其高程。然后根据图根点测定地物和地貌特征点的位置，按规定的比例尺和图式符号绘制地形图。

传统的大比例尺地形图测绘是测量地形、地物特征点到测站的距离及其相对某一参考方向的角度，使用量角器、比例尺等绘图工具，直接在绘图纸上定点，并按规定的绘图符号手工绘制地形图。它包括测图前的准备工作和碎部测量两个步骤。

一、测图前的准备工作

1. 划分图幅

地形图的图幅一般有 40 cm×40 cm、40 cm×50 cm 和 50 cm×50 cm 三种。每个图幅所能测绘的实地范围等于图幅面积乘以测图比例尺分母的平方。当测区面积或某个方向的长度大于一个图幅所能容纳的范围时，必须分幅进行测绘。可先在印有毫米方格的坐标纸上按较小比例尺展绘出所有控制点，并根据控制点标绘出需测范围的大致边线，然后按测图比例尺和图幅大小划分图幅，使每幅图的四个图廓点的纵横坐标均为 10 m 的整倍数。如图 7.18 所示，对测区进行图幅划分，该比例尺为 1∶1 000，图幅为 50 cm×50 cm。

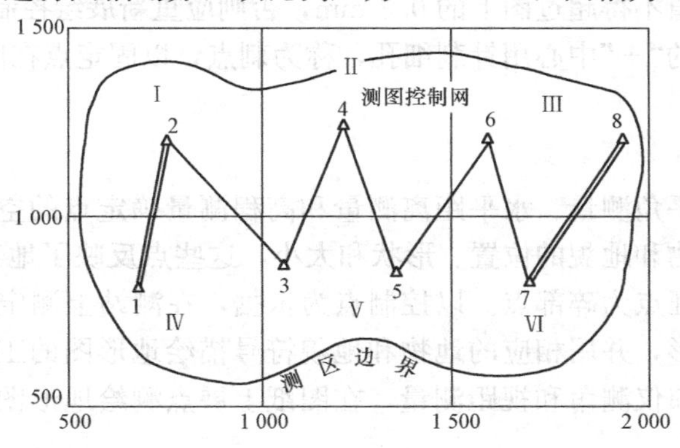

图 7.18 测区的图幅划分

2. 展绘控制点

选择一定图幅的标准图纸，根据比例尺和分幅编号，在格网四周标注出各相应格网线的坐标值，如图 7.19 所示。

展点时，先根据控制点的坐标确定该点所在的方格，再以控制点的坐标与该方格左下角顶点的坐标之差进行展绘。图 7.19 中的控制点 C，其坐标值 $x_C=1\ 353.514$ m，$y_C=959.905$ m；该点位于一个方格内，它与此格左下角顶点的坐标差为 $\Delta x=53.514$ m，$\Delta y=59.905$ m。于是，从角顶 p 和 n 起，沿左右网格线向上按测图比例尺各量取一段 53.514 m 的长度，得 a、b 两点；使尺子紧靠 ab，零点对准 a，先在离 a 点 59.905 m 处绘一条约

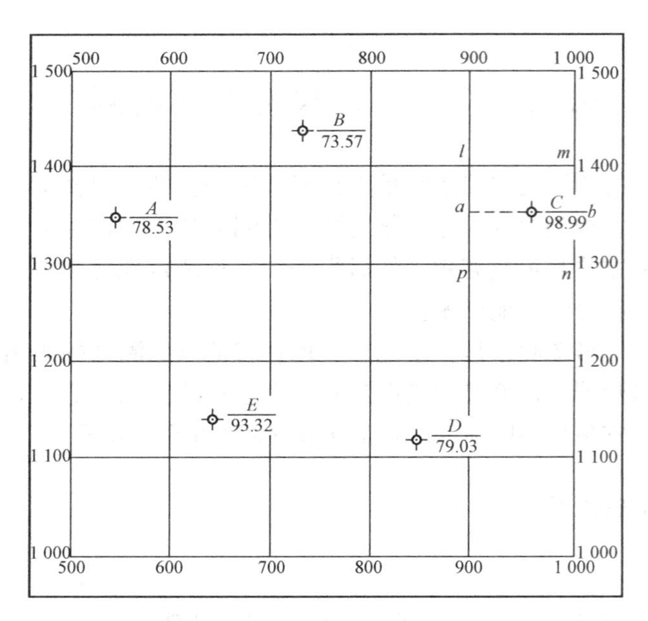

图 7.19 控制点的展绘及注记

12 mm长的横线(向左 2 mm，向右 10 mm)，再在此线上按 59.905 m 准确标出一点，即为 C 点。然后在离开点位约 3 mm 处的横线上方注明点号，横线下方标注高程，并将 C 点绘“+”字形符号表示。所有控制点展绘完后，用比例尺在图上量取相邻两点间的长度，与已知的长度比较，其差值不得超过图上的 0.3 mm，否则应重新展绘控制点。全部控制点检查无误后，在每控制点的“+”中心用针刺细孔，称为刺点，以固定点在图纸上的位置。

二、碎部测量

测量工作通过水平角测量、水平距离测量和高程测量确定点的空间位置。一定数量点的组合可以表示出地物和地貌的位置、形状和大小，这些点反映了地物和地貌的几何特征，这些地物、地貌的特征点为碎部点。以控制点为依据，在测站上测定各碎部点的平面位置和高程，模拟实际地形，并用相应的地物和地貌符号描绘地形图的工作称为碎部测量。经纬仪测绘法是利用经纬仪测角和视距测量，在图纸上展点测绘地形图的方法，是碎部测量的传统方法。

(一)碎部点的选择

正确选择碎部点是保证测图质量和提高效率的关键。

1. 地物特征点的选择

地物特征点主要是地物轮廓的转折点(如房屋的房角，围墙、电力线的转折点)，道路河岸线的转弯点、交叉点，电杆、独立树的中心点等。连接这些特征点，便可得到与实地相似的地物形状。一般情况下，主要地物凹凸部分在图上大于 0.4 mm 时均应表示出来，小于 0.4 mm，可用直线连接。

2. 地貌特征点的选择

地貌特征点应选在最能反映地貌特征的山脊线、山谷线等地性线上，如山顶、鞍部、山脊和山谷的地形变换处、山坡倾斜变换处及山脚地形变换的地方。根据这些特征点的高程勾绘等高线，即可将地貌在图上表示出来。

为了能真实表示实地情况，在地面平坦或坡度无明显变化的地区，碎部点的间距、碎部点的最大视距和视距最小读数应符合表 7.6 的规定。

表 7.6 碎部点最大视距、间距规定

测图比例尺	1∶500	1∶1 000	1∶2 000	1∶5 000
最大视距/m	60	120	200	300
碎部点间距/m	5～15	10～20	20～40	50～75
视距最小读数/m	0.1	0.1	0.5	0.5

(二)施测方法

经纬仪测绘法观测时先将经纬仪安置在测站上，绘图板安置于测站旁，用经纬仪测定碎部点的方向与已知方向之间的夹角、测站点至碎部点的距离和碎部点的高程。然后根据测定数据用量角器和比例尺把碎部点的位置展绘在图纸上，并在点的右侧注明其高程，再对照实地描绘地形。此法操作简单、灵活，适用于各类地区的地形图测绘。同法，测出其余各碎部点的平面位置与高程，绘于图上，绘制地物和等高线。

1. 安置仪器

如图 7.20 所示，将经纬仪安置在控制点 A 上，经对中和整平后，量取仪器高 i，并记入碎部测量手簿，见表 7.7。盘左(或盘右)瞄准另一控制点 B，将水平读盘置数为 $0°00'00''$，则 AB 为起始方向。

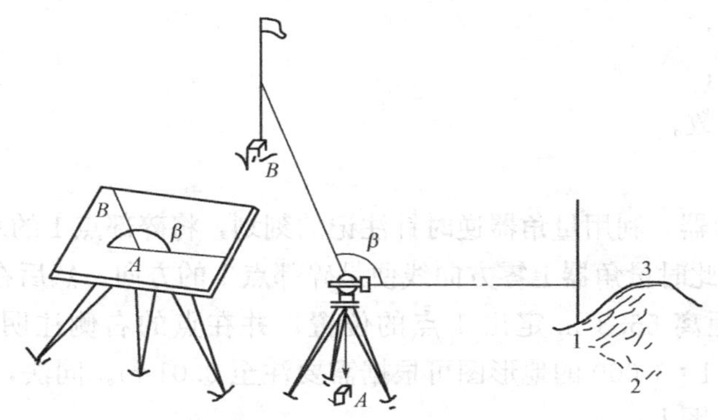

图 7.20 经纬仪测图

表 7.7 碎部测量手簿

测站：A　定向点：B　测站高程：213.45m　仪器高：1.43m　仪器：DJ6

点号	水平角 /(° ′)	读尺间隔 /m	中丝读数 /m	竖盘读数 /(° ′)	竖直角 /(° ′)	高差 /m	平距 /m	高程 /m	备注
11	95 54	0.564	1.43	92 12	−2 12	−2.16	56.3	211.29	山脚
22	104 24	0.657	1.43	91 54	−1 54	−2.18	65.6	211.27	电杆

将固定了图纸的图板安置在测站附近，使图纸上控制点位置与地面上相应控制点的位置大致相同。图上控制点 A、B 的连线为图上的起始方向线，用小针通过量角器圆心的小孔插在控制点 A，使量角器圆心固定在 A 点。

2. 立尺

跑尺前，跑尺员与观测员、绘图员共同商定跑尺路线，然后依次将视距尺立在地物、地貌特征点上，如图 7.20 中的 1 点。

3. 观测

观测员将经纬仪瞄准 1 点的视距尺，读尺间隔 l、中丝读数 v，调节竖盘指标水准管微动螺旋使竖盘指标水准气泡居中，得竖盘读数 L(盘左)及水平角 α。

同理观测 2 点、3 点等。观测时，应随时检查定向点 B 的方向，其归零差不得大于 $4'$，否则应重新定向。

4. 记录与计算

将上述观测数据逐项记入表 7.7 相应栏内，并用视距测量计算公式计算出水平距离和高程。在备注栏内注明碎部点的名称，以方便绘图和必要时进行检查。

视距测量公式：

$$\left.\begin{aligned} D &= kn\cos^2\alpha \\ h_{AB} &= D\tan\alpha + i - v \end{aligned}\right\} \tag{7.4}$$

式中 D——视距；

k——取值 100；

n——上、下丝读数之差；

α——水平角；

i——仪器高；

v——中丝读数。

5. 展点

绘图员转动量角器，利用量角器逆时针注记的刻划，将碎部点 1 的水平角角值 $95°54'$对准起始方向线 AB，此时量角器上零方向线便是碎部点 1 的方向。然后在零方向线上，按测图比例尺根据水平距离 56.3 m 定出 1 点的位置，并在点的右侧注明其高程，一般注至 0.1 m；对 1∶500、1∶1 000 的地形图可根据需要注至 0.01 m。同法，将其余各碎部点的平面位置及高程绘于图上。

6. 绘图

参照实地情况，随测随绘，按《国家基本比例尺地形图图式》(GB/T 20257)规定的符号将地物和等高线绘制出来。地形图上的连线、符号和注记一般在现场完成。

每幅图应测出图廓外 5 mm，在测绘过程中应加强测区边界线的检查，以保证相邻图幅准确拼接。

(三)等高线的勾绘

当图上有足够数量的地貌特征点时，根据这些特征点位标注的高程，按内插法求出符合等高线高程的点位，再将这些点位按照地貌情况连绘成等高线。

1. 内插法原理

如图 7.21 所示，设坡脚和坡顶两个特征点在图上的平面位置分别为 A 与 B，其高程为 H_A 与 H_B。按照地貌特征点的要求，这两点之间未测定其他点，因此应看成是匀坡，于是根据两点的高差可按测图比例尺作匀坡线 AB'，B'就相当于坡顶的高程位置。从两点的高程可以知道该坡上应有几条等高线。假设需要画的等高线其高程为 H_C，它在图上的平面位置为 c，由图可以看出：

$$\frac{Ac}{AB}=\frac{H_C-H_A}{H_B-H_A}$$

所以：

$$Ac=\frac{(H_C-H_A)\cdot AB}{H_B-H_A}$$

即：两特征点间的等高线离其中某个特征点的距离，等于等高线与该特征点的高差乘以两特征点的距离与其高差的比值。

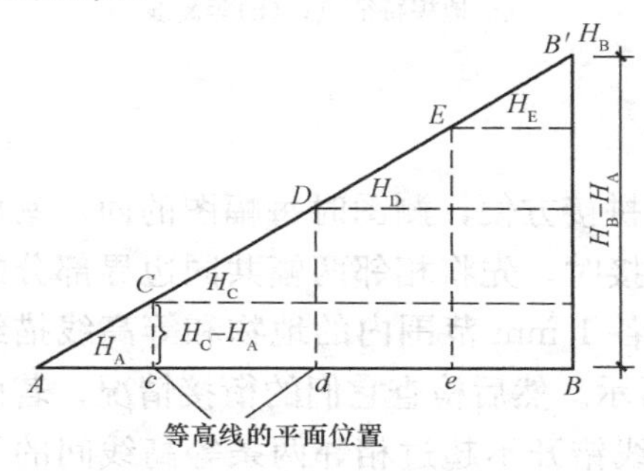

图 7.21 内插法原理图

2. 勾绘方法

如图 7.22(a)所示，点 A、B、C 等是所测得的地貌特征点。AB、BE、BD、DG、GI、GK 是山脊线，DF、DC、GH 是山谷线。首先将这些地性线轻轻勾绘出来，山脊线、山谷线用虚线勾绘。然后求出相邻两地形点间等高线所经过的位置，如图 7.22(b)所示。以 A、B 两点为例，$H_A=52.8$ m、$H_B=57.4$ m。如果等高距为 1 m，则 A、B 两点间必定有 53 m、54 m、55 m、56 m 和 57 m 五条等高线通过。如图 7.22 所示，在图上量得 AB 的距离为 64 mm，A、B 两点间的高差为 $h_{AB}=H_B-H_A=57.4-52.8=4.6$ m，A 点与邻近的 53 m 等高线的高差为 0.2 m，则根据内插法原理，A 点与 53 m 等高线间的平距为 $0.2\ \text{m}\times\frac{64\ \text{mm}}{4.6\ \text{m}}\approx3\ \text{mm}$，即可定出 53 m 等高线在 AB 线上的位置。而 B 点与邻近的 57 m 等高线的高差为 0.4 m，同理可得 B 点与 57 m 等高线间的平距为 $0.4\ \text{m}\times\frac{64\ \text{mm}}{4.6\ \text{m}}\approx6\ \text{mm}$，也可定出 57 m 等高线在 AB 线上的位置。然后将图上 53 m 和 57 m 两条等高线间的平距四等分，节点即为 54 m、55 m、56 m 等高线的位置。同法可以定出其他各相邻地形点之间的等高线位置，然后将高程相同的相邻点连成光滑的曲线，即为等高线图，如图 7.22(b)所示。

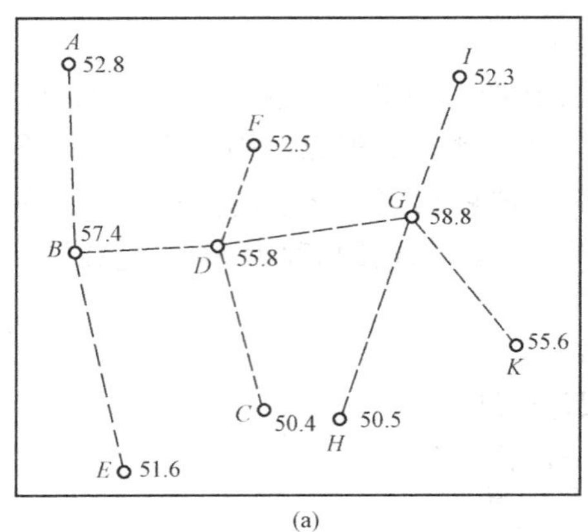

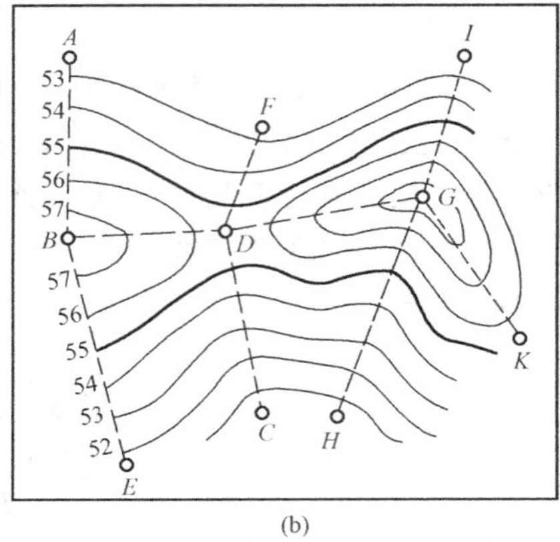

图 7.22 等高线的勾绘

(a)地貌特征点；(b)等高线

(四)地形图的拼接

采用分幅测图时，为了拼接方便，测图时每幅图的西、南两边应测出图外 5 mm 左右。拼接时，先将相邻两幅共同边界部分的图廓线、坐标方格网及其两侧各 1 mm 范围内的地物和等高线描绘到一条透明纸上，如图 7.23 所示。然后检查它们的衔接情况，若两边地物错开不到 2 mm，等高线错开不超过相邻两条等高线间的平距时，则可在透明纸上进行修正(通常取两边的平均位置)，使图形和线条合乎自然地衔接起来，再根据透明纸上修接好的图形套绘到相邻两幅上去。如果发现错误或漏测，应当重测或补测。

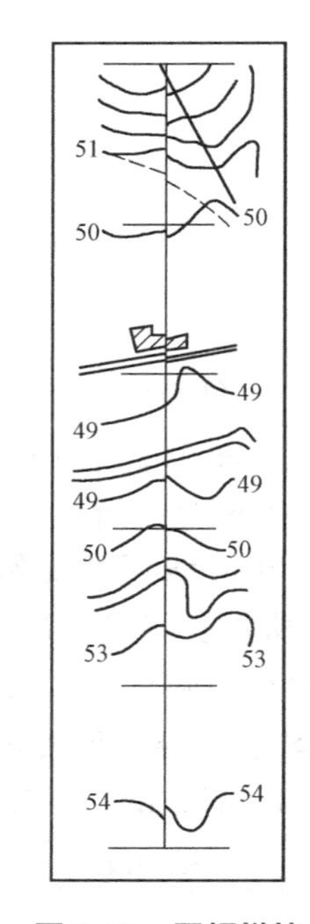

图 7.23 图幅拼接

(五)地形图的检查

地形图的检查需贯彻测图过程的始终。地形图的检查可分为室内检查和室外检查两部分。

(1)室内检查的内容有图面上地物、地貌是否清晰易读，各种符号、注记是否正确，等高线与地貌特征点的高程是否相符，接边精度是否合乎要求等。如发现错误和疑点，不可随意修改，应加以记录，并到野外进行实地检查、修改。

(2)室外检查是在室内检查的基础上进行重点抽查。检查方法分巡视检查和仪器检查两种。巡视检查时应携带测图板，根据室内检查的重点，按预定的巡视检查路线进行实地对照查看，主要查看地物、地貌各要素测绘是否正确、齐全，取舍是否恰当，等高线的勾绘是否逼真，图式符号运用是否正确等。仪器检查是在室内检查和野外巡视检查的基础上进行的。除对发现的问题进行补测和修正外，还要对本测站所测地形进行检查，看所测地形图是否符合要求，如果发现点位的误差超限，应按正确的观测结果修正。

(六)地形图的整饰

原图经过拼接和检查后，还应按规定的地形图图式符号对地物、地貌进行清绘和整饰，使图面更加合理、清晰、美观。整饰的顺序是先图内后图外，先注记后符号，先地物后地貌。最后写出图名、比例尺、基本等高距、坐标及高程系统、施测单位、测绘者及施测日期，同时绘出邻接关系表。如果是独立坐标系统，还需画出指北方向。

第四节　大比例尺数字化测图概述

传统的地形测量方法，即图解法测图是利用测量仪器对地球表面局部区域内的各种地物、地貌特征点的空间位置进行测定，以一定的比例尺并按图示符号将其绘制在图纸上，即通常所称的白纸测图。其缺点是数字的精度由于刺点、绘图、图纸伸缩变形等因素的影响会大大降低，而且工序多、劳动强度大、质量控制难。纸质地形图已难承载诸多图形信息，更新也极不方便。

地形测量正在向自动化和数字化方向发展，数字测图，全解析机助测图方法，是地形测量发展过程中的一次根本性的技术变革；数字测图地形信息的载体是计算机的存储介质(磁盘或光盘)，其提交的成果是可供计算机处理、远距离传输、多方共享的数字地形图数据文件，通过数控绘图仪可输出地形图。另外，利用数字地形图可生成电子地图和数字地面模型(DTM)。更具有深远意义的是，数字地形信息作为地理空间数据的基本信息之一，成为地理信息系统(GIS)的重要组成部分。其优点是高自动化、全数字化、高精度。

广义的数字测图包括：

(1)利用全站仪或其他测量仪器进行野外数字化测图；

(2)利用手扶数字化仪或扫描数字化仪对纸质地形图的数字化；

(3)利用航摄、遥感像片进行数字化测图。

一、数字化测图的原理

数字化测图的基本原理是采集地面上的地形、地物要素的三维坐标以及描述其性质与相互关系的信息，然后录入计算机，借助计算机绘图系统处理、显示并输出地形图。它主要分为两个步骤，第一步是地形数据采集，第二步是计算机成图。地形数据采集一般采用野外地面数字采集碎部点数据，获取地物、地貌的碎部特征点的坐标和图形信息，目前工程建设中，通常利用全站仪或 GPS RTK 方式来采集；计算机成图包括数据处理和数据输出，需要利用测绘软件来编辑成图。通常，地形图数字测绘的过程如图 7.24 所示。

二、数字化测图的特点

相对于传统的白纸测图方法，数字化测图具有诸多的优点。

1. 测图、用图自动化

传统测图方式主要是手工作业，外业测量人工记录，人工绘制地形图，在图上人工量

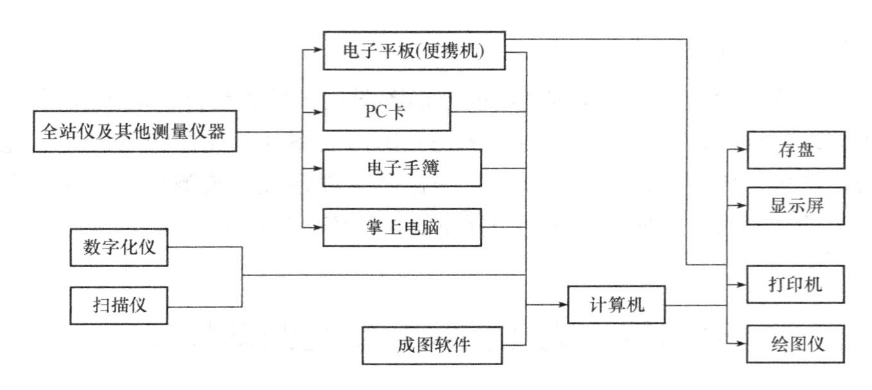

图 7.24　数字化测图流程

算所需要的坐标、距离和面积等。数字测图则使野外测量自动记录、自动解算，使内业数据自动处理、自动成图、自动绘图，并向用图者提供可处理的数字地(形)图软盘，用户可自动提取图数信息。

2. 图形数字化

用软盘保存的数字地(形)图，存储了图中具有特定含义的数字、文字、符号等各类数据信息，可方便地传输、处理和供多用户共享。数字地图不仅可以自动提取点位坐标、两点距离、方位以及地块面积等，还可以供CAD(计算机辅助设计)绘图使用和供GIS(地理信息系统)建库使用。数字地图的管理既节省空间，操作又十分方便。

3. 点位精度高

传统的经纬仪配合小平板、半圆仪白纸测图，地物点平面位置的误差主要受解析图根的测定误差和展绘误差、测定地物点的视距误差和方向误差以及地形图上的地物点的刺点误差等影响，综合影响使地物点平面位置的测定误差在图上约为±0.5 mm(1∶1 000比例尺)，主要误差源为视距误差和刺点误差。经纬仪视距高程法测定地形点高程时，即使在较平坦地区(0～6)，视距为150 m，地形点高程测定误差也达±0.06 m，而且随着倾斜角的增大，高程测定误差会急剧增加。

用全站仪采集数据，测定地物点的误差在450 m内约为±22 mm，测定地形点的高程误差在450 m内约为±21 mm，若距离在300 mm以内，则测定地物点的误差约为±15 mm，测定地形点的高程误差约为±18 mm。在数字测图中，野外采集的数据的精度毫无损失，也与图的比例尺无关。数字测图的高精度为地籍测量、管网测量、房产测量、工程规划设计等工作提供了保证。

4. 便于成果更新

数字测图的成果是以点的定位信息和属性信息存入计算机的，当实地有变化时，只需输入变化信息的坐标、代码，经过编辑处理，很快便可以得到更新的图，从而可以确保地面的可靠性和现势性，数字测图可谓“一劳永逸”。

5. 避免因图纸伸缩带来的各种误差

表示在图纸上的地图信息随着时间的推移，会因图纸的变形而产生误差。数字测图的成果以数字信息保存，避免了对图纸的依赖性。

碎部测量时不受图幅边界的限制，外业不再分幅作业，内业图形生成时由软件根据图幅分幅表及坐标范围自动进行分幅和接边处理。

6. 能以各种形式输出成果

计算机与显示器、打印机联机时，可以显示或打印各种需要的资料信息，如用打印机可打印数据表格，当对绘图精度要求不高时，可用打印机打印图形。计算机与绘图仪联机，可以绘制出各种比例尺的地形图、专题图，以满足不同用户的需要。

7. 方便成果的深加工利用

数字测图分层存放，可使地面信息无限存放(这是模拟图无法比拟的优点)，不受图面负载量的限制，从而便于成果的深加工利用，拓宽测绘工作的服务面，开拓市场。比如CASS软件中共定义26个层(用户还可根据需要定义新层)，房屋、电力线、铁路、植被、道路、水系、地貌等均存于不同的层中，通过关闭层、打开层等操作来提取相关信息，便可方便地得到所需的测区内各类专题图、综合图，如路网图、电网图、管线图、地形图等。又如在数字地籍图的基础上，可以综合相关内容，补充加工成不同用户所需要的城市规划用图、城市建设用图、房地产图以及各种管理用图和工程用图。

三、数字化测图的作业过程

数字化测图的作业过程与使用的设备、软件、数据源及图形输出的目的有关。但不论是测绘地形图，还是制作种类繁多的专题图、行业管理用图，只要是测绘数字图，都必须包括数据采集、数据处理和图形输出三个基本阶段。

(一)数据采集

地形图、航空航天遥感图像、图形数据或影像数据、统计资料、野外测量数据或地理调查资料等，都可以作为数字测图的信息源。数据资料可以通过键盘或转储的方法输入计算机；图形和图像资料一定要通过图数转换装置转换成计算机能够识别和处理的数据。

数据采集主要有以下几种方法：

(1)GPS法，即通过GPS接收机采集野外碎部点的信息数据；

(2)航测法，即通过航空摄影测量和遥感手段采集地形点的信息数据；

(3)数字化仪法，即通过数字化仪在已有地图上采集信息数据；

(4)大地测量仪器法，即通过全站仪、测距仪、经纬仪等大地测量仪器实现碎部点野外数据采集。

目前我国主要采用数字化仪法、航测法和大地测量仪器法采集数据。前两者主要适用于室内作业采集数据，大地测量仪器法则适用于野外采集数据。

1. 野外数据采集

野外常规数据采集是工程测量中，尤其是工程中大比例尺测图获取数据信息的主要方法。采集数据的方法随着野外作业的方法和使用仪器设备的不同可以分为以下三种形式。

(1)普通地形图测图方法。使用普通的测量仪器，如经纬仪、平板仪和水准仪等，将外业观测成果人工记录于手簿中，再进行内业数据的处理，然后输入计算机内。

(2)使用测距经纬仪和电子手簿方法。用测距经纬仪进行外业观测距离、水平方向和天顶距等，用电子手簿在野外进行观测数据的记录及必要的计算并将成果储存。内业处理时再将电子手簿中的观测数据或经处理后的成果输入计算机中。

(3)野外使用全站仪方法。用全站仪进行外业观测，测量数据自动存入仪器的数据终端，然后将数据终端通过接口设备输入计算机。采用这种方法可从外业观测到内业处理直至成果输出整个流程实现自动化。这是现在比较常用一个方法。

2. 原图数字化采集

不论从哪种比例尺的地形图上采集数据，最基本的问题都是对地形图要素如等高线进行数字化处理，如手扶跟踪数字化或者半自动扫描数字化，然后再用某种数据建模方法内插计算。而关于地形图要素的数字化处理特别是半自动扫描数字化技术已经很成熟并已成为地图数字化的主流。

(1)手扶跟踪数字化。将地图平放在数字化仪的台面上，用一个带十字丝的游标，手扶跟踪等高线或其他地物符号，按等时间间隔或等距离间隔的数据流模式记录平面坐标，或由人工按键控制平面坐标的记录，高程则需由人工从键盘输入。这种方法的优点是所获取的向量形式的数据在计算机中比较容易处理；缺点是速度慢、人工劳动强度大。

(2)扫描数字化或称屏幕数字化。利用平台式扫描仪或滚筒式扫描仪将地图扫描得到栅格形式的地图数据，即一组阵列式排列的灰度数据(数字影像)。将栅格数据转换成矢量数据可以充分利用图像处理的先进技术进行曲线自动跟踪和注记符号的自动识别等，因此效率很高。目前主要采用半自动化跟踪的方法，即先由计算机自动跟踪和识别，当出现错误或计算机无法完成的时候再进行人工干预，这样既可减轻人工劳动强度，又能使处理软件操作简单易实现。数字化后的等高线数据通过一定的处理，如粗差的剔除、高程点的内插、高程特征的生成等，便可产生最终的数据。这是比较常用的原图数字化采集方法。

3. 航片数据采集

涉及数据采集的摄影测量采样方法包括等高线法、规则格网点法、选择采样点、渐进采样法、剖面法、混合采样法等，这些方法可以是人机交互的或自动化的。

(二)数据处理

实际上，数字测图的全过程都是在进行数据处理，但这里讲的数据处理阶段是指在数据采集以后到图形输出之前对图形数据的各种处理。数据处理主要包括数据传输、数据预处理、数据转换、数据计算、图形生成、图形编辑与整饰、图形信息的管理与应用等。数据预处理包括坐标变换、各种数据资料的匹配、图比例尺的统一、不同结构数据的转换等。数据转换内容很多，如将野外采集到的带简码的数据文件或无码数据文件转换为带绘图编码的数据文件，供自动绘图使用；将 AutoCAD 的图形数据文件转换为 GIS 的交换文件。数据计算主要是针对地貌关系的。当数据输入计算机后，为建立数字地面模型绘制等高线，需要进行插值模型建立、插值计算、等高线光滑处理三个过程的工作。在计算过程中，需要给计算机输入必要的数据，如插值等高距、光滑的拟会步距等。必要时需对插值模型进行修改，其余的工作都由计算机自动完成。数据计算还包括对房屋类呈直角拐弯的地物进行误差调整，消除非直角化误差等。

经过数据处理后，可产生平面图形数据文件和数字地面模型文件。要想得到一幅规范的地形图，还要对数据处理后生成的"原始"图形进行修改、编辑、整理；还需要加上汉字注记、高程注记，并填充各种面状地物符号；还要进行测区图形拼接、图形分幅和图廓整饰等。数据处理还包括对图形信息的全息保存、管理、使用等。

数据处理是数字测图的关键阶段。在数据处理时，既有对图形数据的交互处理，也有批处理。数字测图系统的优劣取决于数据处理的功能。

(三)成果输出

经过数据处理以后，即可得到数字地图，也就是形成一个图形文件，由磁盘或磁带作永久性保存。也可以将数字地图转换成地理信息系统所需要的图形格式，用于建立和更新GIS图形数据库。输出图形是数字测图的主要目的，通过对层的控制，可以编制和输出各种专题地图，如平面图、地籍图、地形图、管网图、带状图、规划图等，以满足不同用户的需要。可采用矢量绘图仪、栅格绘图仪、图形显示器、缩微系统等绘制或显示地形图。为了使用方便，往往需要用绘图仪或打印机将图形或数据资料输出。在用绘图仪输出图形时，还可按层来控制线划的粗细或颜色，绘制美观、实用的图形。如果以产生出版原图为目的，可采用带有光学绘图头或刻针(刀)的平台矢量绘图仪，它们可以产生带有线划、符号、文字等高质量的地图。

四、数字化测图软件介绍

数字化测图需要数字化测图软件支持。数字化测图的软件有很多，各测绘公司及全国很多大中专院校都有自己的数字化测图软件，如南方公司的CASS软件、清华山维的EPSW软件，不同的软件有其不同的特点，但基本功能大同小异。一个功能比较完善的数字化测图软件，应该集数据采集、数据传输、数据处理、图形编辑与修改、成果输出与管理、数据加工应用、工程测量应用等功能于一身，且通用性强、稳定性好，可以提供与其他软件进行数据转换的接口。这里主要介绍现在较常用的CASS7.0软件。CASS地形地籍成图软件广泛应用于地形成图、地籍成图、工程测量应用、空间数据建库等领域。

(一)CASS7.0的主界面

CASS地形地籍成图软件是基于AutoCAD平台开发的，界面上比AutoCAD多了一些菜单，CASS7.0的主界面如图7.25所示。

(二)地形图的基本绘制流程

地形图的基本绘制流程主要包括数据输入、绘制地物、绘制等高线、数据输出等。

1. 数据输入

把野外采集的数据从电子手簿或全站仪的内存中导入CASS，可以通过第三方软件，先把数据传输到计算机，也可以通过CASS进行数据传输。通过CASS进行数据传输，都要利用"数据"菜单。CASS的"数据"菜单提供了"读取全站仪数据""测图精灵格式转换"和"原始测量数据录入"三种数据输入方式，如图7.26所示。

其中常用的是"读取全站仪数据"，其操作方法如下：

(1)将全站仪与计算机连接后，选择"读取全站仪数据"命令，选择正确的仪器类型，设置通讯参数，如图7.27所示。

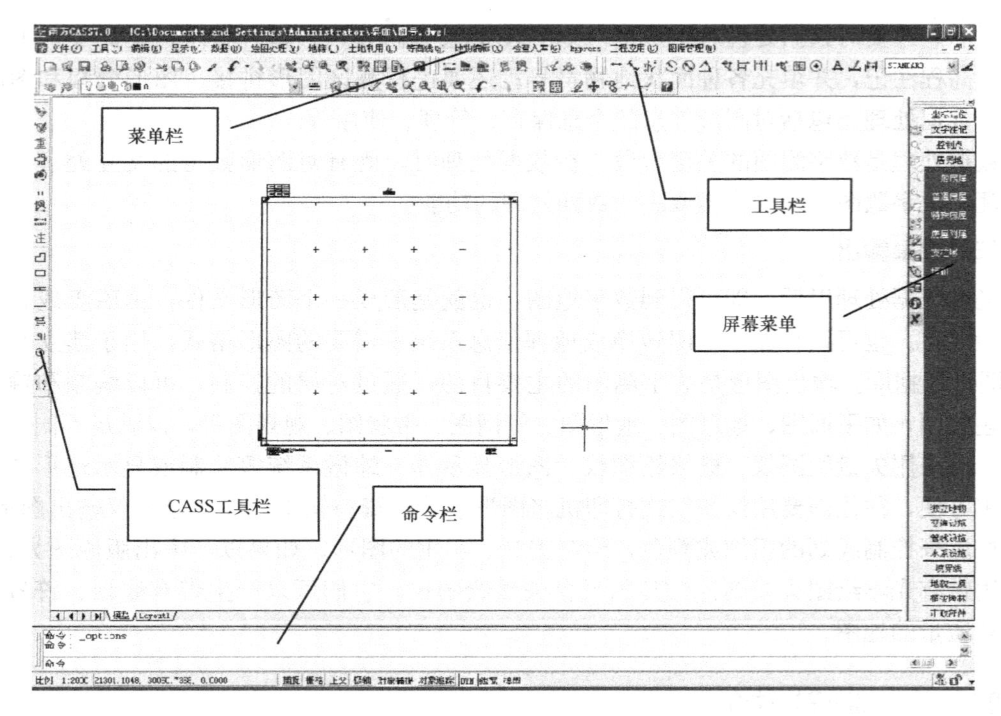

图 7.25　CASS7.0 主界面

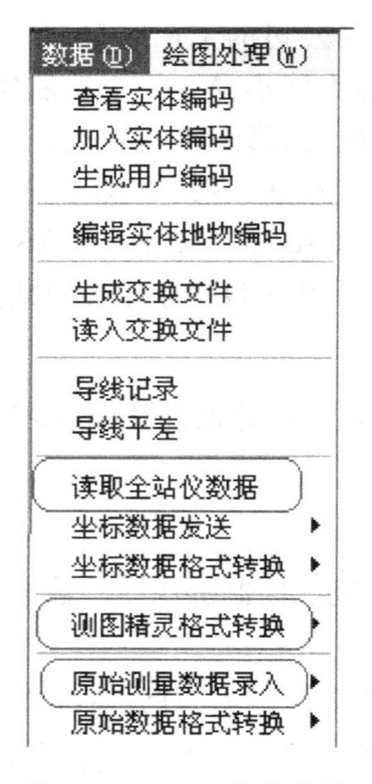

图 7.26　CASS 数据菜单

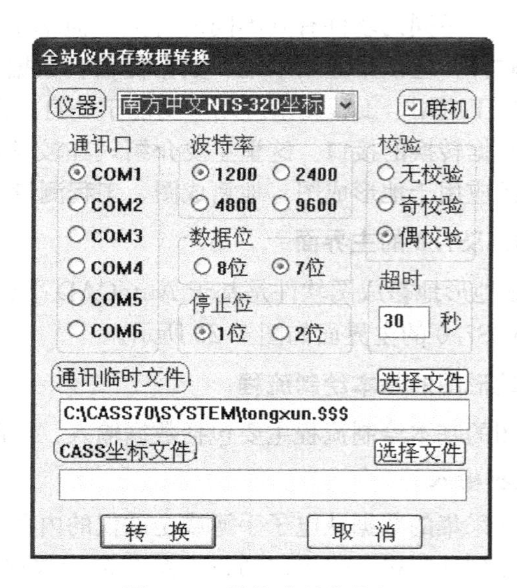

图 7.27　读取全站仪数据

(2)单击“CASS 坐标文件”一侧的“选择文件”按钮，在弹出的“输入 CASS 坐标数据文件名”对话框中输入文件名，单击“保存”按钮，如图 7.28 所示。

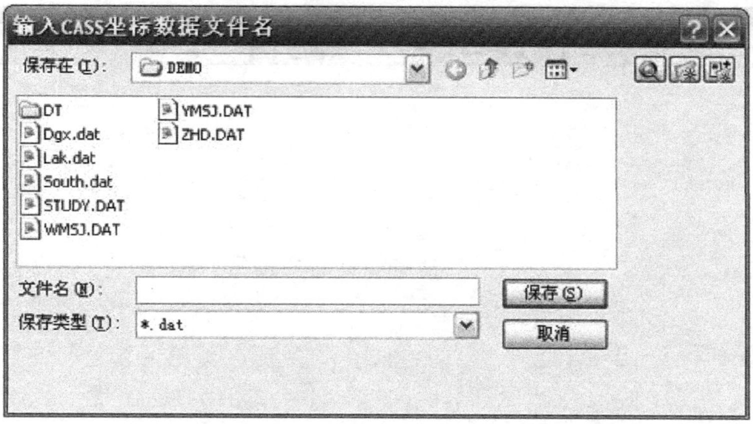

图 7.28　输入坐标数据文件名

2. 展碎部点

如图 7.29 所示，打开“绘图处理”菜单，选择“展野外测点点号”命令，即弹出如图 7.30 所示的对话框，展点后如图 7.31 所示。

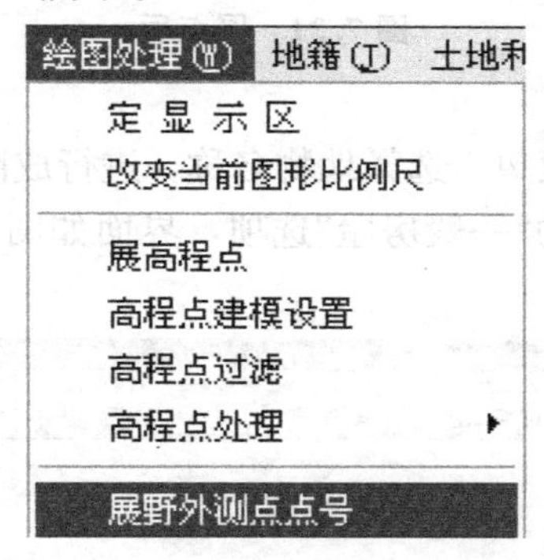

图 7.29　绘图处理菜单

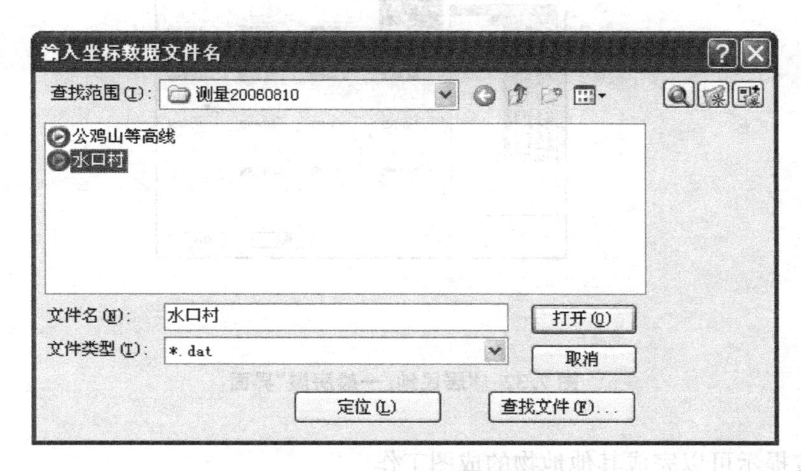

图 7.30　选择点号对应的坐标点数据文件

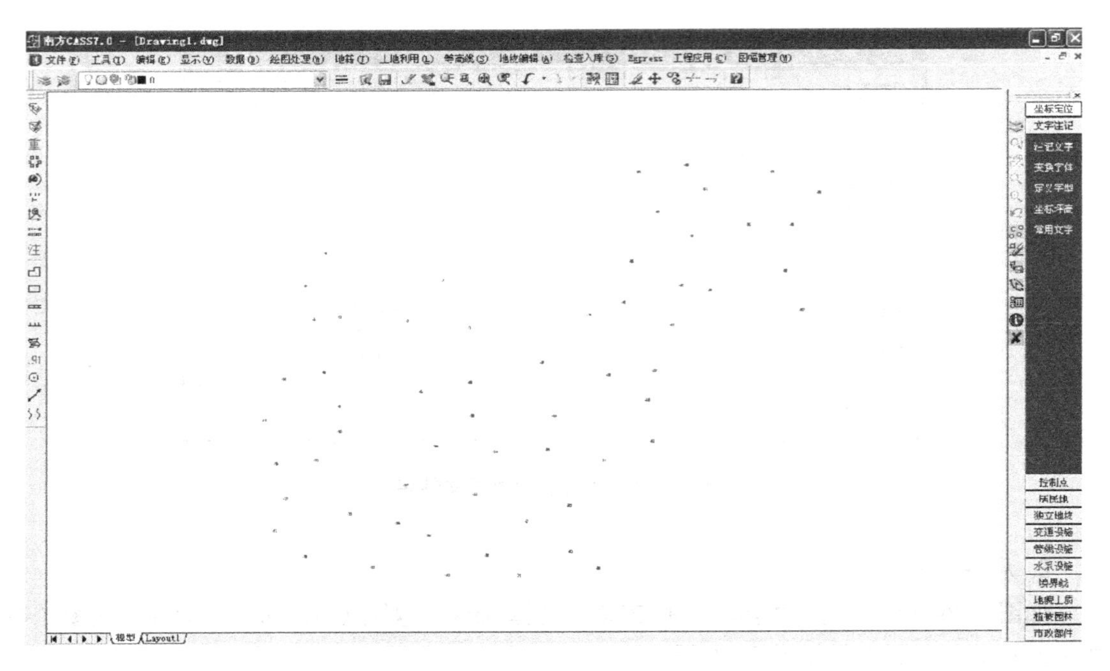

图 7.31　展点后

3. 绘制地物

根据草图，选择右侧屏幕菜单，选择地物名称，进行成图。例如，要画一多点房屋，选择右侧屏幕菜单的“居民地”中的“一般房屋”选项，界面如图 7.32 所示。按命令区的提示完成多点房屋的成图工作。

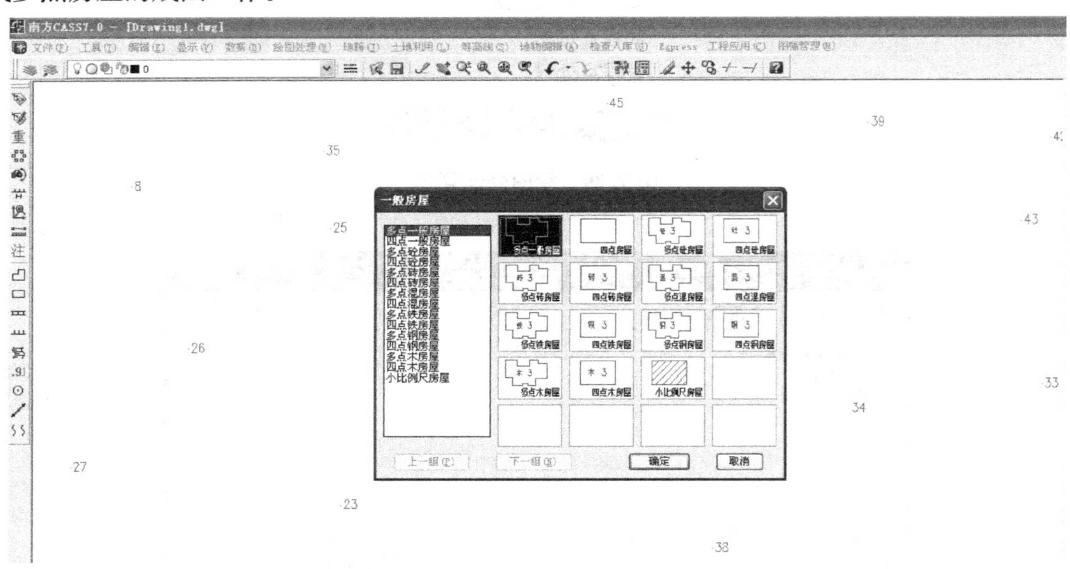

图 7.32　“居民地/一般房屋”界面

同理，按提示可以完成其他地物的成图工作。

4. 绘制等高线

(1)展高程点。如图 7.33 所示，选择“绘图处理”菜单下的“展高程点”命令，将会弹出数据文件的对话框，按提示完成命令。

(2)建立 DTM 模型。选择“等高线”菜单下的“建立 DTM”命令，如图 7.34 所示，弹出如图 7.35 所示对话框。

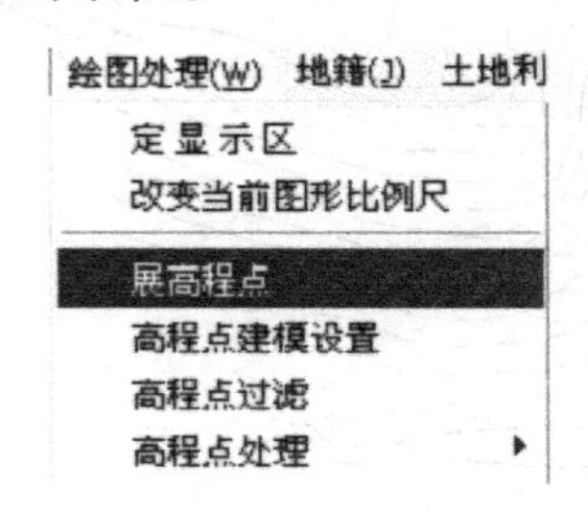

图 7.33 绘图处理菜单

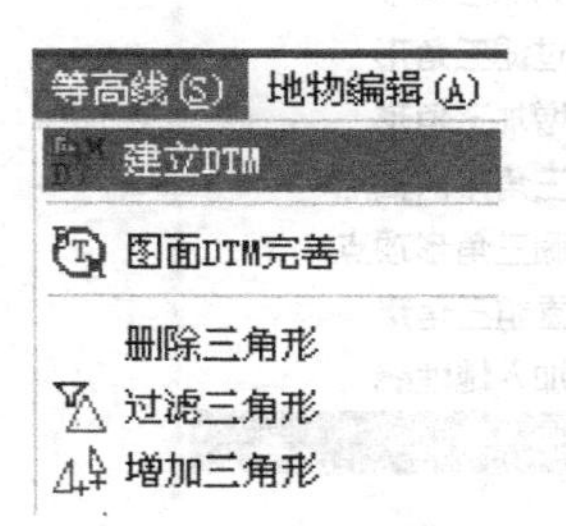

图 7.34 等高线的下拉菜单

(3)根据需要，选择建立 DTM 的方式和坐标数据文件名，然后选择建模过程是否考虑陡坎和地性线，单击“确定”按钮，生成如图 7.36 所示的 DTM 模型。

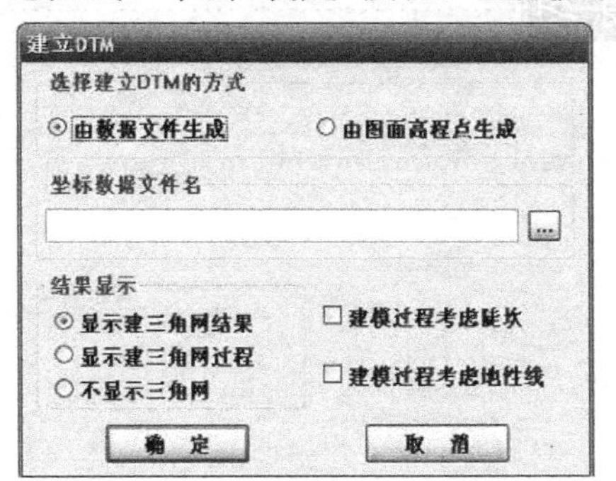

图 7.35 选择建模调和数据文件

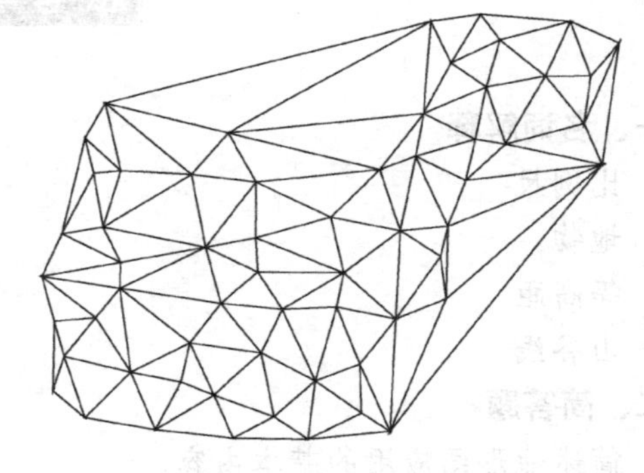

图 7.36 DTM 模型

(4)绘制等高线。选择“等高线”菜单下的“绘制等值线”命令，弹出如图 7.37 所示对话框，按提示要求，完成等高线绘制，如图 7.38 所示。选择“等高线”菜单下的“删三角网”命令，删除三角网，如图 7.39 所示，可得到如图 7.40 所示的等高线。

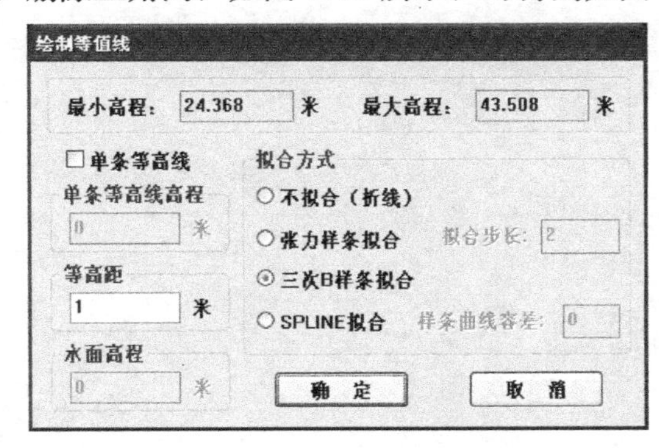

图 7.37 “绘制等值线”对话框

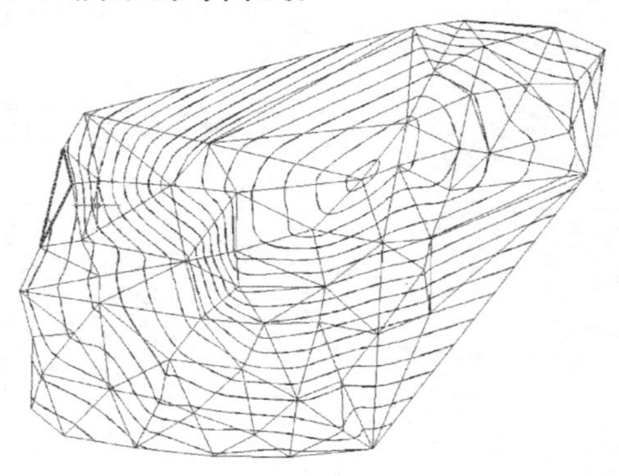

图 7.38 绘制等高线

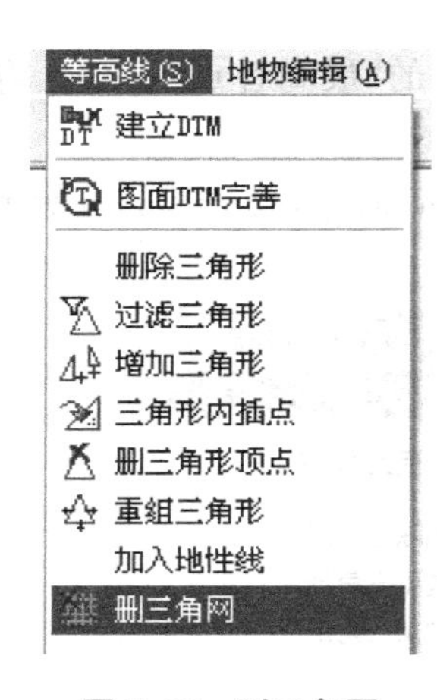

图 7.39　删三角网

图 7.40　删除三角网后的等高线

思考与练习

一、名词解释

1. 比例尺
2. 地物
3. 等高距
4. 山谷线

二、简答题

1. 简述地形图应用的基本内容。
2. 什么是等高线平距、等高距和坡度？它们有什么关系？
3. 等高线的特性是什么？
4. 长、宽各为 80 m、60 m 的矩形房屋，在 1∶2 000 的地形图上面积是多少？

第八章　地形图的应用

通过本章学习，掌握在地形图上点的平面坐标的确定，两点间水平距离的确定，坐标方位角的确定，点的高程的确定，两点间坡度的确定及面积的量算；理解应用地形图绘制断面图及土石方整理的估算。

地形图上包含大量的自然、环境、社会、人文、地理等要素和信息，是国民经济发展规划与国民经济建设的重要基础资料。土木工程规划、设计和施工中，首先要在地形图上进行总平面设计，然后根据需要，在地形图上进行一定的面积量算工作，以便因地制宜地进行合理的规划和设计。铁路、公路的规划和设计也需要先在地形图上进行选线和道路设计。这些都需要正确应用地形图。

地形图是用各种规定的图式符号和注记表示地物、地貌及其他有关资料的。要想正确地应用地形图，首先要能读懂地形图。通过对地形图上的符号和注记的识读，可以判断地貌的自然形态和地物间的相互关系。

地形图反映的是测图时的地表现状。因此，应首先根据测图的时间判定地形图的新旧程度，对于不能完全反映最新现状的地形图，应及时修测或补测，以免影响用图。然后要了解地形图的比例尺、坐标系统、高程系统、图幅范围。根据接图表了解相邻图幅的图名、图号。

正确地应用地形图，是工程建设技术人员需要具备的基本技能。点的平面坐标、两点间的水平距离、直线的坐标方位角、点的高程、两点间的坡度、面积可以直接从地形图上获取，这些是地形图应用的基本内容。对于一些比较复杂的地形信息，也可以通过这些基本信息总结分析得出。

第一节　地形图应用的基本内容

一、确定点的平面坐标

如图 8.1 所示，欲求图上 A 点的坐标，首先要根据 A 点在图上的位置，确定 A 点所在的坐标方格 $abcd$，过 A 点作平行于 x 轴和 y 轴的两条直线 pq、fg，与坐标方格相交于 p、q、f、g 四点，再按地形图比例尺量出 af=60.8 m，ap=48.7 m，则 A 点的坐标为：

$$x_A = x_a + af = 2\,100 + 60.8 = 2\,160.8(\text{m})$$
$$y_A = y_a + ap = 1\,100 + 48.7 = 1\,148.7(\text{m})$$

如果考虑图纸伸缩的影响，此时还应量出 ab 和 ad 的长度。设图上坐标方格边长的理论值为 l(l=10 cm)，则 A 点的坐标可按下式计算，即：

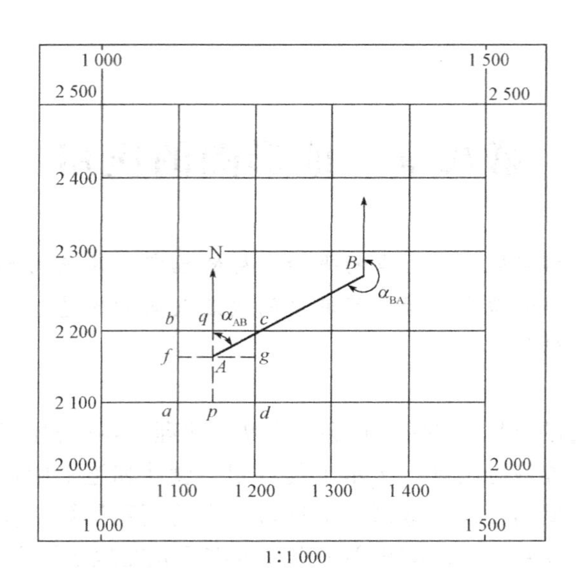

图 8.1　点的位置

$$x_A = x_a + \frac{l}{ab}af$$
$$y_A = y_a + \frac{l}{ad}ap \tag{8.1}$$

同理，分别量得 $ab=10.04$ cm 和 $ad=10.03$ cm，则：

$$x_A = x_a + \frac{l}{ab}af = 2\,100 + \frac{10}{10.04} \times 60.8 = 2\,160.6(\text{m})$$
$$y_A = y_a + \frac{l}{ad}ap = 1\,100 + \frac{10}{10.03} \times 48.7 = 1\,148.6(\text{m})$$

二、确定两点间的水平距离

1. 在图上直接量取

当精度不高时，可用比例尺直接在图上量取直线段两端点间的距离，即可得出两点间的水平距离；或者用三角板等量距离工具量取直线段两端点间的距离，然后乘以比例尺分母，如在 1∶500 比例尺的地形图上量出一线段长度为 5 cm，那么该线段实地水平距离为 5 cm×500=25 m。

2. 解析法

当确定直线段的长度和方向精度要求较高时，需采用解析法。

如图 8.1 所示，欲求 AB 的长度，可按确定图上点的坐标的方法求出 A、B 两点的坐标 x_A、y_A 和 x_B、y_B，然后可得 AB 的长度，即：

$$D_{AB} = \sqrt{(x_A - x_B)^2 + (y_A - y_B)^2} \tag{8.2}$$

三、确定直线的坐标方位角

如图 8.1 所示，欲求直线 AB 的坐标方位角，有以下两种方法。

1. 在图上直接量取

当精度不高时，方位角可用量角器直接量取，如图 8.1 所示，通过 A、B 分别作坐标纵轴的平行线，然后用量角器的中心分别对准 A、B 两点量出直线段 AB 的坐标方位角 α'_{AB} 和直线段 BA 的坐标方位角 α'_{BA}，则直线 AB 的坐标方位角为：

$$\alpha_{AB}=\frac{1}{2}(\alpha'_{AB}+\alpha'_{BA}\pm180°) \tag{8.3}$$

2. 解析法

当确定直线段的长度和方向精度要求较高时，需采用解析法求方位角。

如图 8.1 所示，欲求直线段 AB 的长度，可按确定图上点的坐标的方法，求出 A、B 两点的坐标 x_A、y_A 和 x_B、y_B，然后可得直线段 AB 的长度，即：

$$D_{AB}=\sqrt{(x_A-x_B)^2+(y_A-y_B)^2} \tag{8.4}$$

如图 8.1 所示，直线 AB 的坐标方位角可按坐标反算公式计算，即：

$$\alpha_{AB}=\tan^{-1}\frac{y_B-y_A}{x_B-x_A} \tag{8.5}$$

四、确定点的高程

地形图上点的高程可以根据等高线来确定。点位于等高线上，等高线的高程即为该点的高程。如图 8.2 所示，A 点位于 28 m 等高线上，则 A 点的高程为 28 m。

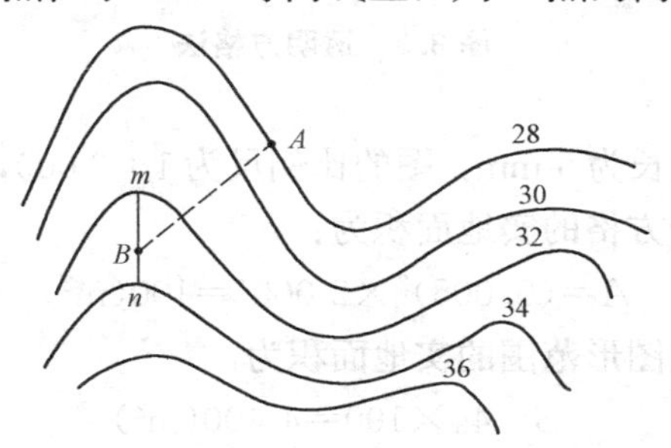

图 8.2　在图上确定点的高程

不在等高线上的点，其高程须根据等高线按内插法来确定。如图 8.2 所示，根据内插法原理，可知 n 点对于 B 点的高差 h_{Bn} 为：

$$h_{Bn}=\frac{Bn}{nm}h$$

设 $\frac{Bn}{nm}=0.3$，则 B 点高程为：

$$H_B=H_n-h_{Bn}=34-0.3\times2=33.4(\text{m})$$

五、确定两点间的坡度

如图 8.2 所示，先按前述方法，分别求出直线段两端点 A、B 的坐标和高程，就可得到两端点间的平距 D 和高差 h，按下式计算该直线段的坡度，即：

$$i=\frac{h}{D} \tag{8.6}$$

六、面积量算

1. 透明方格法

如图 8.3 所示，用透明方格纸覆盖在要量算的图形上，先数出图形内的完整方格数，再用目估法将图形边缘不足一整格的方格折合成完整的方格数，两者相加的方格总数 n 乘以每格所代表的面积 A，即为所算图形的面积 S，即：

$$S=nA \tag{8.7}$$

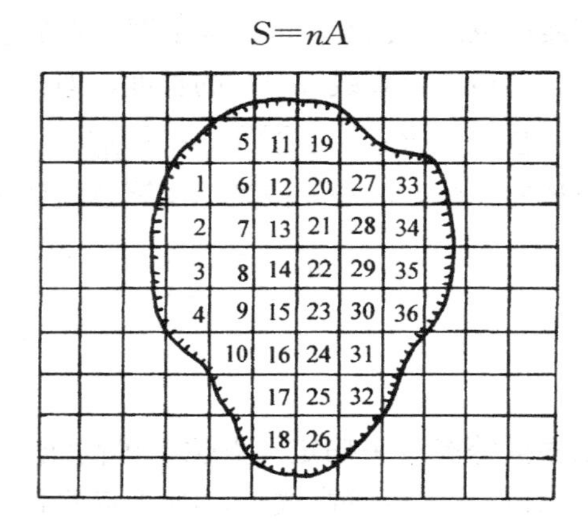

图 8.3 透明方格法

如图 8.3 所示，方格边长为 5 mm，图的比例尺为 1∶2 000，完整方格数为 36 个，不完整的方格凑整为 8 个。每个方格的实地面积为：

$$A=(0.005)^2\times 2\ 000^2=100(\mathrm{m}^2)$$

总方格数 $n=44$ 个，该图形范围的实地面积为：

$$S=44\times 100=4\ 400(\mathrm{m}^2)$$

2. 平行线法

方格法的量算受到方格凑整误差的影响，精度不高，为了减少因边缘目估产生的误差，可采用平行线法。

如图 8.4 所示，量算面积时，将绘有平行线组的透明纸覆盖在待计算面积的图形上，则整个图形被平行线切割成若干等高为 d 的近似梯形，上、下底的平均值以 l_i 表示，则图形在图上的总面积为：

$$S=d\sum_{i=1}^{n}l_i$$

再根据图的比例尺 M 将其换算为实地面积，即：

$$S=d\sum_{i=1}^{n}l_iM^2 \tag{8.8}$$

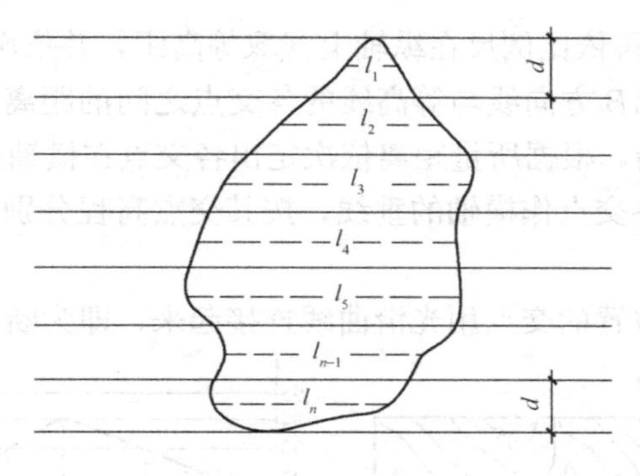

图 8.4　平行线法

3. 求积仪法

求积仪有机械求积仪和电子求积仪两种，电子求积仪具有操作简便、功能全、精度高等特点。如图 8.5(a)所示为 KP－90 滚动式求积仪，它由动极轴、微型计算机、描迹臂和描迹放大镜四部分组成。

量算时，将预测图形铺平固定在图板上，把描迹放大镜放在图形中央，并使动极轴与描迹臂成 90°，如图 8.5(b)所示。开机后，输入图的比例尺，确定量测的起始点，描迹放大镜中心准确地沿着图形的边界线顺时针移动一周后，回到起始点，其显示值即为图形的实地面积。为了提高精度，对同一面积要重复测量三次以上，取其均值。

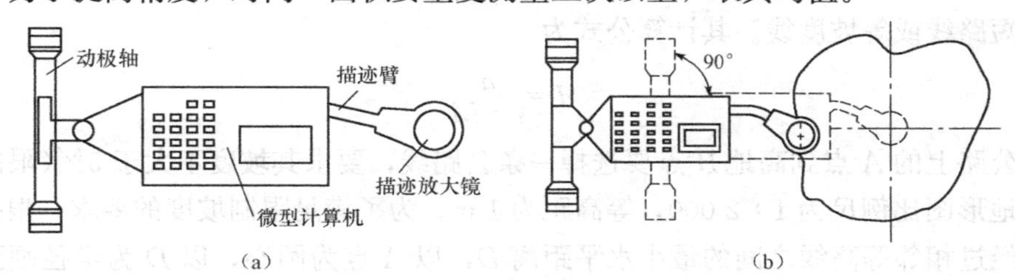

图 8.5　电子求积仪

(a)KP－90 滚动式求积仪；(b)量算时，动极轴与描迹臂成 90°

第二节　地形图的应用实例

一、绘制地形图断面图

在工程规划中，需了解某条路线或某个方向上的地面起伏状况，以便进行线路的选定和工程布置，这就需要绘制断面图。断面图在道路、渠道、建筑等工程规划设计中有重要的作用。

如图 8.6(a)所示，欲绘制 AB 方向的断面图，其方法如下：

(1)在图纸上先画一条直线 AH 作为横轴，表示平距，再以 A 点向上作 AH 的垂线 AZ，作为纵轴，表示高程。断面图的平距采用与地形图相同的比例尺；高程比例尺一般比平距大 10～20 倍，以便明显地反映地面起伏变化情况。比例尺确定后，在起点 A 标出 AB

方向最低等高线的高程，再依比例尺在纵轴上截取等高距，并依次标至最大高程。

(2)在地形图上量取 AB 方向线与等高线的各交点之间的距离(可用两脚规截取)，然后从横轴 AH 上的 A 点开始，根据所量距离依次定出各交点在横轴上的位置。

(3)通过横轴上所定各交点作横轴的垂线，按其交点高程分别在各垂线上定出相应交点的高度位置。

(4)将垂线上各高度位置的交点用光滑曲线连接起来，即为断面图，如图 8.6(b)所示。

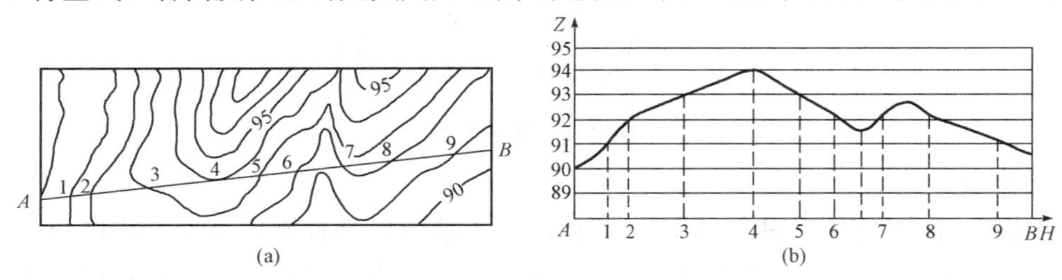

图 8.6　绘制一定方向的断面图

二、按限制坡度线选择最短路线

在道路、管线、渠道等工程设计中，都要求线路在不超过某一限制坡度的条件下，选择一条最短路线或等坡度线。其计算公式为：

$$d=\frac{h}{i \cdot M} \tag{8.9}$$

设从公路上的 A 点到高地 B 点要选择一条公路线，要求其坡度不大于 5%(限制坡度)。设计用的地形图比例尺为 1∶2 000，等高距为 1 m。为了满足限制坡度的要求，根据计算得出该路线经过相邻等高线之间的最小水平距离 D，以 A 点为圆心，以 D 为半径画弧交等高线于点 1，再以点 1 为圆心，以 D 为半径画弧，交等高线于点 2，依此类推，直到 B 点附近为止。然后连接 A，1，2，…，B，即在图上得到符合限制坡度的路线。这只是 A 点到 B 点的路线之一，为了便于选线比较，还需另选一条路线，同时考虑其他因素，如少占农田、建筑费用最少、避开塌方或崩裂地带等，以便确定路线的最佳方案。

如遇等高线之间的平距大于 1 cm，且以 1 cm 为半径的圆弧将不会与等高线相交，这说明坡度小于限制坡度。在这种情况下，路线方向可按最短距离绘出。

三、确定汇水面积

汇水面积是指河道或河谷某断面以上分水线所围成的面积。确定汇水面积的目的是计算来水量的大小，是水利工程设计中一个重要的数据。汇水面积的边界线是由一系列分水线(山脊线)连接而成的，因此要确定汇水面积，首先在地形图上勾绘汇水面积边界线，方法如下：

(1)边界线包括断面线(即坝轴线)本身，应从断面线一端开始经过一系列山顶、山脊和鞍部再回到另一端，形成闭合曲线；

(2)边界线应通过山顶和鞍部的最高点，与山脊线一致；

(3)边界线处处与等高线垂直，只在山顶处改变方向。

在图 8.7 中，虚线所包围的部分即为某坝址上游的汇水面积。当大坝端点在斜坡上时，则边界线应先沿最大坡度线上升到分水线，再按上述方法勾绘。

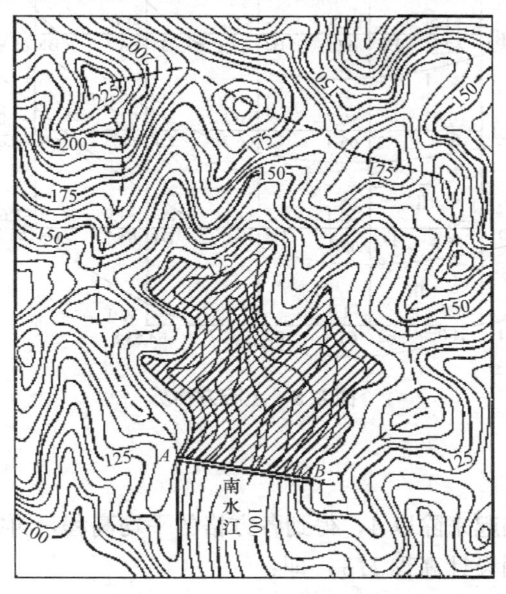

图 8.7　汇水面积和水库库容

四、土地整理及土石方估算

调整土地利用结构和土地关系，实现土地规划目标的实施过程称为土地整理，这是广义上的土地整理概念。在工程建设中，常常要对原地貌进行改造，以便适用于布置各类建筑物，排除地面水以及满足交通、铺设地下管线、景观设计等的需要，这种地貌改造称为平整土地，也直接叫土地整理。

在平整土地工作中，常需要预算土石方的工程量，即填挖土石方量估算，或通过土石方量估算，使填挖土石方基本平衡。土石方量估算的常用方法有方格法、断面法、等高线法等。平整土地可分为水平场地平整和倾斜地面平整。这里主要讲解利用方格网法计算水平场地平整的土石方量。

如 1∶1 000 比例尺的地形图，要求将原地貌按挖填土方量平衡的原则改造成平面，其步骤如下：

1. 绘制方格网，求出各方格点所在的地面高程

方格网的大小取决于地形复杂程度、地形图比例尺及土石方估算要求的精度，一般方格的边长为 10 m 或者 20 m。图 8.8 中方格边长为 10 m。方格的方向尽量与边界方向、主要建筑物方向或者坐标轴方向一致，再给各方格点编号，如图中的 A1，A2，A3，…，E3，E4 等。根据地形图上的等高线，用内插法求出第一个方格点所在的地面高程，并标在图上。

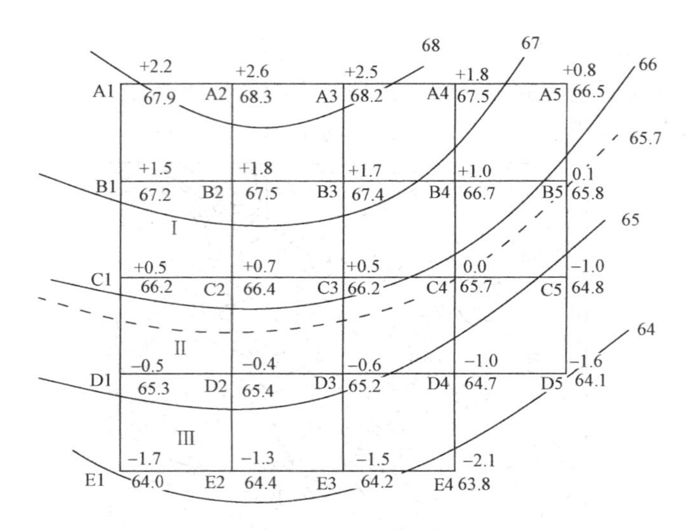

图 8.8　土石方估算

2. 计算设计高程

将每方格点的高程加起来除以 4，得到各方格的平均高程，再把每个方格的平均高程相加除以主格总数，就得到设计高程 $H_{设}$，即：

$$H_{设}=\frac{1}{n}(H_1+H_2+H_3+\cdots+H_n) \tag{8.10}$$

代入各方格点的高程，可得公式：

$$H=\frac{\sum H_{角}+2\sum H+3\sum H_{拐}+4\sum H_{中}}{4n} \tag{8.11}$$

式中　$H_{角}$——各转角点的高程，如图 8.8 中的 A1、A5、E1、E4；

H——各边点的高程，如图 8.8 中的 A2、A3、A4、B1、C1、D1 等；

$H_{拐}$——各拐点的高程，如图 8.8 中的 D4；

$H_{中}$——各中心点的高程，如图 8.8 中的 B2、B3、B4、C2、C3、C4 等。

将图 8.8 各方格点的高程代入，即可算出设计高程 $H_{设}=5.7$ m，并将其标注在方格点上。

3. 计算挖、填表数值

根据设计高程和各方格点的高程，用方格点高程减去设计高程，计算出第一方格点的挖、填表高度，即挖、填高度=地面高程－设计高程，并将挖、填高度标在图上。

4. 绘制挖、填边界线

在地形图上根据等高线，用目估法内插出高程为设计高程的高程点，即填、挖边界点，称为零点。连接相邻零点的曲线，称为填挖边界线，一般以虚线表示。在填挖边界线一边为填方区域，另一边为挖方区域。零点和填挖边界线是计算土石方量和施工的依据。

5. 计算挖、填土石方量

计算填、挖土石方量有两种情况，一种是整个方格全填或者全挖方；另一种是填挖边界线经过的方格既有填方又有挖方。对于整个方格全填(或者全挖方)的方格，用方格中四个方格点填(或挖)高度的平均值乘以该方格面积，即为该方格的填方量(或挖方量)；对于既有填方又有挖方的方格，取填方(或挖方)部分各边界点的挖高度(或填高度)的平均值乘以该填方(或挖方)面积，即为该方格的填方量(或挖方量)部分。现以方格Ⅰ、Ⅱ、Ⅲ为例，说明计算方法。

方格Ⅰ为整个方格都全挖的方格，全为挖方，则：

$$V_{\text{Ⅰ挖}}=\frac{1}{4}(1.5+1.8+0.5+0.7)\times A_{\text{Ⅰ挖}}=\frac{1}{4}\times 4.5\times 100=112.5(\text{m}^3)$$

方格Ⅲ为整个方格都全填的方格，全为填方，则：

$$V_{\text{Ⅲ填}}=\frac{1}{4}(-0.5-0.4-1.7-1.3)\times A_{\text{Ⅲ填}}=-\frac{1}{4}\times 3.9\times 100=-97.5(\text{m}^3)$$

方格Ⅱ既有挖方，又有填方，则：

$$V_{\text{Ⅱ挖}}=\frac{1}{4}(0.5+0.7+0+0)\times A_{\text{Ⅱ挖}}=\frac{1}{4}\times 1.2\times 25=7.5(\text{m}^3)$$

$$V_{\text{Ⅱ填}}=\frac{1}{4}(-0.5-0.4-0-0)\times A_{\text{Ⅱ填}}=-\frac{1}{4}\times 0.9\times 75=-16.9(\text{m}^3)$$

土石方量估算可列表分别计算出填、挖方量(表8.1)。

表8.1 填、挖方量计算表

方格序号	挖、填数据	所占面积/m²	挖方量/m³	填方量/m³
Ⅰ挖	+1.5 +1.8 +0.5 +0.7	100	112.5	
Ⅱ挖	+0.5 +0.7 0 0	25	7.5	
Ⅱ填	−0.5 −0.4 0 0	75		16.9
Ⅲ填	−0.5 −0.4 −1.7 −1.3	100		97.5
			总和：120.0	总和：114.4

思考与练习

1. 地形图应用有哪些基本内容？

2. 土地平整的基本原则是什么？何为挖填边界线？

3. 在图8.9所示的1∶2 000地形图上完成以下工作：

(1)确定A、B两点的坐标；

(2)计算直线AB的距离和坐标方位角，并与图上量得距离和坐标方位角进行比较；

(3)求A、C两点高程和直线AC坡度。

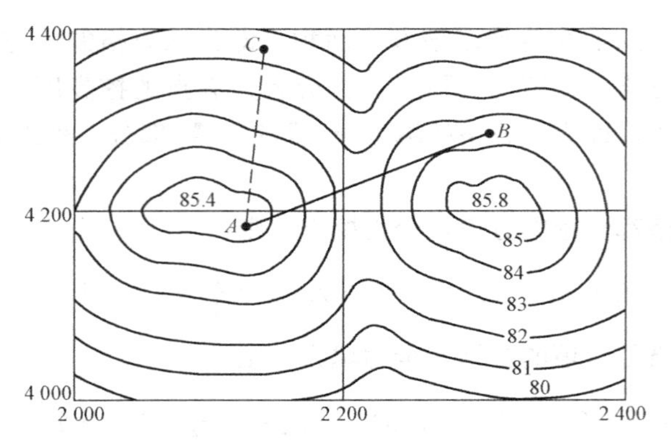

图 8.9　1∶2 000 地形图

4. 拟将图 8.10 所示地形平整为水平场地，图中各方格面积为 100 m^2，完成以下工作：

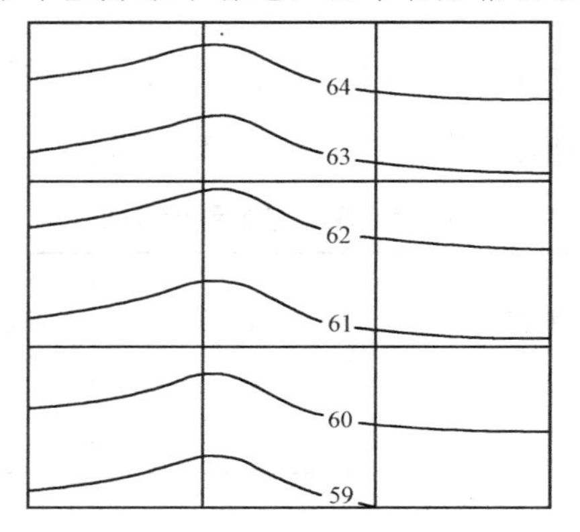

图 8.10　地形平整图

(1)求各方格顶点的高程；
(2)求水平场地的设计高程；
(3)绘出挖填边界线；
(4)求各方格顶点的挖、填高度；
(5)计算挖、填土方量。

第九章　施工测量的基本工作

通过本章学习，了解施工测量的原则、精度要求；掌握直线、水平角、高程的测设方法，点的平面位置的测设方法，坡度线的测设方法，以及圆曲线的测设元素和计算；理解圆曲线的测设方法。

第一节　施工测量概述

一、施工测量的目的和内容

施工测量的目的是将图纸设计的建筑物、构筑物的平面位置和高程，按照设计要求，以一定的精度测设到实地上，作为施工的依据，并在施工过程中进行一系列的测量工作。施工测量的内容主要包括施工控制网的建立；将图纸上设计好的建筑物或构筑物的平面位置和高程标定在实地上，即施工放样(测设)；施工竣工后对建筑物或构筑物的竣工测量以及在施工期间检查施工质量的变形观测等。

二、施工测量的原则

为了保证建筑物或构筑物的平面位置和高程都能满足设计要求，施工测量和测绘地形图一样，也要遵循“从整体到局部”“先控制后碎部”的原则，即先在施工现场建立统一的平面控制网和高程控制网，然后以此为基准，测设出各个建筑物的平面位置和高程。水工建筑物一般先由施工控制网测设建筑物的主轴线，用它来控制建筑物的整个位置；再来测设建筑物细部，测设细部的精度往往比测设主轴线的精度要高。

三、施工测量的精度要求

施工放样的精度与建筑物的大小、结构形式、建筑材料等因素有关。例如，水利工程施工中，钢筋混凝土工程较土石方工程的放样精度高，而金属结构物安装放样的精度要求则更高。

因此，应根据不同施工对象选用不同精度的仪器和测量方法，既保证工程质量又不致浪费人力、物力。

四、施工控制网的布设

在规划设计阶段所进行的勘测工作，首先是建立测图控制网，因此，控制点的密度和精度是以满足测图为目的的。当建筑物的总平面设计确定，开始进行土建工程时，原有测图控制网点大多不能满足放样的要求。因此，除了小型工程或放样精度要求不高的建筑物可以利用测图控制网作为施工控制以外，一般较复杂的大中型工程，在施工阶段需重新建立施工控制网。施工控制网分为平面控制网和高程控制网。

1. 平面控制网的布设

平面控制网一般布设成两级，一级为基本网，它起着控制水利枢纽各建筑主轴线的作用，组成基本网的控制点称基本控制点；另一级为定线网(或称放样网)，它直接控制建筑物的辅助线及细部位置。水工建筑物大多位于起伏较大的山岭地区，常采用三角网作为基准，用它来布设矩形网。

2. 高程控制网的布设

高程控制网一般也分两级，一级是水准网与施工区域附近的国家水准点连接，布设成闭合(或附合)形式，称为基本网；另一级是由基本水准点引测的临时性作业水准点，它应尽可能靠近建筑物，以便做到安置一次或二次仪器就能进行高程放样。

第二节　基本测设工作

测设就是根据已有的控制点或地物点，按工程设计要求，将建(构)筑物的特征点在实地上标定出来。因此，首先要确定特征点与控制点或原有建筑物之间的角度、距离和高程关系，这些关系称为测设数据；然后，利用测量仪器，根据测量数据将特征点测设于地面。测设的基本工作包括水平距离、水平角和高程的测设。

一、测设已知直线长度

已知水平距离的测设，就是由地面已知点起，沿给定的方向，测设出直线上另外一点，使得两点间的水平距离为设计的水平距离。其测设方法常用的有钢尺测设和全站仪测设两种。

(一)钢尺测设

1. 一般方法

一般方法测设给定的水平距离，当精度要求不高时，可用钢尺从已知起点 A 开始，根据所给定的水平距离，沿已知方向定出水平距离的另一端点 B'。为了校核，将钢尺移动 10～20 cm，同法再测设一点 B''。若两次点位之差在限差之内，则取两次端点的平均位置，如图 9.1 所示。

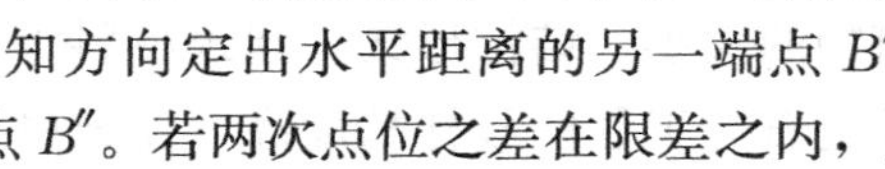

图 9.1　钢尺测设的一般方法

2. 精确方法

当测设精度要求 1/10 000 以上时，则用精密方法，使用检定过的钢尺，用经纬仪定线，水准仪测定高差，根据已知水平距离 D 经过尺长改正 Δl_d、温度改正 Δl_t 和倾斜改正 Δl_h 后，用下列公式计算出实地测设长度 L，再根据计算结果，用钢尺进行测设。

$$L=D-(\Delta l_d+\Delta l_t+\Delta l_h) \tag{9.1}$$

(二)全站仪测设

如图 9.2 所示，安置全站仪于 A 点，瞄准已知方向，沿此方向移动棱镜位置，当显示的水平距离等于待测设的水平距离时，在地面标定出过渡点 B'。然后，实测 AB' 的水平距离，如果测得的水平距离与已知水平距离之差符合精度要求，则定出 B 点的最后位置；如果测得的水平距离与已知水平距离之差不符合精度要求，应进行改正，直到测设的距离符合限差要求为止。

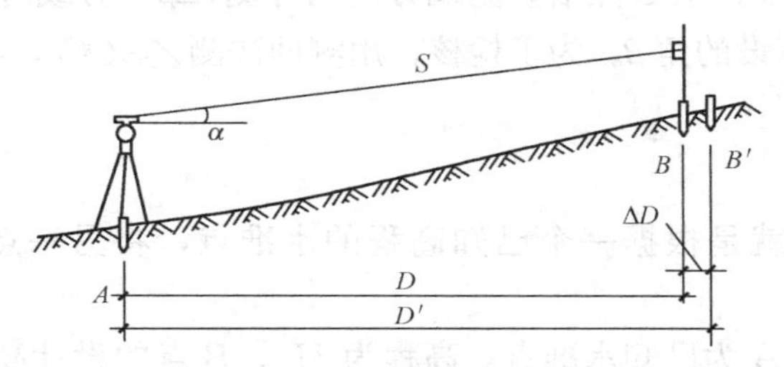

图 9.2　全站仪测设

二、测设已知水平角

水平角测设是指根据一个已知方向及所给定的角值在地面上标定出该角的另一个方向。

1. 一般方法

如图 9.3 所示，OA 为起始边，β 为设计的水平角，欲测设终边 OC，实测步骤为：

(1)在 A 点安置仪器，正镜后视 O 点，水平读数置为 $00°00'$，顺时针方向转动照准部，当读数为设计角 β 时(若后视 O 点不为零，则应将 O 值加上后视读数)，转动照准部，在前视方向上打一个木桩，并在桩顶标出视线方向上的 C' 点。

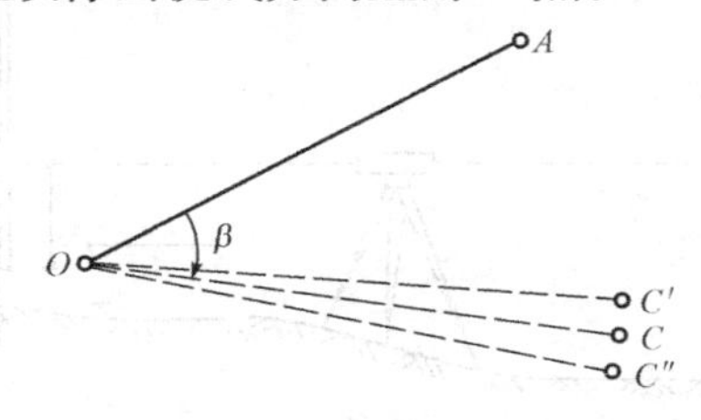

图 9.3　水平角测设的一般方法

(2)倒镜，后视 O 点，按同样的方法，在桩顶标出倒镜后的视线方向，得到 C'' 点。两次所标出的点若不重合，则取正倒镜中位置 C 为前视方向点。AC 为放样的方向。

2. 精确方法

当水平角测设精度要求较高时，可采用垂线支距法进行改正，如图 9.4 所示。在 O 点安置经纬仪，先用盘左盘右取中方法测设β角，在地面上定出C点，再用测回法测多个测回，测出$\angle AOC$为β_1。设$\Delta\beta=\beta_1-\beta$，根据$\Delta\beta$和$OC$的长，计算垂线支距$CC_0$。

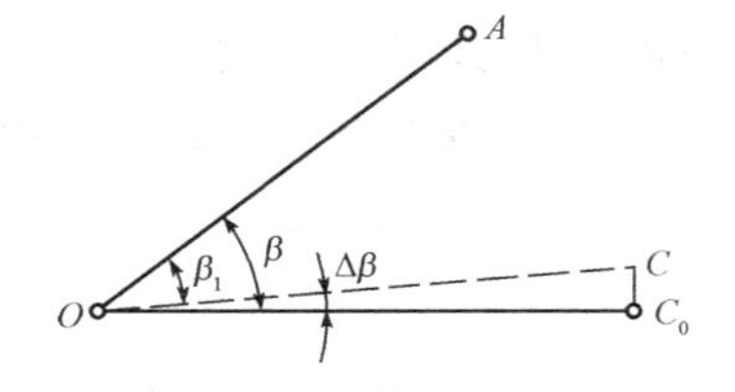

图 9.4　垂线支距法

$$CC_0=OC\times\tan\Delta\beta\approx OC\times\frac{\Delta\beta''}{\rho''} \tag{9.2}$$

式中　$\rho''=206\ 265''$。

过C点做OC的垂线，从C点沿着垂线方向向外侧($\Delta\beta<0$)或者向内侧($\Delta\beta>0$)量支距CC_0，则$\angle AOC_0$为所测设的角β。为了检核，用测回法测$\angle AOC_0$，与β差值应小于限差。

三、测设已知高程

已知高程的测设，就是根据一个已知高程的水准点，将另一点的设计高程标定在实地上。

如图 9.5 所示，设A为已知水准点，高程为H_A，B点的设计高程为H_B，在A、B两点之间安置水准仪，先在A点立水准尺，读得读数为a，由此可得仪器视线高程为：

$$H_i=H_A+a \tag{9.3}$$

要使B点高程为设计高程H_B，则在B点水准尺上的读数应为：

$$b=H_i-H_B \tag{9.4}$$

将B点水准尺紧靠B桩，上、下移动尺子，当读数正好为b时，则B尺底部高程即为H_B。然后，在B桩上沿B尺底部做记号，即得设计高程的位置。

如欲使B点桩顶高程为H_B，可将水准尺立于B桩顶上，若水准仪读数小于B时，逐渐将桩打入土中，使尺上读数逐渐增加到b，这样B点桩顶高程就是设计高程H_B。

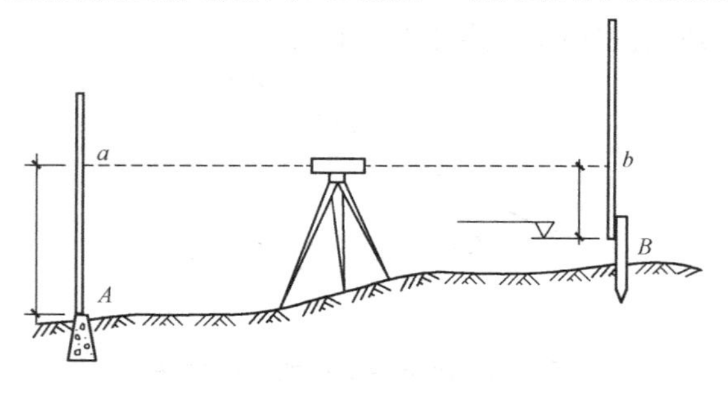

图 9.5　测设已知高程

【例 9.1】　设$H_A=35.255$ m，欲测设点B的高程为$H_B=36.000$ m，将仪器架在A、B两点之间，在A点上水准尺的读数$a=1.587$ m，则得仪器视线高程为$H_i=H_A+a=35.255+1.587=36.842$(m)，在$B$点水准尺上的读数应为：

$$b=H_i-H_B=36.842-36.000=0.842(\text{m})$$

故当 B 点水准尺上的读数为 0.842 m 时，在尺底画线，此线高程为 36.000 m，即设计高程点 B 的位置。

当需要向低处或高处传递高程时，由于水准尺长度有限，可借助钢尺进行高程的上、下传递。现以从高处向低处传递高程为例说明操作步骤。

如图 9.6 所示，已知高处水准点 A 的高程 H_A，需求低处水准点 B 的高程 H_B。施测时，用检定过的钢尺，挂一个与要求拉力相等的重锤，悬挂在支架上，零点一端向下，分别在高处和低处设站，读取图中所示水准尺读数 a_1、a_2、b_1、b_2，由此，可求得低处 B 点高程 H_B。

$$H_B=H_A+a_1-(b_1-a_2)-b_2 \tag{9.5}$$

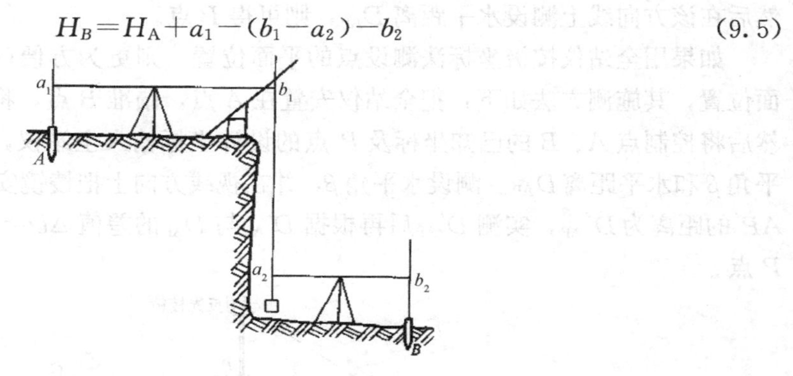

图 9.6　重锤测设已知高程

第三节　测设地面点平面位置的基本方法

测设地面点平面位置的基本方法有直角坐标法、极坐标法、角度交会法和距离交会法等。可根据施工控制网的布设形式、控制点的分布、地形情况、放样精度要求以及施工现场条件等，选用适当的测设方法。

一、极坐标法

极坐标法是根据水平角和水平距离测设地面点平面位置的方法，如图 9.7 所示。

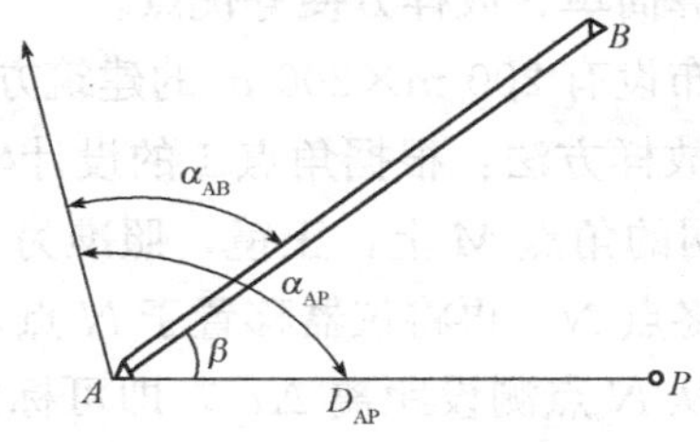

图 9.7　极坐标法

P 点为欲测设的待定点，A、B 为已知点。为将 P 点测设于地面，首先按坐标反算公式计算测设用的水平距离 D_{AP}和坐标方位角 α_{AB}、α_{AP}。

$$D_{AP}=\sqrt{(x_p-x_A)^2+(y_P-y_A)^2} \tag{9.6}$$

$$\alpha_{AB}=\arctan\frac{y_B-y_A}{x_B-x_A} \tag{9.7}$$

$$\alpha_{AP}=\arctan\frac{y_P-y_A}{x_P-x_A} \tag{9.8}$$

测设用的水平角为：

$$\beta=\alpha_{AP}-\alpha_{AB} \tag{9.9}$$

测设 P 点时，将经纬仪安置在 A 点，瞄准 B 点，顺时针方向测设 β 角，得一方向线，然后在该方向线上测设水平距离 D_{AP}，则可得 P 点。

如果用全站仪按极坐标法测设点的平面位置，则更为方便(图 9.8)。要测设 P 点的平面位置，其施测方法如下：把全站仪安置在 A 点，瞄准 B 点，将水平度盘设置为 $0°00'00''$，然后将控制点 A、B 的已知坐标及 P 点的设计坐标输入全站仪，即可自动算出测设数据水平角 β 和水平距离 D_{AP}。测设水平角 β，并在视线方向上把棱镜安置在 P 点附近的 P'点。设 AP'的距离为 D'_{AP}，实测 D'_{AP}后再根据 D'_{AP}与 D_{AP}的差值 $\Delta D=D_{AP}-D'_{AP}$进行改正，即得 P 点。

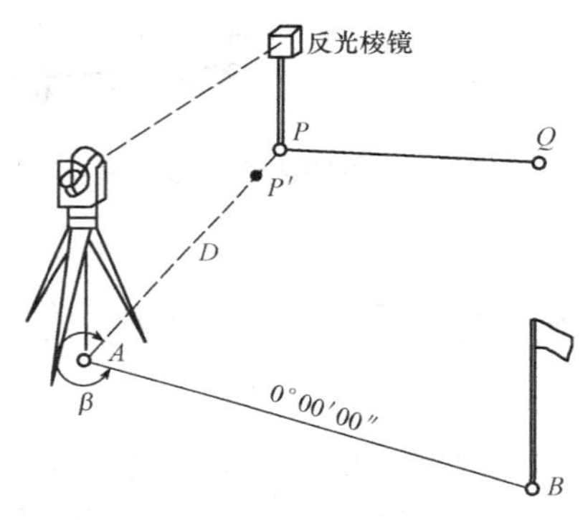

图 9.8 全站仪按极坐标法测设

二、直角坐标法

当施工场地布设有建筑方格网或彼此垂直的轴线时，可以根据已知两条相互垂直的方向线来进行放样。该法具有计算简单、放样方便等优点。

如图 9.9 所示，施工现场布设有 200 m×200 m 的建筑方格网，某厂房四个角点的坐标为已知，现以角点 1 为例说明放样方法：根据角点 1 的设计坐标计算出纵横坐标之差 Δx_1、Δy_1；先将经纬仪安置在方格网的角点 M 上，正镜，照准另一个角点 Q，沿此方向线从 M 点用钢尺测设距离 Δy_1，标定终点 N；再将仪器移置于 N 点，后视，照准 M 点，用正倒镜测设直角，在标定的垂线上，从 N 点测设距离 Δx_1，即可标定 1 点。其他角点 2、3、4 可用同样方法测设。最后，应测量 12、23、34、41 边的长度，以检验放样长度与设计长度之差是否符合规范要求。

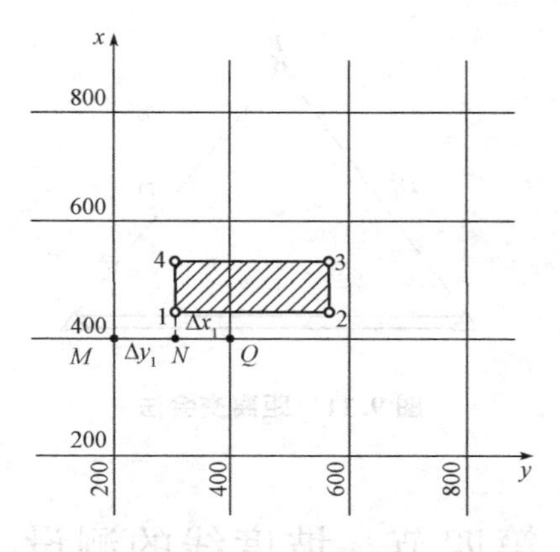

图 9.9 直角坐标法

三、角度交会法

角度交会法是在两个或多个控制点上安置经纬仪，通过测设两个或多个已知角度交会出待定点的平面位置。这种方法又称为方向交会法。在待定点离控制点较远或量距较困难的地区，常用此法。

图 9.10 中，A、B、C 为控制点，P 为码头上某一点，需要测设它的位置。首先，根据 P 点的设计坐标和三个控制点的坐标，计算放样数据 α_1、β_1 及 α_2、β_2。测设时，在控制点 A、B、C 三点上各安置一架经纬仪，分别以 α_1、β_1 及 β_2 交会出 P 点的概略位置，然后进行精确定位。由观测者指挥在码头面板上定出 AP、BP、CP 三根方向线，由于放样有误差，三根方向线不交于一点，形成一个三角形，称为示误三角形。如果示误三角形内切圆半径不大于 1 cm，最大边长不大于 4 cm，可取内切圆的圆心作为 P 点的正确位置。为了消除仪器误差，AP、BP、CP 三根方向线需用盘左、盘右取平均的方法定出，并在拟行方案时，应使交会角 γ_1 及 γ_2 不小于 30°或 120°。

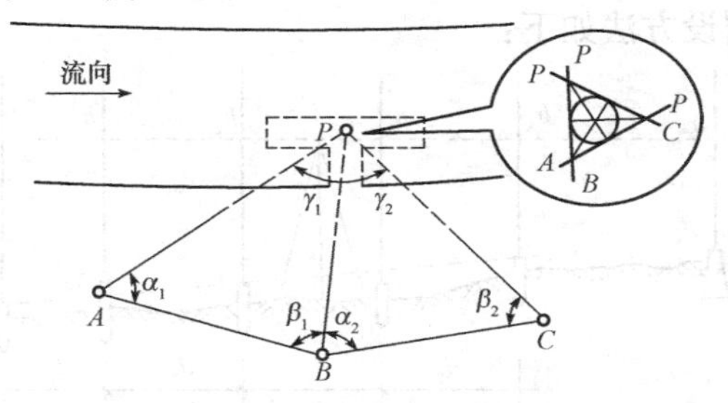

图 9.10 角度交会法

四、距离交会法

距离交会法是根据测设两个水平距离交会出点的平面位置的方法。当需测设的点位与已知控制点相距较近，一般相距在一尺段以内且测设现场较平整时，可用距离交会法。

如图 9.11 所示，A、B 为已知控制点，P 为待测设点，坐标均已知。首先，计算出测设距离 D_1 和 D_2，测设时，用两把钢尺分别从 A、B 控制点量取 D_1、D_2。其交点即为 P 点的平面位置。

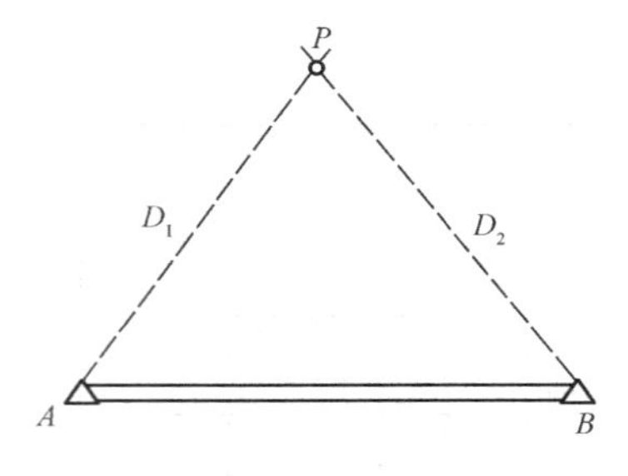

图 9.11　距离交会法

第四节　坡度线的测设

在道路和管道工程中，经常会遇到坡度线的测设工作。测设给定坡度线是根据现场附近水准点的高程、设计坡度和坡度端点的设计高程等，用高程测设方法将坡度线上各点的设计高程在地面上标定出来。测设的方法通常采用水平视线法和倾斜视线法。

一、水平视线法

两点间的高差与其水平距离的比值称为坡度。设地面上两点间的水平距离为 D，高差为 h，坡度为 i，则：

$$i=\frac{h}{D} \tag{9.10}$$

坡度可用百分率(%)表示，也可用千分率(‰)表示。

如图 9.12 所示，A、B 为设计坡度线的两端点，A 点的设计高程 $H_A=32.000$ m，A、B 两点的距离为 75 m。附近有一水准点 R，其高程 $H_R=32.123$ m。从 A 到 B 测设坡度 $i=-1\%$的坡度线，其测设方法如下：

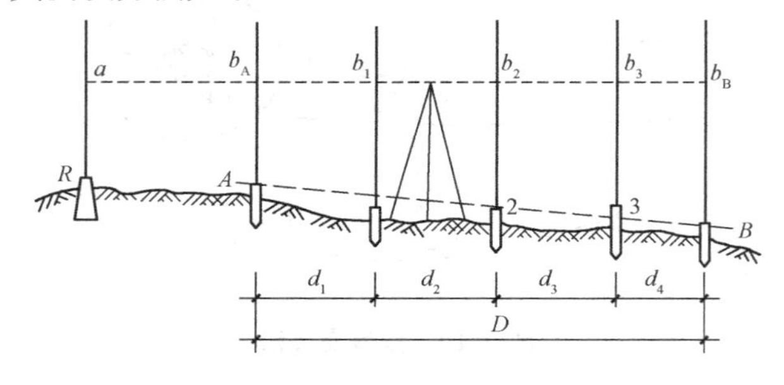

图 9.12　水平视线法

沿 AB 方向，根据施工需要，按一定的间距 d 在地面上标定出中间点 1、2、3 的位置。图中，d_1、d_2、d_3 均为 20 m，d_4 为 15 m。按下式计算各桩点的设计高程。

$$H_{设}=H_{起}+i\times d \tag{9.11}$$

则设计高程：
$$H_1=H_A+i\times d=32.000+(-1\%\times 20)=31.800(\text{m})$$
$$H_2=H_1+i\times d=31.800+(-1\%\times 20)=31.600(\text{m})$$

$$H_3 = H_2 + i \times d = 31.600 + (-1\% \times 20) = 31.400(\text{m})$$

$$H_B = H_3 + i \times d = 31.400 + (-1\% \times 15) = 31.250(\text{m})$$

检核：$H_B = H_A + i \times d = 32.000 + (-1\% \times 15) = 31.250(\text{m})$

安置水准仪于水准点 R 及附近，读取后视数 $a=1.312$ m，则水准仪视线高程为：

$$H_{视} = H_R + a = 32.123 + 1.312 = 33.435(\text{m})$$

按测设高程的方法，算出各桩点水准尺的应读数。根据各点的应读数指挥打桩，当水平视线在各桩顶水准尺读数都等于各自的应读数时，则桩顶连线为设计坡度线。若木桩无法往下打时，可将水准尺靠在木桩的一侧，上下移动，当水准尺的读数恰好为应读数时，在木桩侧面沿水准尺底画横线，此线即在 AB 坡度线上。

二、倾斜视线法

如图 9.13 所示，A 点的高程为 H_A，A、N 点的水平距离为 D_{AN}，直线 A、N 的测设坡度为 i_{AN}，则可算出 N 点的设计高程为：

$$H_N = H_A + i_{AN} D_{AN} \tag{9.12}$$

按测设高程的方法，在 N 点测设出 H_N 的高程位置，则 A 点与 N 点的设计坡度线就定出来了。除了线路两端点定出外，还要在 A、N 两点之间定出一系列点，使它们的高程位置能位于 AN 所在的同一坡度线上。测设时，将水准仪(当设计坡度较大时可用经纬仪)安置在 A 点，并使水准仪机座上的一只脚螺旋在 AN 方向上，另两只脚螺旋的连线与 AN 方向垂直，量取仪高 i，用望远镜瞄准立于 N 点的水准尺，调整 AN 方向上的脚螺旋，使十字丝的中丝在水准尺上的读数为仪器高 i，这时仪器的视线平行于所设计的坡度线，然后在 AN 中间的各点 1、2、3…的桩上立水准尺，只要各点水准尺的读数为 i，则尺子底部即位于设计坡度线上。

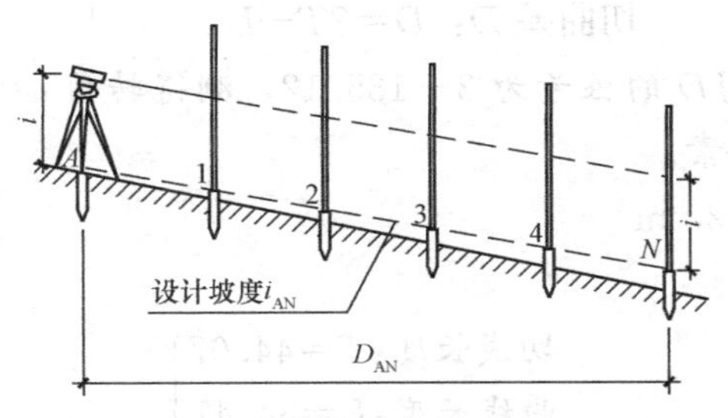

图 9.13 倾斜视线法

第五节 圆曲线的测设

修建渠道、道路、隧洞等建筑物时，从一直线方向改变到另一直线方向，需用曲线连接，使路线沿曲线缓慢变换方向。常用的曲线就是圆曲线。

一、圆曲线主点

图 9.14 中直线由 T_1 到 JD 点后，转向 T_2 方向(α 为转折角)，用一半径为 R 的圆与该两直线连接(相切)，切点 ZY 由直线转向曲线，称为圆曲线的起点；切点 YZ 由曲线转向直线，称为圆曲线的终点；QZ 为曲线的中点；这三点控制圆曲线的形状，称为圆曲线的主点。

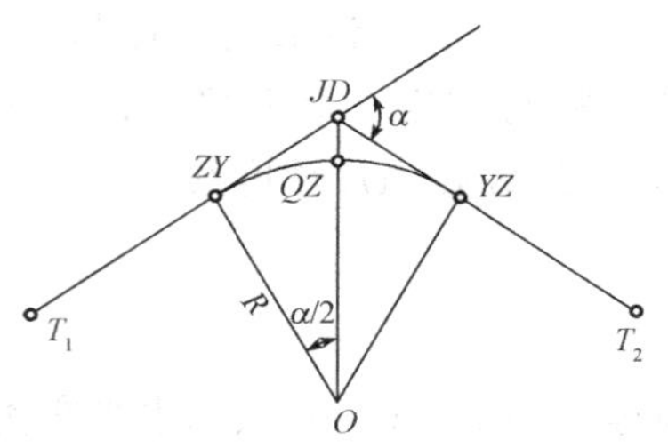

图 9.14　圆曲线主点放样示意图

二、圆曲线的测设元素及计算

若 α、R 已知，则：

$$\left.\begin{aligned}&\text{切线长 }T\text{：}T=R\times\tan\frac{\alpha}{2}\\&\text{曲线长 }L\text{：}L=R\times\alpha\times\frac{p}{180^\circ}\\&\text{外矢距 }E\text{：}E=R\left(\sec\frac{\alpha}{2}-1\right)\\&\text{切曲差 }D\text{：}D=2T-L\end{aligned}\right\}\tag{9.13}$$

【例 9-2】　已知交点 JD 的桩号为 3+135.12，测得转角 $\alpha=40^\circ20'$(右)，圆曲线半径 $R=120$ m，试求圆曲线要素。

解： $\alpha=40^\circ20'$，$R=120$ m

由式(9.13)可得

$$\left.\begin{aligned}&\text{切线长度：}T=44.07\\&\text{曲线长度：}L=84.47\\&\text{外矢距：}E=7.84\\&\text{切曲差：}D=3.67\end{aligned}\right\}$$

在实际工作中，圆曲线要素可从《公路曲线测设用表》或《铁路曲线测设用表》中查得。这些表都以 $R=100$ m 编制的，如 $R=1\,000$ m 时，只需将表中查得数值乘以 10，依次类推。

三、主点桩号的计算

由于道路中线不经过交点 JD，所以曲线中点 QZ 和终点 YZ 的桩号，必须从起点 ZY 的桩号沿曲线长度推算出来。

主点桩号计算公式：

$$\left.\begin{aligned}ZY\text{桩号}&=JD\text{桩号}-T\\YZ\text{桩号}&=ZY\text{桩号}+L\\QZ\text{桩号}&=YZ\text{桩号}-\frac{L}{2}\end{aligned}\right\}\tag{9.14}$$

为了避免计算中的错误，可用下式进行计算检核：

$$JD\text{桩号}=QZ\text{桩号}+\frac{D}{2}\tag{9.15}$$

用【例 9-2】的测设元素按式(9.14)计算主点桩号，得：

ZY 桩号=3+091.05；　　QZ 桩号=3+133.29；　　YZ 桩号=3+175.53

按式(9.15)检核计算：

$$JD\text{桩号}=3+135.12$$

四、圆曲线测设的方法

(一)主点的测设

经纬仪置于交点 JD 上，将望远镜照准 ZY 方向，自交点沿此方向量切线长 $T=44.07$ m，便定出曲线的起点 ZY。然后，将望远镜照准 YZ 方向，自交点沿此方向量切线长 $T=44.07$ m，定出曲线的终点 YZ。以 $0°00'00''$ 瞄准终点 YZ，测设角度 $\beta/2$，可得两切线的分角线方向(当 β 大于 180°时，需再倒转望远镜)，沿此方向从 JD 量外矢距 $E=7.84$ m，便定出曲线的中点 QZ。

(二)细部点的测设

细部点的测设主要是求解曲线中点 QZ 和曲线终点 YZ 的点位位置，放样曲线中点 QZ 主要是拨偏角 α 的四分之一。在要素求解时这里不是难点，但对整条曲线起着控制作用。其测设的正确与否，直接影响曲线的详细测设，所以在求解时也不能大意。

圆曲线的详细测设是指测设除主要点以外的一切曲线点，包括一定距离加密点、百米点。圆曲线的详细测设的方法有很多种，实践中用得比较多的是偏角法和切线支距法。

1. 偏角法

所谓偏角法，是根据曲线起点 ZY 的切线偏角 δ_i 及其间距 c 作方向与定长交会，获得放样点位。如图 9.15 所示，欲测设曲线上 2 点，可在 ZY 点置镜，后视 JD 点，拨出偏角 δ_2，在以定长 c 自 1 点与拨出的视线方向作交会，得到 2 点。偏角计算主要公式如下：

$$\delta=\frac{\varphi}{2}=\frac{c}{2R}\cdot\frac{180}{\pi}\tag{9.16}$$

式中，c 为弧长，一般为 20 m(因为圆曲线的半径 R 一般比较大，相对来说，c 值比较小，故认为弦长与弧长均为 c)，φ 为弧长 c 所对应的圆心角。

当圆曲线上各点等距离时，则曲线上各点的偏角为第一点偏角的整数倍。

$$\left.\begin{aligned}\delta_1&=\frac{\varphi}{2}=\frac{c}{2R}\cdot\frac{180}{\pi}=\delta\\\delta_2&=2\times\frac{\varphi}{2}=2\delta\\&\vdots\\\delta_n&=n\times\frac{\varphi}{2}=n\cdot\delta\end{aligned}\right\}\tag{9.17}$$

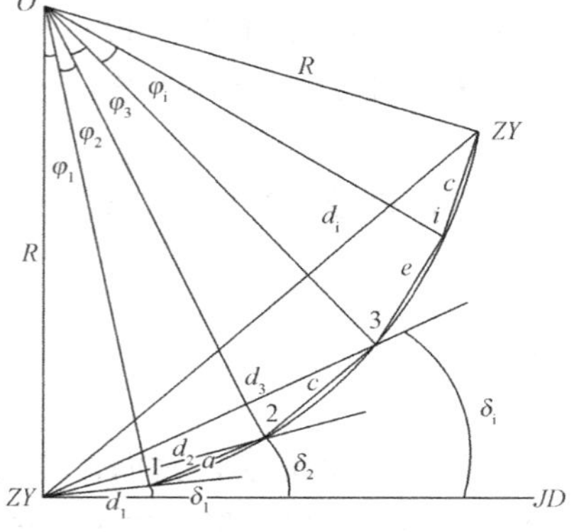

图 9.15　偏角法

2. 切线支距法

平面曲线的施工测量就是依据曲线上的坐标值进行施工放样。平面曲线施工放样测量的计算，就是依据曲线的数学方程式，由已知弧长求曲线坐标。

由于采用的坐标不同，支距法可以分为切线支距和弦线支距法两种。切线支距法是以曲线起点 ZY 为坐标原点，过点 ZY 的切线为 x 轴、过点 ZY 的半径为 y 轴的直角坐标系统。利用曲线上各点在此坐标系统中的坐标，便可采用直角坐标法测设曲线。其作法主要是在地面上沿切线方向自 ZY 量出 x_i，在其垂线方向上量取 y_i，便可得曲线上的 i 点(图 9.16)。

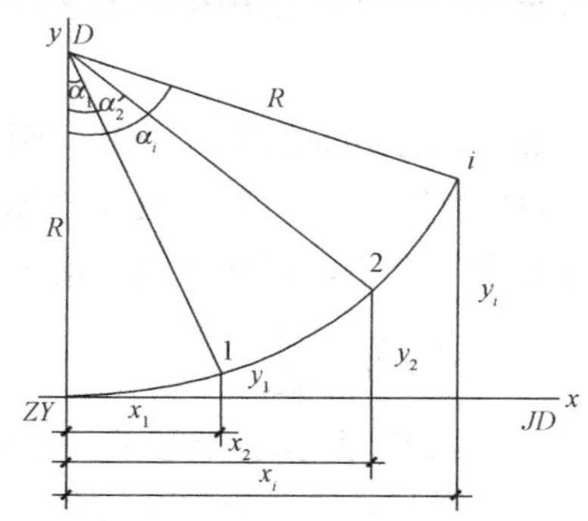

图 9.16　切线支距法

关键的问题是由圆曲线上任意一点 i 的曲线长 l_i 及半径 R 确定 i 点的坐标 x_i 与 y_i，即建立参数方程。

由图 9.16 可以看出，曲线上任意一点 i 的坐标为：

$$\left.\begin{aligned} x_i &= R \cdot \sin\alpha_i \\ y_i &= R(1-\cos\alpha_i) \end{aligned}\right\} \tag{9.18}$$

将 $\alpha_i=\dfrac{l_i}{R}$ 代入式(9.18)并用级数展开，可得圆曲线的参数方程：

$$\left.\begin{aligned} x_i &= l_i-\frac{l_i^2}{6R^2}+\frac{l_i^5}{120R^4} \\ y_i &= \frac{l_i^2}{2R}-\frac{l_i^4}{24R^3}+\frac{l_i^6}{720R^5} \end{aligned}\right\} \tag{9.19}$$

这样，根据曲线半径与 i 点曲线长 l_i 代入式(9.18)即得 i 点的坐标。所以，切线支距法放样圆曲线所要求的放样参数即为(x_i，y_i)。

偏角法测设圆曲线简单可行，但此法是逐点测设，误差易积累。因此，测设中应细心配置角度，精确测设距离。

用切线支距法测设的细部是相互独立的，误差不累积。若支距不太长，用此法具有操作方便、精度较高的特点。但切线支距法不能自行闭合检查，必须用钢尺丈量曲线上相邻两点的距离作为检核。

思考与练习

1. 测设的基本工作有哪些？

2. 测设点的平面位置有哪些方法？

3. 简述用水准仪测设坡度的方法。

4. 设水准点 A 的高程为 25.362 m，现要测设高程为 24.500 m 的 B 点，仪器安置在 A、B 两点之间，在 A 尺上的读数为 1.256 m，则在 B 尺上的读数应为多少？如使 B 桩的桩顶高程为 24.500 m，应如何测设？

5. 要在 AB 方向上测设一条坡度为 $i=-5\%$ 的坡度线，已知 A 点的高程为 32.365 m，A、B 两点间的水平距离为 100 m，则 B 点的高程应为多少？

6. 已知圆曲线半径 $R=300$ m，转向角 $\alpha=30°45'$，交点 JD 的桩号为 3+376.86，求曲线元素及主点的里程。

第十章　民用建筑施工测量

通过本章学习，了解施工测量前的准备工作，了解民用建筑测量的基本知识；掌握民用建筑物的定位、放线；理解基础工程测量、墙体工程测量；掌握高层建筑施工测量方法。

建筑工程一般可分为民用建筑工程和工业建筑工程两大类。民用建筑指的是住宅、办公楼、食堂、俱乐部、医院和学校等建筑物。建筑工程施工阶段的测量工作也可分为建筑施工前的测量工作和建筑施工过程中的测量工作。建筑施工前的测量工作包括施工控制网的建立、场地布置、工程定位和基础放线等；建筑施工过程中的测量工作包括基础施工测量、墙体施工测量、建(构)筑物的轴线投测和高程传递、沉降观测等。建筑施工测量贯穿于整个施工过程，它对保证工程质量和施工进度都起着重要的作用。进行施工测量之前，除了应对所使用的测量仪器和工具进行检核外，尚需做好以下准备工作。

第一节　施工测量前的准备工作

一、熟悉设计图纸

设计图纸是施工测量的依据，在测设前应熟悉建筑物的尺寸和施工要求，以及施工的建筑物与相邻地物的相互关系等，对各设计图纸的有关尺寸应仔细核对，必要时要将图纸上主要数据摘抄于施测记录本上，以便随时查用。测设时，应具备下列图纸资料：

(1)设计总平面图。设计总平面图是测设建筑物总体位置的依据，建筑物就是依据其在总平面图上所给定的尺寸关系进行定位的，如图 10.1 所示。

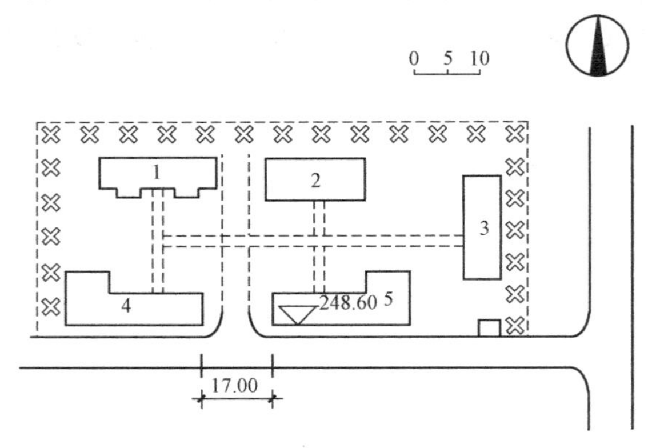

图 10.1　设计总平面图

(2)建筑平面图。建筑平面图给出了建筑物各轴线的间距，如图 10.2 所示。

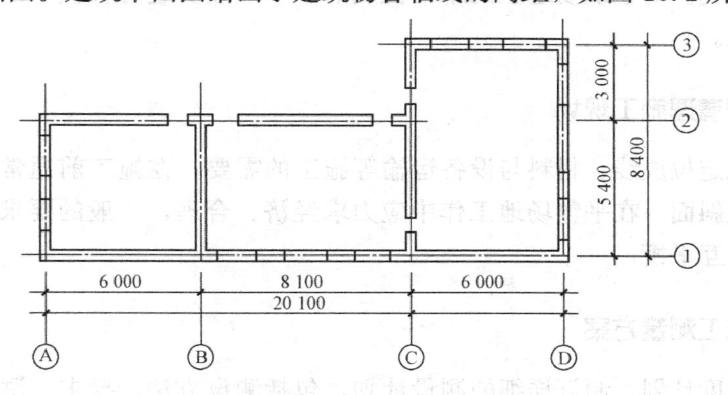

图 10.2　建筑平面图

(3)立面图和剖面图。立面图和剖面图给出了基础、室内外地坪、门窗、楼板、屋架、屋面等处的设计标高，如图 10.3 所示。

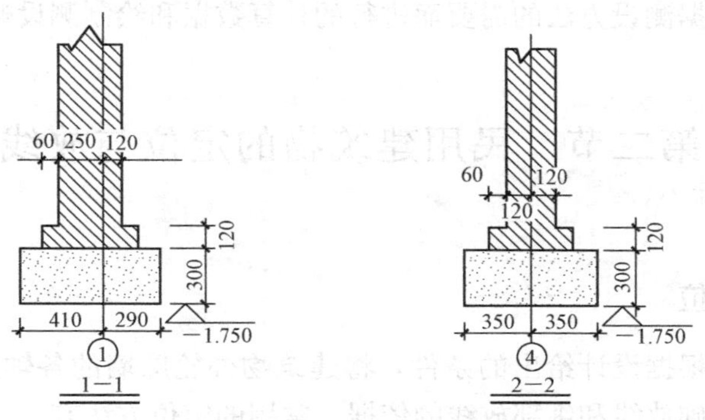

图 10.3　基础立面和剖面图

(4)基础平面图和基础详图。基础平面图和基础详图给出了基础轴线、基础宽度和标高的尺寸关系。

(5)设备基础图和管网图。

在熟悉设计图纸的过程中应注意，总平面图上给出的建筑物之间的距离一般是指建筑物外墙皮间距；建筑物到建筑红线、建筑基线、道路中线的距离一般也是指建筑物外墙皮至某一直线的距离；总平面图上设计的建筑物平面位置用坐标表示时，给出的坐标一般是外墙角的坐标值；建筑平面图上给出的尺寸一般是轴线间的尺寸。

施工放样过程中，建筑物定位均是根据拟建建筑物外墙轴线进行定位的，因此在测量前准备测设数据时，应注意以上数据之间的相互关系，根据墙的设计厚度找出外墙皮至轴线的尺寸。

二、现场踏勘

现场踏勘的目的是了解现场的地物、地貌和原有测量控制点的分布情况，并调查与施工测量有关的问题。对建筑场地上的平面控制点、水准点要进行检核，以获得正确的测量起始数据和点位。

三、平整和清理施工现场

为满足施工定位放线、材料与设备运输等施工的需要，在施工前通常要将拟建场地整理成水平面或倾斜面。在平整场地工作中应力求经济、合理，一般的要求是场地内填、挖的土方量达到相互平衡。

四、编制施工测量方案

按照施工进度计划，制订详细的测量计划，包括测设方法、要求、测设数据计算和绘制测设草图。

五、准备测设数据

测设数据包括根据测设方法的需要而进行的计算数据和绘制测设略图。

第二节　民用建筑物的定位与放线

一、建筑物的定位

建筑物的定位是根据设计给出的条件，将建筑物外轮廓墙的各轴线交点(简称角点)测设到地面上，作为基础放线和细部放线的依据。常用的定位方法有：

1. 根据与原有建筑物的关系定位

如图 10.4 所示，拟建的 5 号楼根据原有 4 号楼定位。

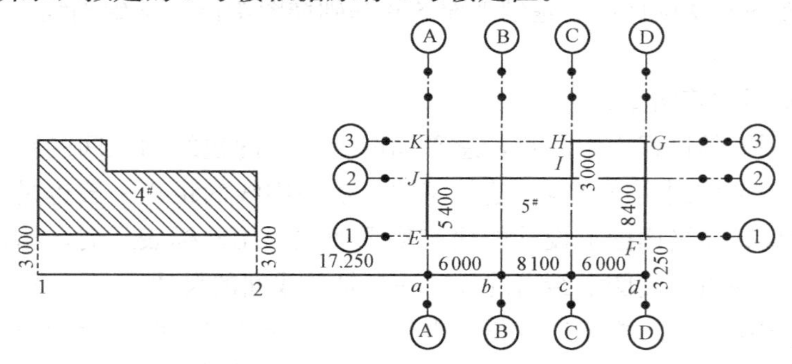

图 10.4　根据与原有建筑物的关系定位

(1)先沿 4 号楼的东西墙面向外各量出 3.00 m，在地面上定出 1、2 两点作为建筑基线，在 1 点安置经纬仪，照准 2 点，然后沿视线方向，从 2 点起根据图中注明尺寸测设出各基线点 a、c、d，并打下木桩，桩顶钉小钉以表示点位。

(2)在 a、c、d 三点分别安置经纬仪，并用正倒镜测设 90°，沿 90°方向测设相应的距离，以定出房屋各轴线的交点 E、F、G、H、I、J 等，并打木桩，桩顶钉小钉以表示点位。

(3)用钢尺检测各轴线交点间的距离，其值与设计长度的相对误差不应超过 1/3 000～1/5 000，并且将经纬仪安置在 E、F、G、K 四角点，检测各个直角，其角值与 90°之差不应超过±40″。

2. 根据建筑方格网定位

在建筑场地已测设有建筑方格网，可根据建筑物和附近方格网点的坐标，用直角坐标法测设。如图 10.5 所示，由 A、B、C、D 点的坐标值可算出建筑物的长度和宽度：

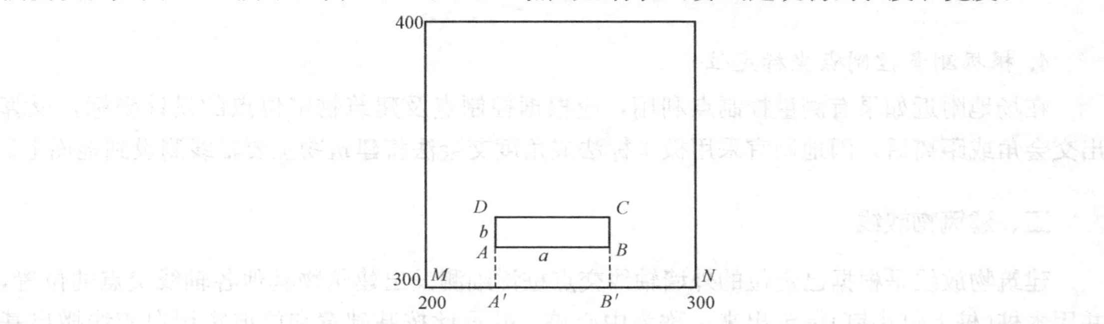

图 10.5　建筑物方格网定位

$$a=268.24-226.00=42.24\ \text{m}$$

$$b=328.24-316.00=12.24\ \text{m}$$

测设建筑物定位点 A、B、C、D 的步骤：

(1)先把经纬仪安置在方格点 M 上，照准 N 点，沿视线方向自 M 点用钢尺量取 A 与 M 点的横坐标差，得 A'点，再由 A'点沿视线方向量取建筑物长度 42.24 m，得 B'点。

(2)然后安置经纬仪于 A'，照准 N 点，向左测设 90°，并在视线 $A'A$ 方向上量取 16 m，得 A 点，再由 A 点继续量取建筑物的长度 12.24 m，得 D 点。

(3)安置经纬仪于 B'点，同法定出 B、C 点，为了校核，应用钢尺丈量长度，看其是否等于设计长度及各角是否为 90°。

3. 根据建筑红线定位

建筑红线是城市规划部门所测设的城市道路规划用地与单位用地的界址线，新建筑物的设计位置与红线的关系应得到政府部门的批准。因此，靠近城市道路的建筑物设计位置应以城市规划道路的红线为依据。

如图 10.6 所示，A、BC、MC、EC、D 为城市规划道路红线点，其中，A-BC、EC-D 为直线段，BC 为圆曲线起点，MC 为圆曲线中点，EC 为圆曲线终点，IP 为两直线段的交点，该交角为 90°，M、N、P、Q 为设计高层建筑各轴线(外墙中线)的交点，规定 MN 轴线应离道路红线 A-BC 为 12 m，且与红线相平行；NP 轴线离道路红线 D-EC 为 15 m。

测设时，在红线上从 IP 点得 N'点，再量建筑物长度(MN)得 M'点。在这两点上分别安置经纬仪，测设 90°，并量 12 m，得 M、N 点，并延长建筑物宽度(NP)得到 P、Q 点。再对 M、N、P、Q 进行检核。

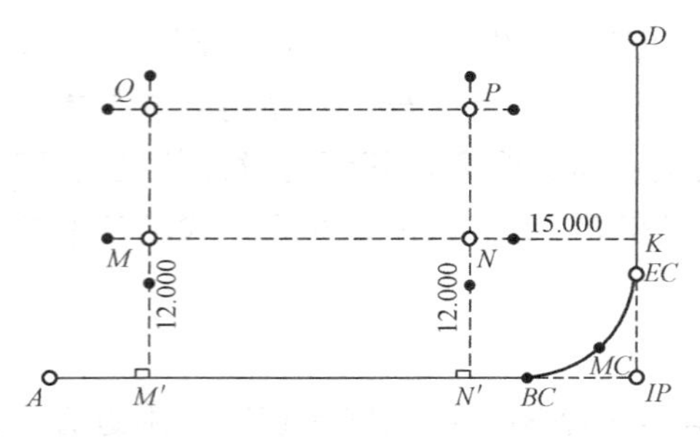

图 10.6　建筑红线定位

4. 根据测量控制点坐标定位

在场地附近如果有测量控制点利用，应根据控制点及建筑物定位点的设计坐标，反算出交会角或距离后，因地制宜采用极坐标法或角度交会法将建筑物主要轴线测设到地面上。

二、建筑物放线

建筑物放线是根据已定位的外墙轴线交点桩详细测设出建筑物其他各轴线交点的位置，并用木桩(桩上钉小钉)标定出来，称为中心桩。并据此按基础宽和放坡宽用白灰线撒出基槽开挖边界线。基础开挖前，应引测轴线控制桩以作为基础开挖后恢复各轴线的依据。轴线控制桩应引测到基础槽外不受施工干扰并便于引测的地方，并做好标志，其方法有设置轴线控制桩和设置龙门板两种形式。

1. 设置轴线控制桩

由于在施工开挖基槽时中心桩要被挖掉，所以在基槽外各轴线延长线的两端应设轴线控制桩(又称引桩)，作为开槽后各阶段施工中恢复轴线的依据。控制桩一般钉在槽边，不受施工干扰并便于引测和保存桩位的地方。为了保证控制桩的精度，施工中将控制桩与定位桩一起测设，有时先测设控制桩，再测设定位桩(图 10.7)。测设步骤如下：

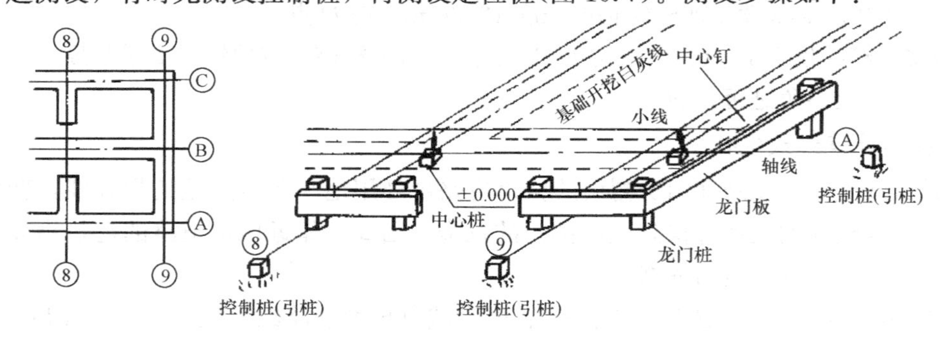

图 10.7　设置轴线控制桩

(1)将经纬仪安置在轴线交点处，对中整平，将望远镜十字丝纵丝照准地面上的轴线，再抬高望远镜把轴线延长到离基槽外边(测设方案)规定的数值上，钉设轴线控制桩，并在桩上的望远镜十字丝交点处钉一小钉，作为轴线钉。一般在同一侧离开基槽外边的数值相同(如同一侧离基槽外边的控制桩都为 3 m)，并要求同一侧的控制桩在同一竖直面上。倒转望远镜，将另一端的轴线控制桩也测设于地面。将照准部转动 90°，可测设相互垂直轴线的轴线控制桩。控制桩要钉得竖直、牢固，木桩侧面与基槽平行。

(2)用水准仪根据建筑场地的水准点在控制桩上测设±0.000 m 标高线，并沿±0.000 m标高线钉设控制板，以便竖立水准尺测设标高。

(3)用钢尺沿控制桩检查轴线钉的间距，经检核合格后以轴线为准，将基槽开挖边界线画在地面上，拉线，用石灰撒出开挖边线。

2. 设置龙门板

现在在仿古建筑施工和民用建筑中有些特殊部位施工精度要求较高时，为了施工的方便，在基槽外局部范围内设置龙门板。设置龙门板的步骤如下：

(1)在建筑物四角和隔墙两端基槽开挖边线以外的 1～1.5 m 处(根据土质情况和挖槽深度确定)钉设龙门桩，龙门桩要钉得竖直、牢固，木桩侧面与基槽平行。

(2)根据建筑场地的水准点，在每个龙门桩上测设±0.000 m 标高线。当现场条件不许可时，也可测设比±0.000 m 高或低一定数值的线。

(3)在龙门桩上测设同一高程线，钉设龙门板，这样，龙门板的顶面标高就在一个水平面上。龙门板标高测定的容许误差一般为±5 mm。

(4)根据轴线桩，用经纬仪将墙、柱的轴线投到龙门板顶面上，并钉上小钉标明，称为轴线投点，投点容许误差为±5 mm。

(5)用钢尺沿龙门板顶面检查轴线钉的间距，经检核合格后，以轴线钉为准，将墙宽、基槽宽画在龙门板上，最后根据基槽上口宽度拉线，用石灰撒出开挖边线。

第三节　建筑物基础施工测量

一、基槽与基坑抄平

建筑物轴线放样完毕后，按照基础平面图上的设计尺寸，在地面放出灰线进行开挖。为了控制基槽开挖深度，当基槽开挖接近设计基底标高时，用水准仪根据地面上±0.000 m 标高线在槽壁上测设一些水平桩，如图 10.8 所示。水平桩标高比设计槽底提高 0.500 m，一般在槽壁上自拐角处每隔 3～4 m 测设一水平桩，用作控制挖槽深度、修平槽底、打垫层、绑扎钢筋、支模板等的依据。当基础为大开挖时，可用悬挂的钢尺代替水准尺，传递高程测设水平桩，并且还应在基槽壁上测设轴线控制桩。

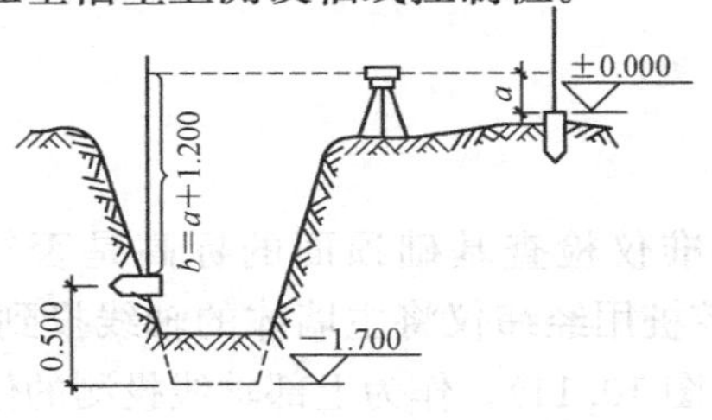

图 10.8　基坑抄平

二、垫层上轴线的测设

基础垫层打好后，根据轴线控制上的轴线钉，用经纬仪或用拉绳挂垂球的方法，把轴线投测到垫层上，如图 10.9 所示，并用墨线弹出墙体轴线和基础边线，以便施工。由于绑扎钢筋、支模板等以此轴线为准，这是施工的关键，所以要严格校核后，方可进行施工。

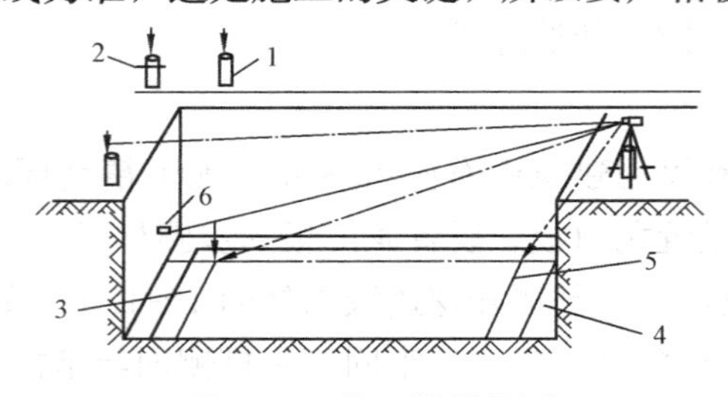

图 10.9　垫层轴线投测

1—控制桩；2—控制板；3—轴线；4—基础边线；5—垫层；6—腰桩

三、基础标高的控制

房屋基础墙(±0.000 m 以下的砖墙)的高度是利用基础皮数杆来控制的。基础皮数杆是一根木制的杆子，如图 10.10 所示，按照设计尺寸，在杆上将砖、灰缝厚度画出线条，并标明±0.000 和防潮层等的标高位置。

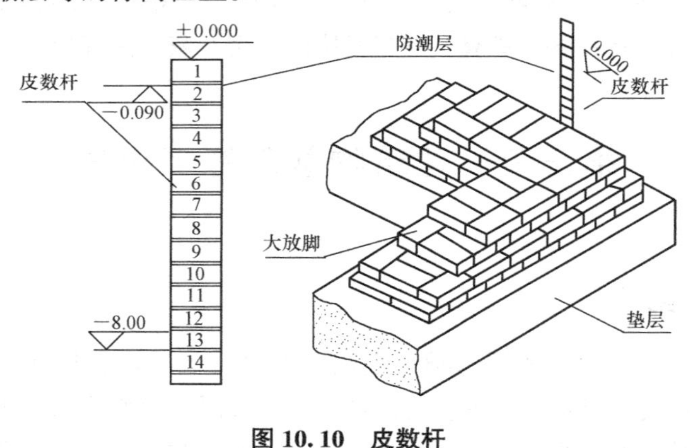

图 10.10　皮数杆

第四节　墙体施工测量

一、墙体轴线测设

基础施工结束后，用水准仪检查基础顶面的标高是否符合设计要求，误差不应超过±10 mm。同时，根据轴控桩用经纬仪将主墙体的轴线投到基础墙的外侧，用红油漆画出轴线标志，写出轴线编号(图 10.11)，作为上部轴线投测的依据；还应在四周用水准仪抄出−0.1 m的标高线，弹以墨线标志，作为上部标高控制的依据。

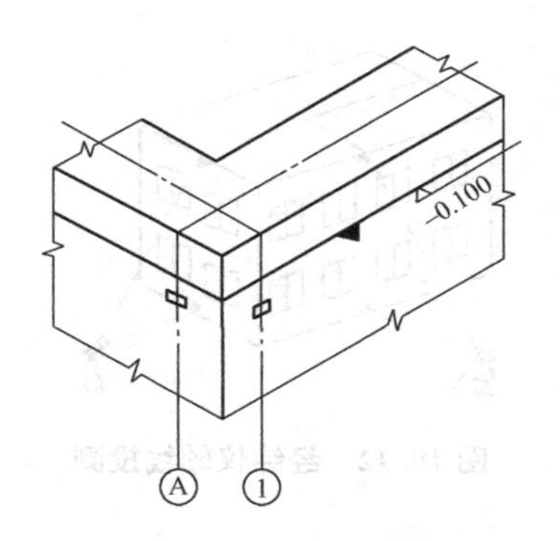

图 10.11　投测轴线

基础施工合格后，首先将轴线恢复到基础顶表面弹出墨线，拉钢尺检查轴线间间距，检验合格后，沿轴线弹出墙宽和门框、窗框等洞口的位置，并标明洞口的宽高尺寸。门的位置和尺寸在平面上标出，窗的位置和尺寸则标在墙的侧面上。

二、墙体各部位标高的控制

在墙体砌筑施工中，墙身上各部位的标高通常是用皮数杆来控制和传递的。

在墙体施工中，用皮数杆控制墙身各部位构件标高的准确位置，并保证每皮砖灰缝厚度均匀，每皮砖都处在同一水平面上。皮数杆一般都立在建筑物拐角和隔墙处，如图 10.11 所示。

竖立皮数杆时，先在地面上打一木桩，用水准仪测设出木桩上的±0.000 m 标高位置，并画一横线作为标志；然后，把皮数杆上的±0.000 m 标高线与木桩上的±0.000 m 标高线对齐，钉牢。皮数杆钉好后要用水准仪进行检测，并用垂球来校正皮数杆的垂直。

为了施工方便，采用里脚手架砌砖时，皮数杆应立在墙外侧；如采用外脚手架时，皮数杆应立在墙内侧；如系框架或钢筋混凝土柱间砌块的填充墙时，每层皮数可直接画在框架柱上。

三、建筑物的轴线投测和高程传递

1. 轴线投测

在建筑施工中，常用悬吊垂球法将轴线逐层向上投测。其作法是：将垂球悬吊在楼板或柱顶边缘，垂球尖对准基础侧面的定位轴线，在楼板或柱顶及侧面边缘画一短线作出标志；同样投测轴线另一端点，两端的连线即为定位轴线。同法投测其他轴线，再用钢尺校核各轴线间距，同法依次逐层向上投测。然后继续施工，并把轴线逐层自下向上传递。为减少误差累积，保证工程质量，宜在三层时将经纬仪安置在轴线控制桩上，望远镜瞄准基础侧面轴线，如图 10.12 所示，再抬高望远镜，把轴线投测到楼板或柱子的侧面，以校核用垂球逐层传递的轴线位置是否正确；如果偏差在允许范围内，则以经纬仪投测上去的轴线为准，再用悬吊垂球法向四层逐层传递轴线。

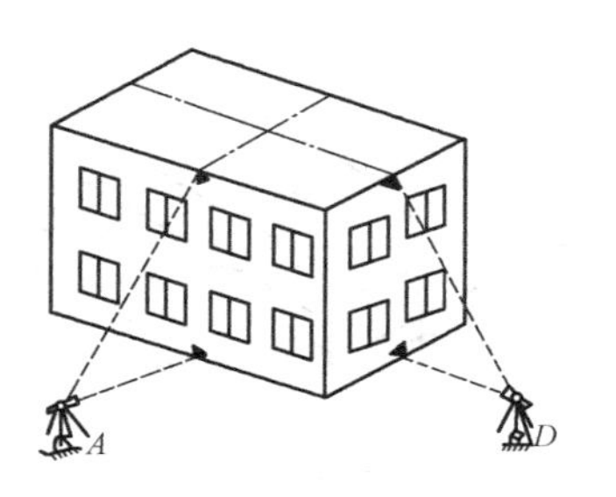

图 10.12　经纬仪轴线投测

2. 高程传递

一般建筑物可用皮数杆来传递高程。对于传递高程要求较高的建筑物，通常用钢尺直接丈量来传递高程。一般是在底层墙身砌筑到 1.5 m 高后，用水准仪在内墙面上测设一条高出室内地坪线＋0.5 m 的水平线，作为该层地面施工及室内装修时的标高控制线。对于二层以上各层，同样在墙身砌到 1.5 m 后，一般从楼梯间用钢尺从下层的＋0.5 m 标高线向上量取一段等于该层层高的距离，并作标志。然后，再用水准仪测设出上一层的＋0.5 m 的标高线。这样，用钢尺逐层向上引测。根据具体情况，也可用悬挂钢尺代替水准仪，用水准仪读数，从下向上传递高程。

框架结构传递高程，一般建筑物选择隔一定柱距的柱子外侧，用悬吊垂球法将轴线投测在柱子外侧，再用钢尺沿轴线从下一层的＋0.5 m水平线，量一层层高至上一层的＋0.5 m水平线来逐层向上传递高程。一般在底层主体施工中，用水准仪在柱子钢筋上测设一条高出室内地坪线＋0.5 m 的水平线，作为向上绑扎钢筋标高的依据。支模板时，还应将＋0.5 m 的水平线抄平到柱子木板上，作为模板标高的依据；柱子拆模板后，再次将＋0.5 m水平线抄平到柱子侧面作为向上传递高程的依据，并作为该层地面施工及室内装修时的标高控制线。对于二层以上各层同法施工，检查层高时可悬挂钢尺，用水准仪读出一层＋0.5 m水平线，从下向上传递检查高程。

第五节　高层建筑施工测量

高层建筑物的特点是层数多、高度高，建筑结构复杂，设备和装修标准较高。因此，在施工过程中对建筑物各部位的水平位置、垂直度及轴线尺寸、标高等的精度要求都十分严格。对质量检测的允许偏差也有严格要求。例如，层间标高测量偏差和竖向测量偏差均不应超过±3 mm，建筑全高(H)测量偏差和竖向偏差也不超过 $3H/10\ 000$，且 $30\ m<H\leqslant 60\ m$ 时，不应大于±10 mm；$60\ m<H\leqslant 90\ m$ 时，不应大于±15 mm；$H>90\ m$ 时，不应大于±20 mm。

此外，由于高层建筑工程量大，多设有地下工程，又多为分期施工，且工期长，施工现场变化大，为保证工程的整体性和局部施工的精度要求，实施高层建筑施工测量，事先必须谨慎，仔细地制订测量方案，选用精度较高的测量仪器，并拟出各种控制和检测的措施，以确保放样精度。

高层建筑一般采用箱形基础或桩基础，上部主体结构为现场浇筑的框架结构工程。

一、轴线投测

(一)外投法

外投法是在建筑物外部，利用经纬仪，根据建筑物轴线控制桩来进行轴线的竖向投测，也称为“经纬仪引桩投测法”。

1. 在建筑物底部投测中心轴线位置

高层建筑的基础工程完工后，将经纬仪安置在轴线控制桩 A_1、A'_1、B_1 和 B'_1 上，把建筑物主轴线精确地投测到建筑物的底部，并设立标志，如图 10.13 中的 a_1、a'_1、b_1 和 b'_1，以供下一步施工与向上投测之用。

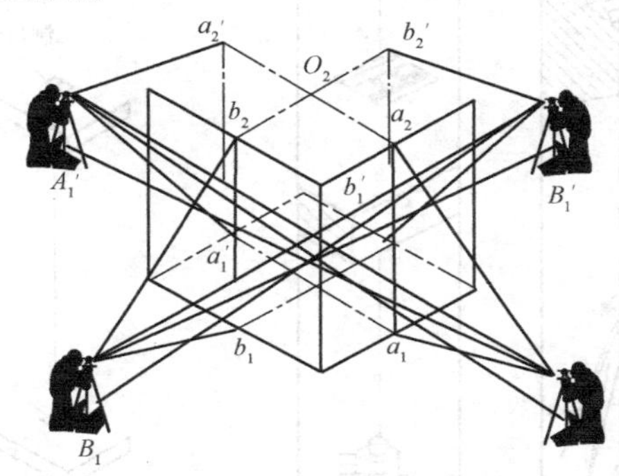

图 10.13 建筑物底部投测中心线

2. 向上投测中心线

随着建筑物不断升高，要逐层将轴线向上传递。将经纬仪安置在中心轴线控制桩 A_1、A_1'、B_1 和 B_1'上，严格整平仪器，用望远镜瞄准建筑物底部已标出的轴线 a_1、a_1'、b_1 和 b_1'点。用盘左和盘右分别向上投测到每层楼板上，并取其中点作为该层中心轴线的投影点 a_2、a_2'、b_2 和 b_2'。

3. 增设轴线引桩

当楼房逐渐增高，而轴线控制桩距建筑物又较近时，望远镜的仰角较大，操作不便，投测精度也会降低。此时应将原中心轴线控制桩引测到更远的安全地方，或者附近大楼的屋面。如经纬仪安置在已经投测上去的较高层(如第十层)楼面轴线 a_{10}、a_{10}'上，瞄准地面上原有的轴线控制桩 A_1、A_1'点，用盘左、盘右分中投点法，将轴线延长到远处 A_2、A_2'点，并作标志固定其位置，A_2、A_2'即为新投测的 A_1、A_1'轴控制桩，如图 10.14 所示。

(二)内投法

高层建筑物一般都建在城市密集的建筑区里，施工场地狭窄，无法用外投法。

内投法则不受施工场地限制，不受刮风下雨的影响，施测时在建筑物底层测设室内轴线控制点，建立室内轴线控制网。用垂准线原理将其轴线点垂直投测到各层楼面上，作为各层轴线测设的依据，故此法也叫垂准线投测法，如图 10.15 所示。

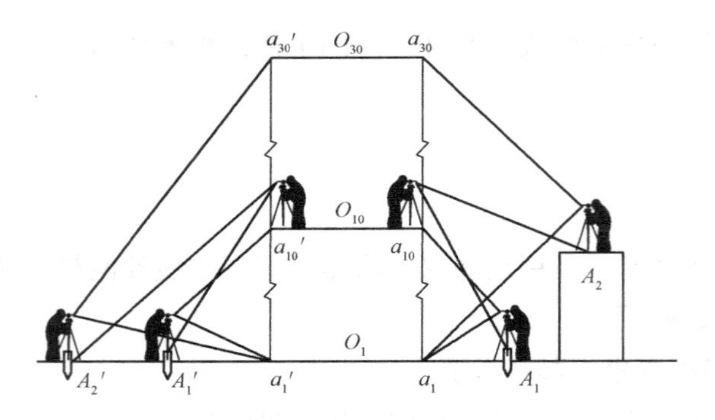

图 10.14　增设轴线引桩

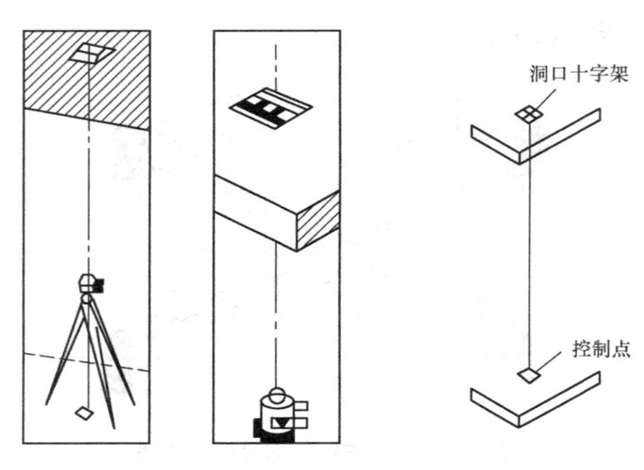

图 10.15　垂准线投测法

室内轴线控制点的布置视建筑物的平面形状而定，对一般平面形状不复杂的建筑物，可布设成“L”形或矩形控制网。内控点应设在房屋拐角柱子旁边，其连线与柱子设计轴线平行，相距 0.5～1.0 m。内控点应选择在能保持通视(不受构架梁等影响)和水平通视(不受柱子等影响)的位置。当基础工程完成后，根据建筑物场地平面控制网，校核建筑物轴线控制桩无误后，将轴线内控点测设到底层地面上，并埋设标志，作为竖向投测轴线的依据。为了将底层的轴线点投测到各层楼面上，在点的垂直方向上的各层楼面应预留约 200 mm×200 mm 的传递孔，并在孔的周围用砂浆做成 20 mm 高的防水斜坡，以防投点时施工用水通过传递孔流在仪器上。根据竖向投测使用仪器的不同，内投法又分为以下三种投测方法。

1. 吊线坠法

如图 10.16 所示，吊线坠法是使用直径 0.5～0.8 mm 的钢丝悬吊 10～20 kg 特制的大垂球，以底层轴线控制点为准，通过预留孔直接向各施工层投测轴线。每个点的投测应进行两次，两次投点的偏差要求，当投点高度小于 5 m 时不大于 3 mm，当投点高度在 5 m 以上时不大于 5 mm，即可认为投点无误，取其平均位置，将其固定下来。然后，检查这些点间的距离和角度，如与底层相应的距离、角度相差不大，则可作适当调整。最后，根据投测上来的轴线控制点加密其他轴线。施测中，如果采用的措施得当，如防止风吹和振动等，使用线坠引测铅直线是既经济、简单又直观、准确的方法。

2. 天顶垂直法

天顶垂直法是使用激光铅垂仪、激光经纬仪和配有目镜有90°弯管的经纬仪等垂直向上测设的仪器，进行竖向逐层传递轴线的方法。

采用激光铅垂仪或激光经纬仪进行竖向投测是将仪器安置在底层轴线控制点上，进行严格整平和对中(用激光经纬仪需将望远镜指向天顶，竖直读盘读数为0°或180°)。在施工层预留孔中央放置专用的透明方尺，移动方尺将激光点接收到方尺刻度中心，即投测的二层轴线控制点，其他内控点同法投测。精度要求较高时，安装经纬仪于该点上照准另外一个轴线内控点，在二层建立轴线控制网；精度要求一般时，也可在两控制点间拉钢尺(或拉线绳)，在二层建立轴线控制网，再由二层控制网恢复二层轴线。

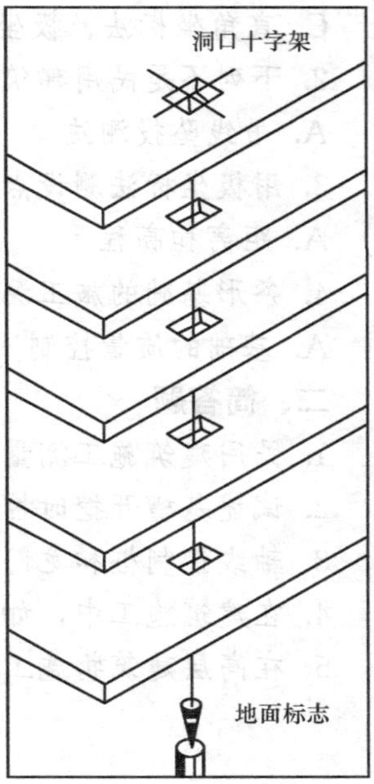

图 10.16 吊线坠法

3. 天底垂直法

天底垂直法是使用能测设铅直向下方向的垂准仪进行竖向投测。测法是把垂准仪安置在浇筑后的施工层上，用天底垂直法，通过在每层楼面相应于轴线点处的预留孔，将底层轴线点引测到施工层上。在实际工作中，可将有光学对点器的经纬仪改装成垂准仪，但改装工作必须由仪器专业人员进行。有光学对点器的经纬仪竖轴是空心的，故可将竖轴中心的光学对中器物镜和转向棱镜以及支架中心的圆盖卸下，经检核后，当望远镜物镜向下竖起时，即可测出天底垂直方向。

二、高程传递

高层建筑底层±0.000 m标高点可依据施工场地内的水准点来测设。±0.000 m的高程传递，一般用钢尺沿结构外墙、边柱和楼梯间等向上竖直量取，即可把高程传递到施工层上。用这种方法传递高程时，一般高层建筑至少由三处底层标高点向上传递，以便于相互校核和适应分段施工的需要。由底层传递上来的同一层几个标高点，必须用水准仪进行校核，检查各标高点是否在同一水平面上，其误差应不超过±3 mm。

在框架结构的民用建筑施工中，墙体砌块的高度、灰缝的厚度可画在柱侧面，代替皮数杆。

思考与练习

一、选择题

1. 在民用建筑施工测量中，测设主轴线交点的方法有(　　)。

A. 直角坐标法、极坐标法、角度交会法、距离交会法、正倒镜投点法等

B. 直角坐标法、极坐标法、角度交会法、距离交会法、经纬仪投点法等

C. 直角坐标法、极坐标法、角度交会法、偏心交会法、正倒镜投点法等

2. 下列不是民用建筑施工测量中高层建筑轴线投测的方法的是(　　)。

A. 吊线坠投测法　　B. 铅垂仪投测法　　C. 交会投点法

3. 用极坐标法测设点位时，要计算的放样数据为(　　)。

A. 距离和高程　　B. 距离和角度　　C. 角度

4. 条形基础的施工测量主要包括两部分：一是基础的平面位置控制，二是(　　)。

A. 基础的质量控制　　B. 基础的标高控制　C. 基础的坐标控制

二、简答题

1. 民用建筑施工测量包括哪些主要工作?

2. 试述基槽开挖时控制开挖深度的方法。

3. 轴线控制桩和龙门板的作用是什么? 如何设置?

4. 在建筑施工中，如何由下层楼板向上层楼板传递高程?

5. 在高层建筑物施工中，如何将底层轴线投测到各层楼面上?

第十一章　工业建筑施工测量

通过本章学习，应掌握工业建筑中以厂房为主体的施工测量方法，如厂房控制网的测设、厂房基础施工测量、厂房预制构件的安装测量、烟囱和水塔的施工测量、管道施工测量等。

工业建筑主要指工业企业的生产性建筑，如厂房、仓库等，以生产厂房为主体。厂房可分为单层厂房和多层厂房，目前使用较多的是金属结构和装配式钢筋混凝土结构单层厂房。其施工放样的主要工作包括厂房矩形控制网的测设、厂房柱列轴线测设、基础施工测量、厂房构件安装测量及设备安装测量等。

第一节　厂房控制网与柱列轴线的测设

一、厂房控制网测设

厂房的定位多是根据现场建筑方格网进行的。厂房施工中多采用由柱轴线控制桩组成的厂房矩形控制网作为厂房的基本控制网。布设时，应使矩形网的轴线平行于厂房的外墙轴线(两种轴线间距一般取 4 m 或 6 m)，并根据厂房外墙轴线交点的施工坐标和两种轴线的间距，给出矩形控制网角点的施工坐标，如图 11.1 所示。根据矩形控制网的四个角点的施工坐标和地面建筑方格网，利用直角坐标法即可将控制网的四个角点在地面上直接标定出来。

对于大型或设备基础复杂的厂房，可选其相互垂直的两条主轴线测设矩形控制网的四个角点即布设田字控制网，用测设建筑方格网主轴线同样的方法将其测设出来。然后，再根据这两条主轴线测设矩形控制网的四个角点，如图 11.2 所示。

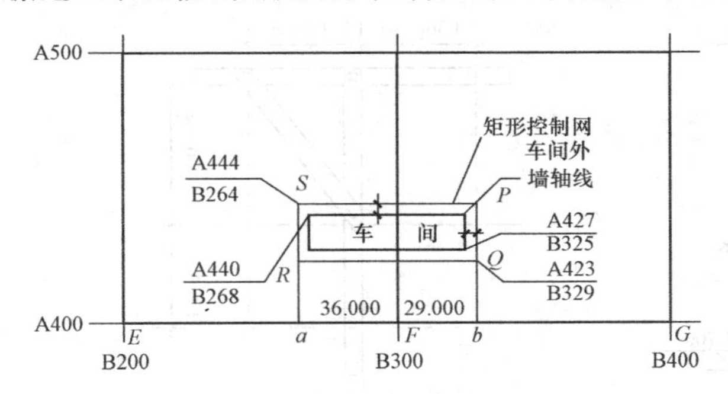

图 11.1　测设矩形控制网

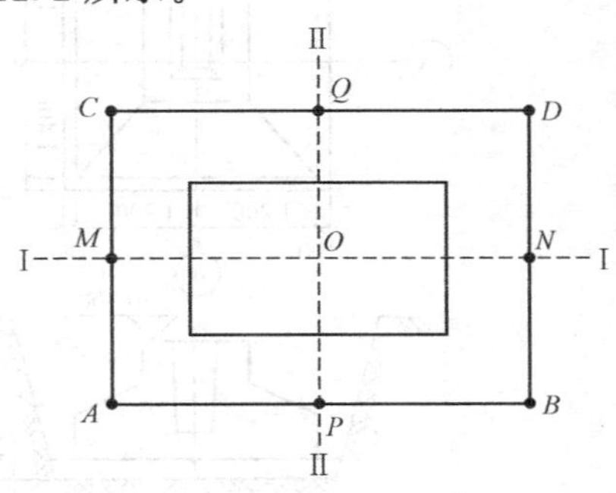

图 11.2　测设田字控制网

二、厂房柱列轴线的测设

根据厂房平面图上给出的柱间距和跨距，沿厂房矩形控制网的四边用钢尺精确排出各柱列轴线控制点的位置，并以木桩小钉标志，作为柱基础施工和构件安装的依据(图 11.3)。

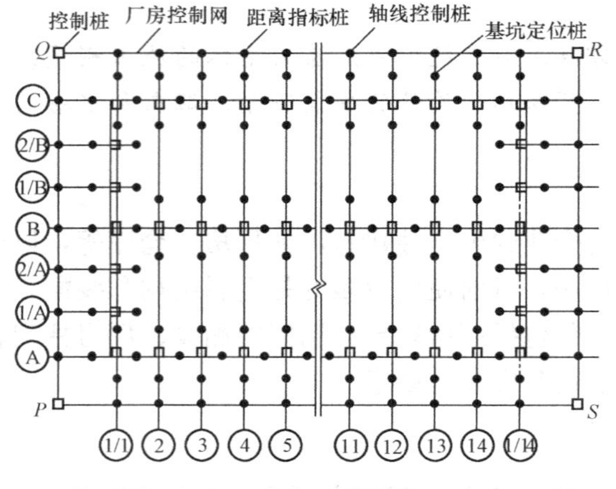

图 11.3　厂房柱列轴线测设

第二节　厂房基础施工测量

一、混凝土杯形基础施工测量

1. 柱基的定位与放线

将两台经纬仪分别安置在相互垂直的两条轴线上，用方向交会法进行柱基定位。每个柱基的位置均用四个定位小木桩和小钉标志。定位小木桩应设置在开挖边界线外比基坑深度大 1.5 倍的地方。柱基定位后，用特制的“T”形尺放出基坑开挖边线，并撒以白灰，如图 11.4 所示。

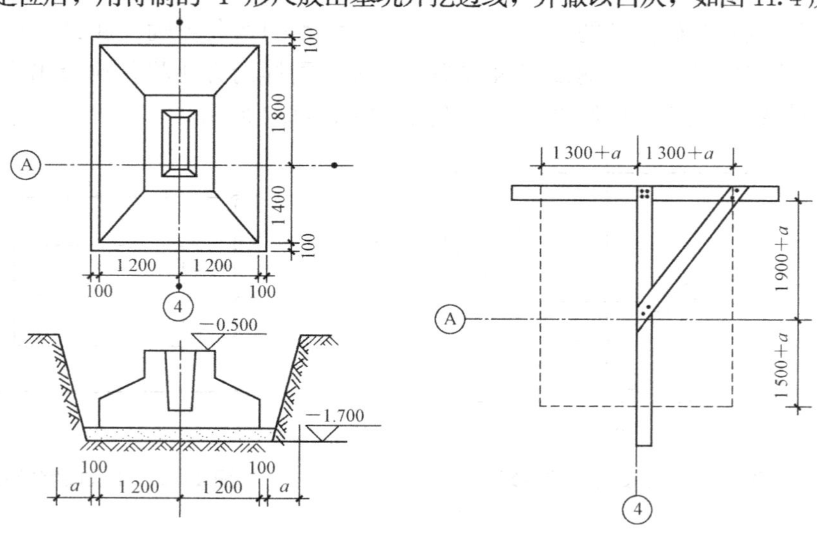

图 11.4　柱基的定位与放线

2. 水平垫层控制桩的测设

如图 11.5 所示，当基坑将要挖到底时，应在坑的四壁上测设上层面距坑底为 0.3～0.5 m的水平控制桩，作为清底依据。清底后，尚需在坑底测设垫层控制桩，使桩顶的标高恰好等于垫层顶面的设计标高，作为打垫层的标高依据。

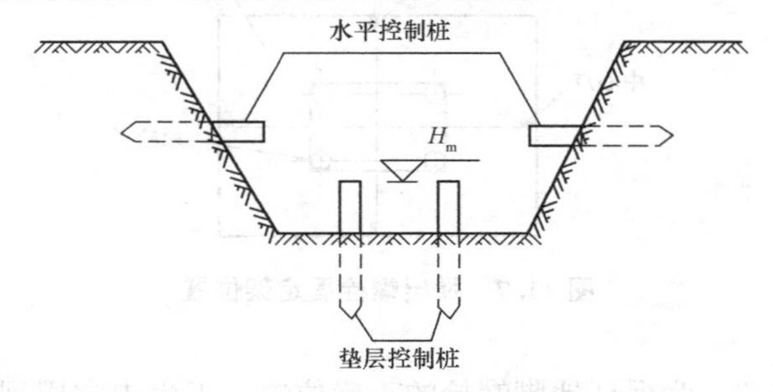

图 11.5 垫层控制桩

3. 立模定位

基础垫层打好后，在基础定位小木桩间拉线绳，用垂球把柱列轴线投设到垫层上弹以墨线，用红漆画出标记，作为柱基立模板和布置基础钢筋的依据。

立模板时，将模板底部的定位线标志与垫层上相应的墨线对齐，并用吊垂球的方法检查模板是否垂直。

模板定位后，用水准仪将柱基顶面的设计标高抄在模板的内壁上，作为浇灌混凝土的高度依据。支模时，还应使杯底的实际标高比其设计值低 5 cm，以便吊装柱子时易于找平。

4. 杯口投线及抄平

校核轴线控制桩、定位桩、高程点是否发生变动；根据轴线控制桩，用经纬仪把中线投测到基础顶面上，并做标记，供吊装柱子使用，基础中线对定位轴线的允许误差为±5 mm。把杯口中线引测到杯底，在杯口立面弹墨线，并检查杯底尺寸是否符合要求，如图 11.6 所示。为给杯底找平提供依据，在杯口内壁四角测设一条标高线。该标高线一般设在比杯口顶面设计标高低 100 mm 处，以便根据标高线修整杯底。

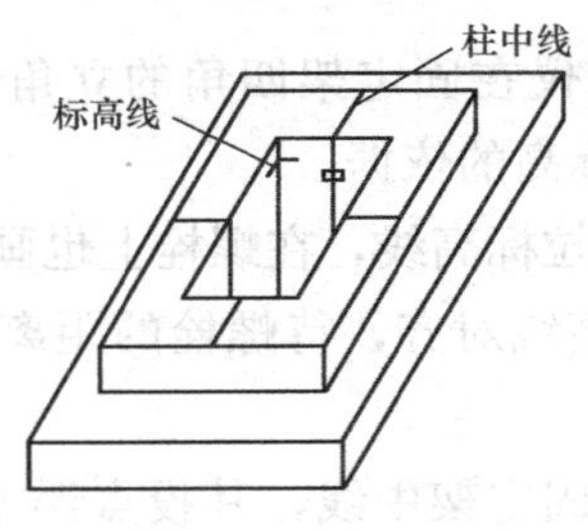

图 11.6 基础定位

二、钢柱基础施工测量

钢柱基础垫层以下的定位和放线方法与杯形基础相同，其特点是：基础较深，且基础中埋有地脚螺栓，其平面位置和标高精度要求较高，一旦螺栓位置偏差超限，会给钢柱安装造成困难。具体做法如下：

(1)垫层混凝土凝固后，应根据控制桩用经纬仪把柱中心线投测到垫层上，同时根据中线弹出螺栓固定架位置，如图 11.7 所示。

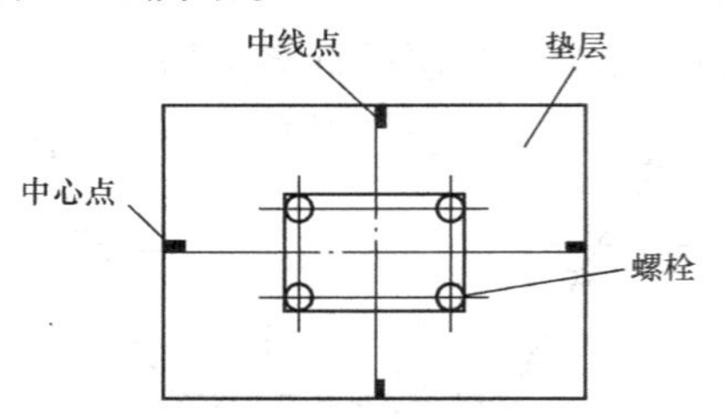

图 11.7 弹出螺栓固定架位置

(2)安装螺栓固定架。为保证地脚螺栓的正确位置，工程中常用型钢制成固定架来固定螺栓，固定架要有足够的刚度，防止在浇筑混凝土过程中发生变形。固定架的内口尺寸应是螺栓的外边线，以便焊接螺栓。安置固定架时，把固定架上的中线用吊线的方法与垫层上的中线对齐，将固定架四角用钢板垫稳垫平，然后再把垫板、固定架、斜支撑与垫层中的预埋件焊牢，如图 11.8 所示。

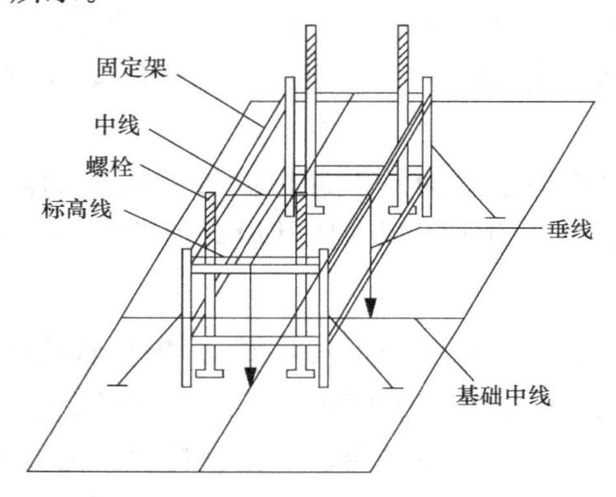

图 11.8 安装螺栓固定架

(3)固定架标高抄测。用水准仪在固定架四角的立角钢上抄测出基础顶面的设计标高线，作为安装螺栓和控制混凝土标高的依据。

(4)安装螺栓。先在固定架上拉标高线，在螺栓上也画出同一标高线。安置螺栓时，将螺栓上的标高线与固定架上的标高线对齐，待螺栓的距离、高度、垂直度校正好后，将螺栓与固定架上、下横梁焊牢。

(5)检查校正。用经纬仪检查固定架中线，其投点误差应不大于 2 mm。用水准仪检查基础顶面标高线，地脚螺栓不要低于设计标高，允许偏差为$+^{20\ \mathrm{mm}}_{0\ \mathrm{mm}}$，中心线位移为5 mm。基础混凝土浇筑后，应立即对地脚螺旋进行检查，发现问题及时处理。

三、混凝土柱子基础、柱身、平台施工测量

混凝土柱子基础、柱身、平台称为整体结构柱基础，它是指柱子与基础平台结为一整体，

先按基础中心线挖好基坑，安放好模板。在基础与柱身钢筋绑扎后，浇灌基础混凝土至柱底。然后，安置柱子(柱身)模板。其基础部分的测量工作与前面所述相同。柱身部分的测量工作主要是校正柱子、模板中心线及柱身铅直，由于是现浇现灌，测量精度要求较高。

(一)混凝土柱基础施工测量

混凝土柱基础底部的定位、支模放线与杯形基础相同。当基础混凝土凝固后，根据轴线控制桩或定位桩，将中线投测到基础顶面上，弹出十字线中线，供柱身支模及校正使用。有时基础中的预留筋恰在中线上，投线时不能通视，可采用借助线的方法投测，如图 11.9 所示。将仪器侧移至 a 点，先测出与柱中心线相平行的 aa' 直线，再根据 aa' 直线恢复柱中线位置。

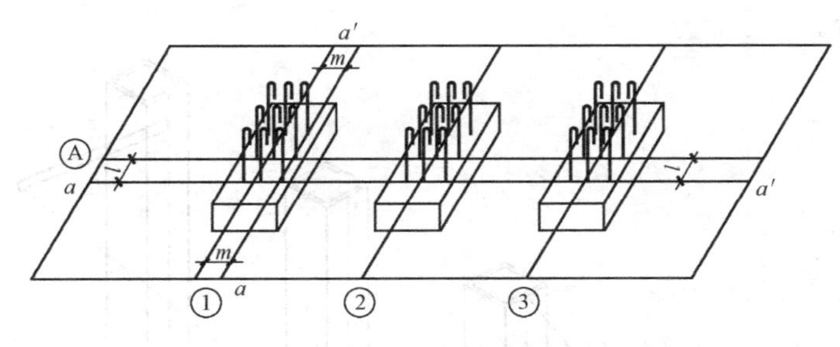

图 11.9　混凝土柱基础底部的定位

在基础预留筋上用水准仪测设出某一标高线，作为柱身控制标高的依据。每根柱除给出中线外，为便于支模，还应弹出柱的断面边线。

(二)柱身施工测量

柱身施工测量的主要内容包括柱身支撑垂直度的校正、模板标高抄测和柱拆模后的抄平放线。

1. 柱身支撑垂直度的校正

(1)吊线法校正。制作模板时，在四面模板外侧的上端和下端标出中线。安装过程中，先将下端的 4 条中线分别与基础顶面的 4 条中线对齐。模板立稳后，1 人在模板上端对齐中线用线坠向下做垂线，如果垂线与下端中线重合，表示模板在这个方向上垂直。用同样的方法再校正另一个方向。当纵、横两个方向同时垂直时，模板就校好了，如图 11.10 所示。

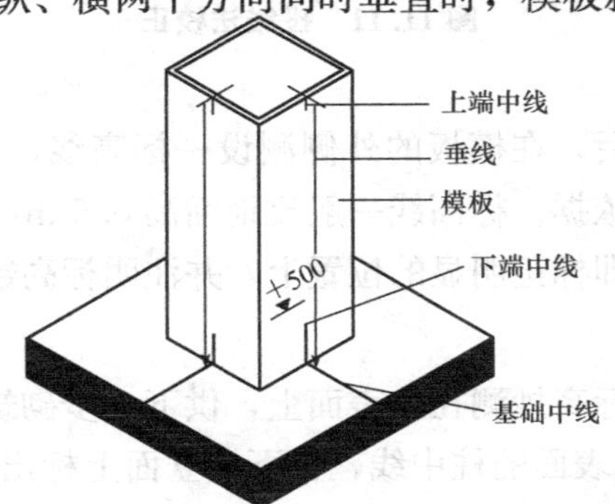

图 11.10　吊线法校正

(2)经纬仪校正。经纬仪校正的方法有投线法和平行线法两种。

1)投线法。仪器至柱子的距离应大于投点高度，先用经纬仪照准模板下端中线，然后仰起望远镜观察模板上端中线。如果中线偏离视线，要校正上端模板使中线与视线重合，如图 11.11 所示。校正横轴方向时，要检查已校正的纵轴方向是否又发生倾斜，最好是用两台经纬仪同时校正。

2)平行线法。先做柱中线的平行线，平行线距中线距离一般取 1 m。做一木尺，在尺上用墨线标出 1 m 标记，由一人在模板上端持木尺，把尺的零端对齐中线，水平地伸向观测方向。仪器置于 B 点，照准 B' 点，然后抬高望远镜观看木尺。如果视线正照准尺上的 1 m 标志，表示模板在这个方向上垂直；如果尺上 1 m 标志偏离视线，要校正上端模板，使尺上标志与视线重合。

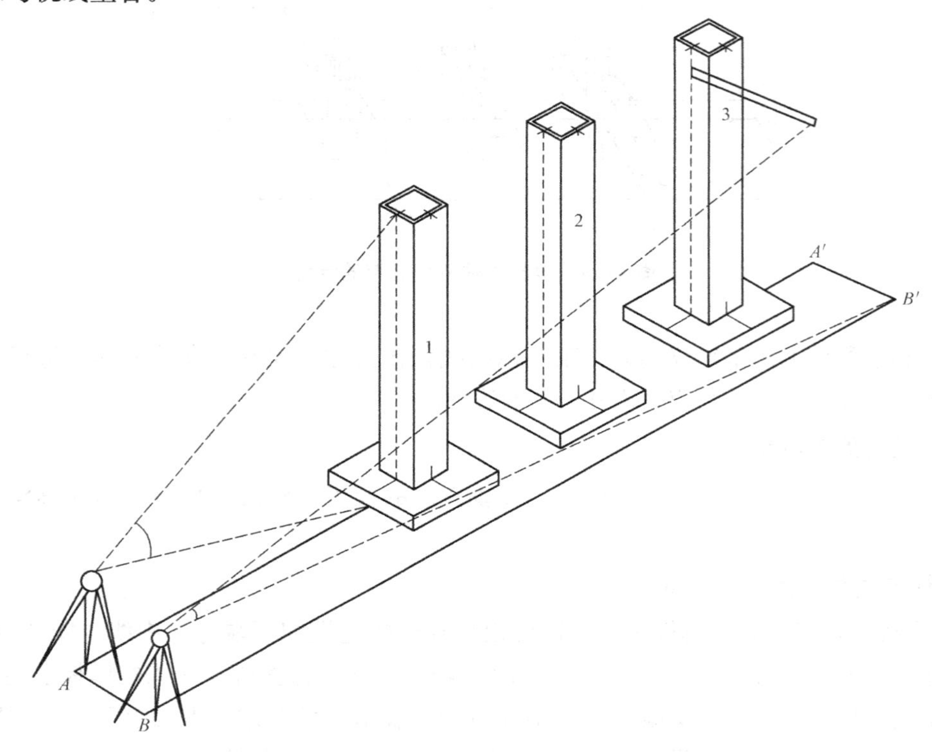

图 11.11　投线法校正

2. 模板标高抄测

柱身模板垂直度校正好后，在模板的外侧测设一标高线，作为测量柱顶标高、安装铁件和牛腿支模等各种标高的依据。标高线一般比地面高 0.5 m，每根柱不少于 2 点，点位要选择在便于量尺、不易移动即标记明显的位置上，并注明标高数值。

3. 柱折模后的抄平放线

柱拆模后，要把中线和标高抄测在柱表面上，供下一步砌筑、装修使用。

(1)投测中线：根据基础表面的柱中线，在下端立面上标出中线位置，然后用吊线法或经纬仪投点法，把中线投测到柱上端的立面上。

(2)测设水平线：在每根柱立面上抄测高 0.5 m 的标高线。

第三节　厂房构件安装测量

装配式单层厂房的柱、吊车梁和屋架等多是预制构件，需在施工现场进行吊装。吊装必须进行校准测量，以确保各构件按设计要求准确无误地就位，所使用的仪器主要是经纬仪、水准仪及全站仪等常规仪器。

一、柱子安装测量

1. 吊装前的准备工作——投测柱列轴线

基础模板拆除后，在柱列轴线控制桩上安置经纬仪，用正倒镜取中法将柱列轴线投到基础顶面上，弹以墨线，画出"▲"标志(柱列轴线不通过柱子中心线时，尚需在基础顶面上弹出柱中心线)，如图 11.12 所示。同时，在杯口内壁上抄出－0.600 m 的标高线。

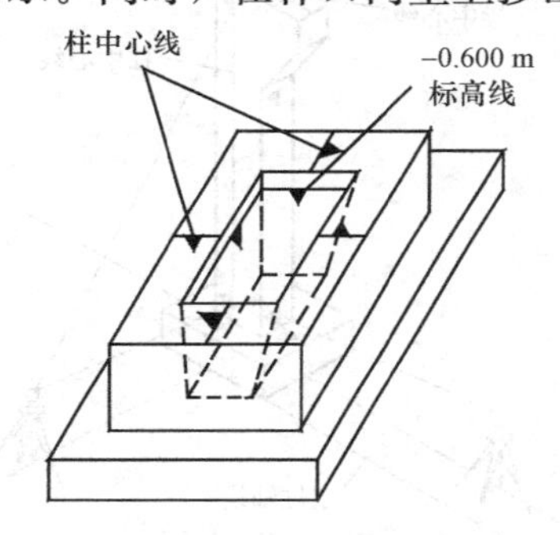

图 11.12　投测柱列轴线

2. 柱子弹线

将每根柱子按轴线位置进行编号，在柱身上 3 个侧面弹出柱中心线，并分上、中、下三点画出"▲"标志，如图 11.13 所示。此外，还应根据牛腿面的设计标高，用钢尺由牛腿面向下量出±0.000 和－0.600 m 的标高位置，弹上墨线。

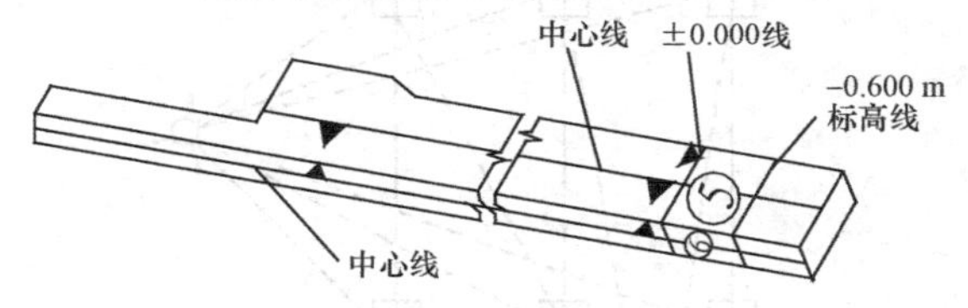

图 11.13　柱子弹线

3. 柱身长度和杯底标高检查

量柱底四角至柱上－0.600 m 标高线的实际长度 h_1、h_2、h_3、h_4，以及杯底与柱底相对应的四角至杯口内壁－0.600 m 标高线的深度 h_1'、h_2'、h_3'、h_4'。h_i' 与 h_i 之差即为在杯底第 i 个角的找平厚度。施工人员根据找平厚度在杯底抹 1∶2 的水泥砂浆进行找平(因浇基础时杯底留有 5 cm 的余量，很少会出现铲底找平情况），以使柱子装上后，牛腿面的标高符合设计要求。

4. 柱子垂直度的检查

柱子对号吊入杯口后，应使柱身中心线对齐弹在基础面上的柱中心线，在杯口四周加木楔或钢楔初步固定。然后，用水准仪检测柱上±0.000 标高线，其误差不超过±3 mm 时，便可进行柱子垂直度的校正。如图 11.14 所示，校正单根柱子时，可在相互垂直的两个柱中心线上且距柱子的距离不小于 1.5 倍柱高的地方分别安置经纬仪，先瞄准柱身中心线上的下“▼”标志，再仰起望远镜观测中、上“▼”标志，若三点在同一视准面内，则柱子垂直，否则，应指挥施工人员进行校正。垂直校正后，用杯口四周的楔块将柱子固定，并将上视点用正倒镜取中法投到柱下，量出上下视点的垂直偏差。标高在 5 m 以下时，允许偏差 5 mm；检查合格后，即可在杯口处浇灌混凝土，将柱子最后固定。

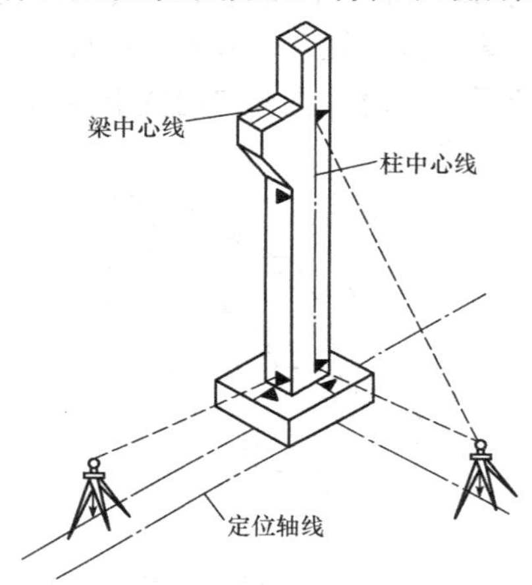

图 11.14　柱子垂直度检查

当校正成排的柱子时，为了提高工作效率，可安置一次仪器校正多根柱子，如图 11.15 所示。但由于仪器不在轴线上，故不能瞄准不在同一截面内的柱中心线。

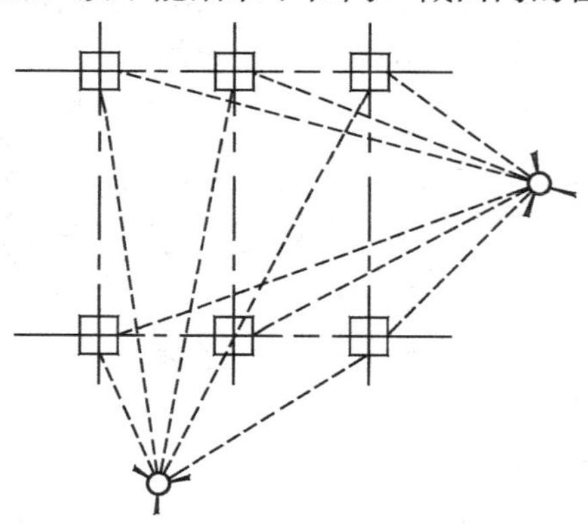

图 11.15　多根柱子同时校正

校正柱子时，应注意以下事项：

(1)所用仪器必须严格检校。

(2)校直过程中，尚需检查柱身中心线是否相对于杯口的柱中心线标志产生了过量的水平位移。

(3)瞄准不在同一截面内的中心线时，仪器必须安在轴线上。

(4)柱子校正宜在阴天或早晚进行，以免柱子的阴、阳面产生温差，使柱子弯曲而影响校直的质量。

二、吊车梁吊装测量

吊车梁的吊装测量主要是保证吊装后的吊车梁中心线位置和梁面标高满足设计要求。吊装前，先在吊车梁的顶面上和其两端弹出吊车梁中心线，并把吊车轨的中心线投到牛腿上面。

投测时，可利用厂房中心线 A_1A_1，根据设计轨距在地面上标出吊车轨中心线 $A'A'$ 和 $B'B'$，然后分别在 $A'A'$ 和 $B'B'$ 上安置经纬仪，用正倒镜取中法将吊车轨中心线投到牛腿上面，并弹以墨线。安装时，将梁端的中心线与牛腿面上的中心线对正；用垂球线检查吊车梁的垂直度；从柱上修正后的±0.000线向上量距，在柱子上抄出梁面的设计标高线；在梁下加铁垫板，调整梁的垂直度和梁的标高，使之符合设计要求。安装完毕，应在吊车梁面上重新放出吊轨中心线，如图11.16所示。在地面上标出和吊轨中心线距离为1 m的平行轴线 $A''A''$ 和 $B''B''$，分别在 $A''A''$ 和 $B''B''$ 上安置经纬仪，在梁面上垂直于轴线的方向放一根木尺，使尺上1 m处的刻度位于望远镜的视准面内，在尺的零端画线，则此线即为吊轨中心线。经检验各画线点在一条直线上时，即可重新弹出吊车轨中心线。

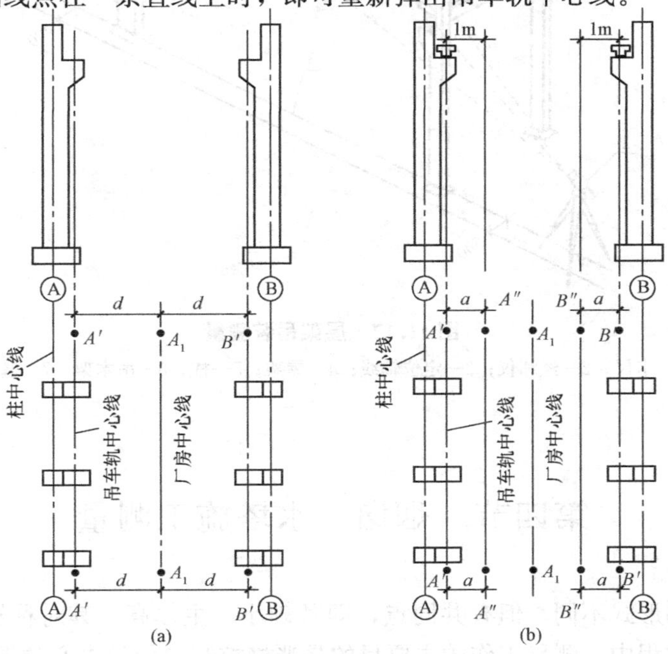

图 11.16 吊车梁安装测量

三、吊轨安装测量

吊轨安装测量主要是进行吊轨安装后的检查测量。吊轨间的跨距用精密量距法检测，与设计跨距相比，误差不应超过±2 mm。检测吊轨顶面的标高时，可将水准仪固定在轨面上，利用柱上的水准标志作后视点，每隔 3 m 检查轨面上一点，实测标高与设计标高相比，误差不应超过±2 mm。

四、屋架吊装测量

吊装前，先用经纬仪在柱顶上投出屋架定位轴线，在屋架两端弹出屋架中心线。吊装时，使屋架上的中心线与柱顶上的定位轴线对正，便完成了屋架的平面定位工作。屋架的垂直度可用垂球或经纬仪检查。用经纬仪检查时如图 11.17 所示，在屋架上安装三把卡尺，自屋架几何中心线沿卡尺向外量 500 mm 作出标记，在地面上标出距屋架中心线 500 mm 的平行轴线，并在该轴线上安置经纬仪，当三把卡尺上的标记均位于经纬仪的视准面内时，屋架即处于垂直状态；否则，应该进行校正。

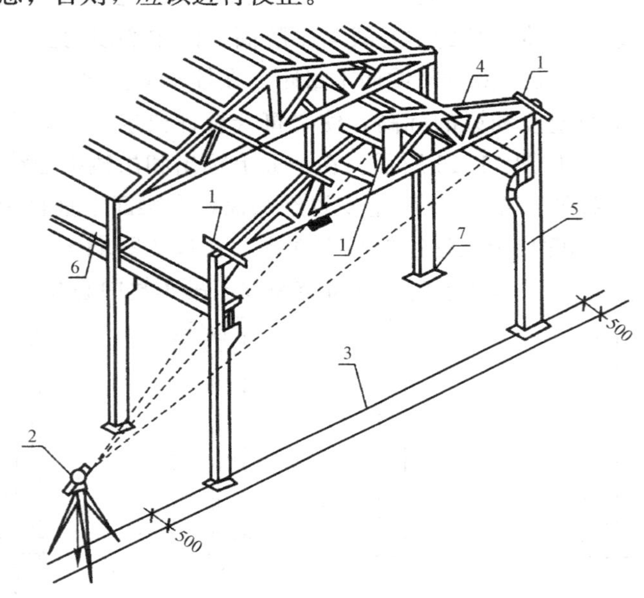

图 11.17　屋架吊装测量

1—卡尺；2—经纬仪；3—定位轴线；4—屋架；5—柱；6—吊木架；7—基础

第四节　烟囱、水塔施工测量

烟囱和水塔的形式不同，但有共同点，即基础小、主体高。其对称轴通过基础圆心的铅垂线。在施工过程中，测量工作的主要目的是严格控制它们的中心位置，保证主体竖直。按照施工规范规定，筒身中心轴线垂直度偏差最大不得超过 $H/1\ 000$（H 为建筑高度，单位：mm）。

一、基础定位

首先，按设计要求，利用与已有控制点或建筑物的尺寸关系，在实地定出基础中心 O 的位置。如图 11.18 所示，在 O 点安置经纬仪，定出两条相互垂直的直线 AB、CD，使 A、B、C、D 各点至 O 点的距离为构筑物直径的 1.5 倍左右。另在离开基础开挖线外 2 m 左右标定 a、b、c、d 四个定位小桩，使它们分别位于相应的 AB、CD 直线上。

以中心点 O 为圆心，以基础设计半径 r 与基坑开挖时放坡宽度 b 之和为半径 R，在地面画圆，撒上灰线，作为开挖的边界线。

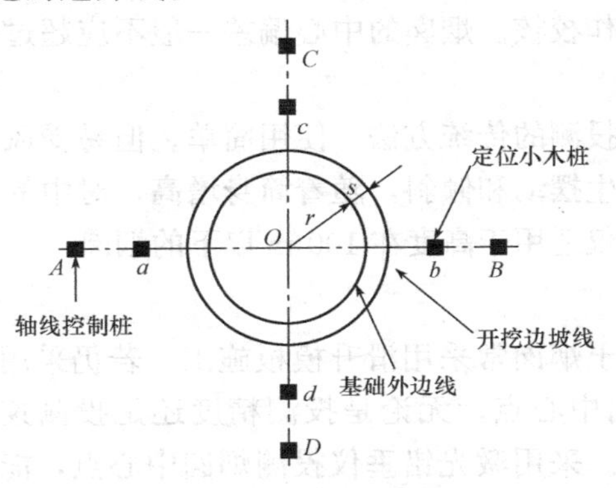

图 11.18　基础定位

二、基础施工测量

当基础开挖到一定深度时，应在坑壁上放样整分米水平桩，控制开挖深度。当开挖到基底时，向基底投测中心点，检查基底大小是否符合设计要求。浇筑混凝土基础时，在中心面上埋设铁桩，然后根据轴线控制桩用经纬仪将中心点投设到铁桩顶面，用钢锯锯刻“十”字形中心标记，作为施工控制垂直度和半径的依据。混凝土凝固后尚需进行复查，如有偏差应及时纠正。

三、筒身施工测量

烟囱筒身向上砌筑时，筒身中心线、半径、收坡要严格控制。不论是砖烟囱还是钢筋混凝土烟囱，筒身施工时都要随时将中心点引测到施工作业面上，引测的方法常采用吊垂线法和导向法。

1. 吊垂线法

在烟囱施工中，一般每砌一步架或每升模板一次，就应引测一次中心线，以检核该施工作业面的中心与基础中心是否在同一铅垂线上。

如图 11.19 所示，吊垂线法是在施工作业面上固定一根断面较大的方木，另设一段刻划的木杆插入方木铰接在一起。木杆可绕铰接点转动，即为枋子。在枋子铰接点下设置的挂钩上悬挂8～12 kg 的垂球，烟囱越高，使用的垂球应越重。投测时，先调整钢丝的长度，使垂球尖与基础中心标志之间仅存在很小的间隔；然后，调整作业面上的方木位置，使垂球尖对准标志上的“十”字交点，则方木铰接点就是该工作面的筒身中心点。在工作面上，根据相应高度的筒身设计半径转动木尺杆画圆，即可检查筒壁偏差和圆度，作为指导下一步施工的依据。

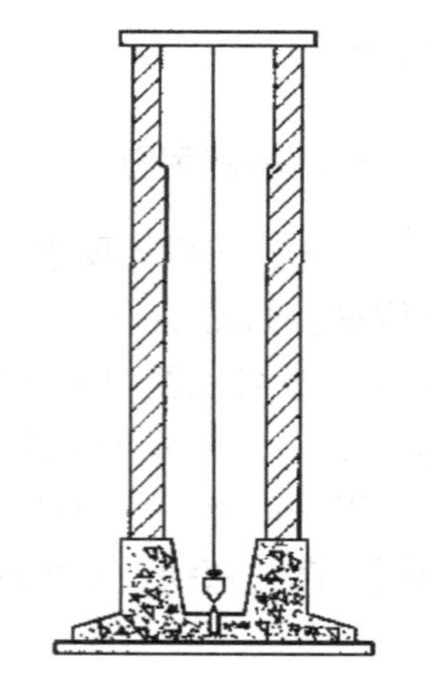
图 11.19 筒身中心线引测

烟囱每砌筑完 10 m，必须用经纬仪引测一次中心线。引测方法为：分别在控制桩 A、B、C、D 上安置经纬仪，瞄准相应的控制点 a、b、c、d，将轴线点投测到作业面上，并作出标记。然后，按标记拉两条细绳，其交点即为烟囱的中心位置，并与垂球引测的中心位置比较，以作校核。烟囱的中心偏差一般不应超过砌筑高度的 1/1 000。

吊垂球法是一种垂直投测的传统方法，使用简单。但易受风的影响，有风时吊垂球发生摆动和倾斜，随着筒身增高，对中的精度会越来越低。因此，仅适用于高度在 100 m 以下的烟囱。

2. 激光导向法

对于高大的钢筋混凝土烟囱常采用滑升模板施工，若仍采用吊垂球或经纬仪投测烟囱中心点，无论是投测精度还是投测速度，都难以满足施工要求。采用激光铅垂仪投测烟囱中心点，能克服上述方法的不足。投测时，将激光铅垂仪安置在烟囱底部的中心标志上，在工作台中央安置接收靶，烟囱模板每滑升 25～30 cm浇灌一层混凝土，每次模板滑升前后各进行一次观测。观测人员在接收靶上可直接得到滑模中心对铅垂线的偏离值，施工人员依此调整滑模位置。在施工过程中，要经常对仪器进行激光束的垂直度检验和校正，以保证施工质量。

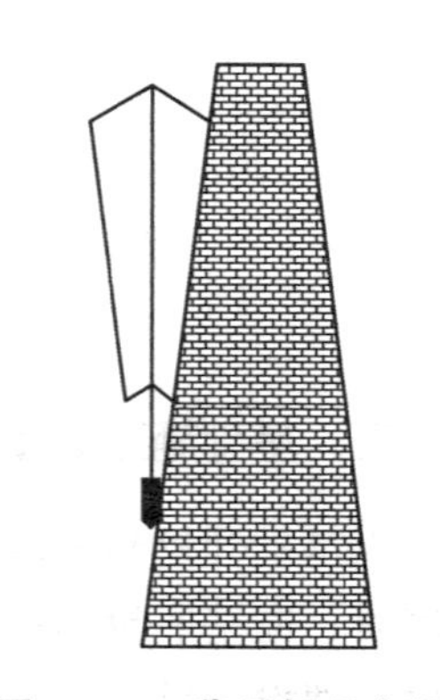
图 11.20 靠尺板示意图

3. 烟囱外筒壁收坡控制

烟囱外筒壁的收坡，是用坡度靠尺板来控制的。如图 11.20 所示，坡度靠尺板的形状、靠尺板两侧的斜边应严格按设计的筒壁斜度制作。使用时，把斜边贴靠在筒体外壁上。若垂球线恰好通过下端缺口，说明筒壁的收坡符合设计要求。

4. 筒体高程测量

筒体高程测量时，用水准仪在筒壁上测出整米数(如+50 m)的标高线，再向上用钢尺量取高度进行控制。

第五节 管道施工测量

管道工程是现代工业与民用建筑的重要组成部分，按其用途可以分为给水、排水、热力、煤气、输电和输油管道。为了合理地敷设各种管道，首先要进行规划设计，确定管道中线的位置并给出定位的数据，即管道的起点、转向点及终点的坐标、高程。然后，将图纸上设计的中线测设到地面，作为施工的依据。各种管道除小范围的局部地面管道外，主要可分为地下管道和架空管道。

管道工程测量是为各种管道的设计和施工服务的，它的任务有两个方面：一是为管道设计和施工提供地形图和断面图；二是按设计要求，将管道位置敷设于实地。其内容包括：

(1)收集规划区域1：10 000、1：5 000、1：2 000的地形图以及原有管道的平面图和断面图等资料。

(2)利用已有的地形图，结合现场勘测，进行规划和纸上定位。

(3)地形图测绘：根据初步规划的路线，实地测量管线附近的带状地形图或修测原有的地形图。

(4)管道中线的测量：根据设计要求，在地面上定出管道的中心线位置。

(5)管道纵横断面的测量：测绘管道中心线方向和垂直于中心线方向的地面高低起伏情况。

(6)管道施工测量：根据设计要求，将管道敷设于实地所需要进行的测量工作。其主要任务是根据工程进度的要求，为施工测设各种基准标志，以便在施工中能随时掌握中线方向和高程位置。

(7)管道竣工测量：测量施工后的管道位置并绘制成图，以反映施工质量，并作为使用期间维修、管理以及今后管道扩建的依据。

管道施工多属地下构筑物，各种管道常常相互上下穿插、纵横交错。如果在测量、设计和施工中出现差错，没有及时发现，一经埋设，以后将会造成严重后果。因此，测量工作必须采用城市的统一坐标和高程系统，严格按设计要求进行测量工作，并做到步步有校核，这样才能保证施工质量。

一、施工前的准备工作

1. 熟悉图纸和现场情况

施工前，要认真研究图纸及其他有关资料，了解设计意图及工程进度安排，到现场找到各交点桩、转点桩、里程桩及水准点位置。

2. 校核中线并测设施工控制桩

若设计阶段所标定的中线位置就是施工所需要的中线位置时，且各桩点完好，则仅需校核，不需重新测设；否则，应重新测设管道中线。在校核中线时，应把检查井等附属构筑物及支线的位置同时定出。这项工作可根据设计的位置和数据用钢尺沿中线将其位置标定出来，并用小木桩标志。

在施工时，由于中线上各桩要被挖掉，为便于恢复中线和其他附属构筑物的位置，应在不受施工干扰、引测方便和易于保存桩位处设置施工控制桩。施工控制桩分中线控制桩和附属构筑物的位置控制桩两种。

3. 加密控制点

为了便于施工过程中引测高程，应根据设计阶段布设的水准点，在沿线附近每隔150 m增设一个临时水准点。精度要求应根据工程性质和有关规定确定。

4. 槽口放线

槽口放线就是按设计要求的埋深和土质情况、管径大小等计算出开槽宽度，并在地面上定出槽边线位置，画出白灰线，以便开挖施工。

二、管道中线测量

管道的起点、终点和转向点通称为主点，主点的位置及管线方向是设计时确定的。管道中线测量就是将已确定的管线位置测设，并用木桩标定于实地。其内容包括：主点测设数据的准备、主点测设、管道转向角测量、中桩测量以及里程桩手簿的绘制等。

1. 主点测设数据的准备和测设方法

主点的测设数据可用图解法或解析法求得。主点的测设方法有直角坐标法、极坐标法、角度交会法和距离交会法等。

(1)图解法。当管道规划设计图的比例尺较大，而且管道主点附近又有明显可靠的地物时，可采用图解法来获得测设数据。图解法就是在规划设计图上直接量取测设所需的数据，如图 11.21 所示，A、B 是原有管道检查井位置，Ⅰ、Ⅱ、Ⅲ点是设计管道的主点。欲在地面上标定出Ⅰ、Ⅱ、Ⅲ等主点，可根据比例尺在图上量出长度 a、b、c、d 和 e，即可测得数据。然后，沿原管道 BA 方向，从 B 点量出 D 即可得Ⅰ点；用直角坐标法或距离交会法测设Ⅱ点，用距离交会法测设Ⅲ点。图解法受图解精度的限制，精度不高，当管道中线精度要求不高时，可采用此方法。

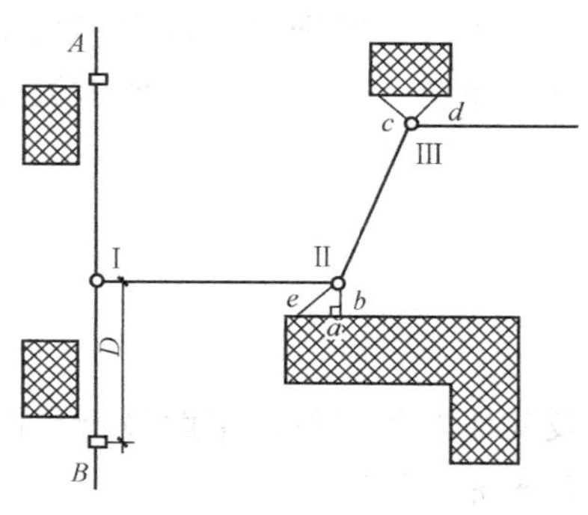

图 11.21 图解法

(2)解析法。当管道规划设计图上已经标出主点的坐标，而且主点附近又有控制点时，易用解析法求测设数据。如图 11.22 中 1、2、3、4 等为控制点，A、B、C 等为管道主点，如用极坐标法测设 B 点，则可根据 1、2 和 B 点坐标，按极坐标法计算出测设数据$\angle 12B$ 和距离 D_{2B}。测设时，安置经纬仪于 2 点，后视 1 点，转$\angle 12B$，得 $2B$ 方向，在此方向上用钢尺测设距离 D_{2B}，即得 B 点。其他主点均可按上述方法测设。

主点测设工作必须进行校核，其校核方法是：先用主点坐标计算相邻主点间的长度；然后在已测设的主点间量距，看其是否与算得的长度相符。如果主点附近有固定地物，可量出主点与地物间的距离进行检核。

如果在拟建管道工程附近没有控制点或控制点不够时，应先在管道附近敷设一条导线，

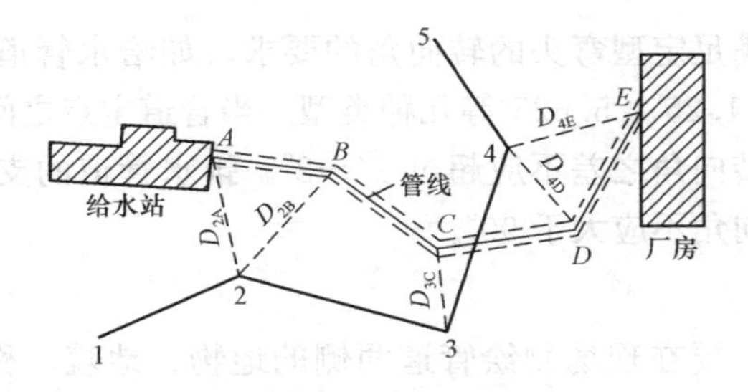

图 11.22　解析法

或用交会法加密控制点，然后按上述方法采集测设数据，进行主点的测设工作。在管道中线精度要求较高的情况下，均用解析法测设主点。

2. 中桩的测设

为了测定管线的长度和测绘纵、横断面图，从管道起点开始，沿管道中线在地面上要设置整桩和加桩，这项工作称为中桩测设。从起点开始按规定每隔一整数设一桩，这个桩称为整桩。不同的管线，其整桩之间的距离也不同，一般为 20 m、30 m，最长不超过50 m。相邻整桩间的主要地物穿越处及地面坡度变化处要增设木桩，称为加桩。

为了便于计算，管道中线上的桩，自起点开始按里程注明桩号，并用红油漆写在木桩的侧面，如整桩的桩号为 0＋100，即此桩离起点距离为 100 m，如加桩的桩号为 0＋162，即表示离起点距离为 162 m。“＋”前为千米数，“＋”后为米数。管道中线上的整桩和加桩都称为里程桩。

为了避免测设中桩错误，量距一般用钢尺丈量两次，精度为 1/1 000，困难地区可放宽至 1/500，或用光电测距仪测距；在精度要求不高的情况下，可用皮尺或测绳丈量。

不同的管道，其起点也有不同规定，如给水管道以水源为起点；煤气、热力等管道以来气方向为起点；电力电信管道以电源为起点；排水管道以下游出水口为起点。

3. 转向角测量

管线改变方向时，转变后的方向与原方向间的夹角称为转向角。转向角有左、右之分，如图 11.23 所示，以 $\alpha_{左}$和 $\alpha_{右}$表示。欲测量 2 点的转向角时，首先安置经纬仪于 2 点，盘左瞄准 1 点，纵转望远镜读水平读盘数；再瞄准 3 点，并读数，两次读数之差即为转折角；用右盘按上述方法再观测一次，取盘左、盘右的平均值作为转折角的最后结果，再根据转折角计算转向角。测量时必须注意转向角的左、右方向，即 $\beta>180°$，$\alpha_{左}=\beta-180°$；$\beta<180°$，$\alpha_{右}=180°-\beta$。

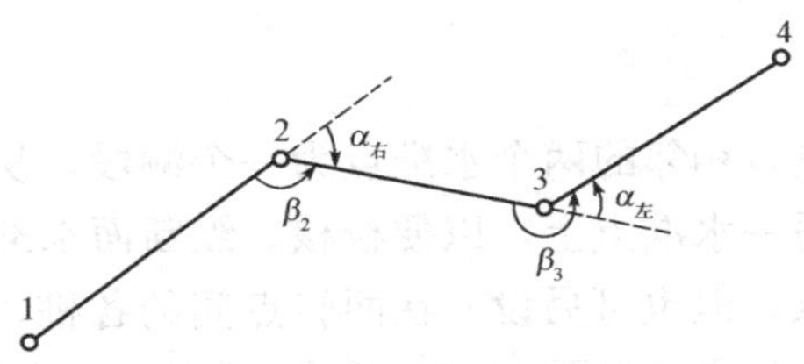

图 11.23　转向角测量

有些管道转向角要满足定型弯头的转向角的要求，如给水管道使用铸铁弯头时，转向角有 90°、45°、22.5°、11.25°、5.625°等几种类型。当管道主点之间距离较短时，设计管道的转向角与定型弯头的转向角之差不应超过 1°～2°。排水管道的支线与干线汇流处，不应有阻水现象，故管道转向角不应大于 90°。

4. 绘制里程桩手簿

在中桩测量的同时，要在现场测绘管道两侧的地物、地貌，称为带状地形图，也称里程桩手簿。里程桩手簿是绘制纵断面图和设计管道时的重要参考资料。如图 11.24 所示，此图是绘在毫米方格纸上的，图中的粗线表示管道的中心线，0＋000 为管道起点；0＋340 处为转向点，转向后的管线仍按原直线方向绘出，但要用箭头表示管道转折的方向，并注明转向角值(图中转向角 $\alpha_{右}=30°$)；0＋450 和 0＋470 是管道穿越公路的加桩，0＋182 和0＋265是地面坡度变化的加桩，其他均为整桩。

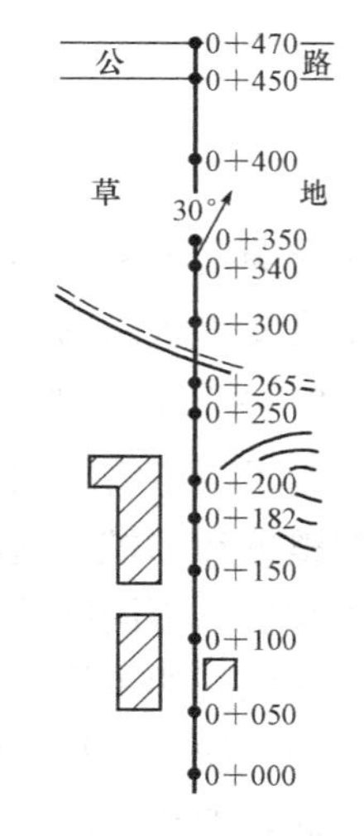

图 11.24　里程桩手簿

管线带状地形的测绘宽度一般为左、右各 20 m，在宽度范围内的建筑物应一并测绘成图。测绘方法主要用皮尺，以距离交会法、直角坐标法为主，必要时也可用罗盘仪和皮尺以极坐标法进行测绘。如果有近期的大比例尺地形图，可以直接从地形图上摘取地物、地貌，以减少外业测量工作。

三、管道纵横断面测量

(一)管道纵断面测量

沿管道中心线方向的断面图称为纵断面。管道的纵断面图是表示管道中心线上地面起伏变化的情况。纵断面图测量的任务是根据水准点的高程，测量出中线上各桩的地面高程，然后根据测得的高程和相应的各桩桩号绘制断面图，作为设计管道埋深、坡度及计算土方量的主要依据。其工作内容如下：

1. 水准点的布设

为了保证管道高程测量精度，在纵断面水准测量之前，应先沿管道设立足够的水准点。通常每隔 1～2 km 设一个水准点，隔 300～500 m 设立临时水准点，作为纵断面水准测量分段附合和施工时引测高程的依据。水准点应埋设在使用方便、易于保存和不受施工影响的地方。

2. 纵断面水准测量

纵断面水准测量一般是以相邻的两个水准点为一个测段，从一个水准点出发，逐点测量中桩的高程，再附合到另一水准点上，以便校核。纵断面水准测量的视线长度可适当放宽，一般采用中桩作为转点，但也可另设。在两转点间的各桩，通称为中间点。中间点的高程通常用仪高法求得，测量方法如图 11.25 所示。表 11.1 是由水准点 A 到 0＋200 的纵断面水准测量示意和记录手簿，其施测方法如下：

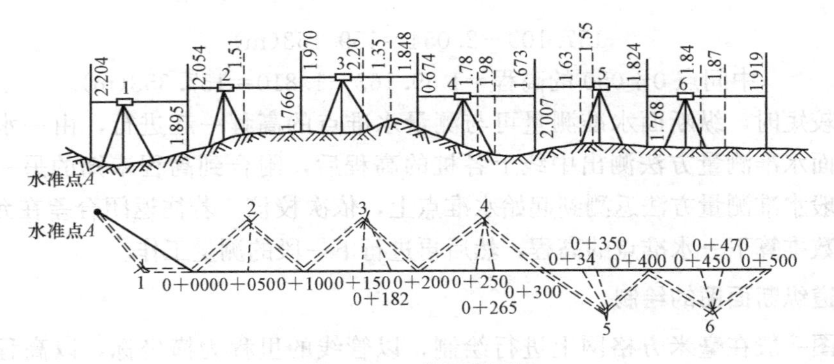

图 11.25　纵断面测量

表 11.1　纵断面水准测量记录手簿

测区：　　　　　　　　　　　　观测者：　　　　　　　　　　　　记录者：

日期：　　　　　　　　　　　　天　气：　　　　　　　　　　　　仪　器：

测站	桩号	水准尺读数			高差		仪器视线高	高程
		后视	前视	中间视	+	−		
1	水准点 A 0+000	2.204	1.895		0.309			156.800 157.109
2	0+000 0+050 0+100	2.054	1.566	1.81	0.488		159.163	157.109 157.353 157.597
3	0+100 0+150 0+182 0+200	1.970	2.048	1.70 1.55		0.078	159.567	157.597 157.867 158.017 157.519
…	…	…	…	…	…	…	…	…

(1)仪器安置于测站点 1，后视水准点 A，读数 2.204，前视 0+000，读数 1.895。

(2)仪器搬至测站 2，后视 0+000，读数 2.054，前视 0+100，读数 1.566。此时仪器不搬动，将水准尺立于中间点 0+050 上读中间视读数 1.81(中间点读至厘米即可)。

(3)仪器搬至测站点 3，后视 0+100，读数 1.970，前视 0+200，读数 2.048；然后再读中间数 0+150、0+182，分别读得 1.70、1.55。

以后各点依上述方法进行，直至附合于另一水准点为止。一个测段的纵断面水准测量要进行以下计算工作：

(1)高程闭合差计算。纵断面水准测量一般均起始于水准点，其高差闭合差，对于重力自流管道不应大于 $\pm 40\sqrt{L}$ mm。当闭合差在容许范围内时不必进行调整。

(2)用高差法计算各转点的高程。

(3)用仪高法计算中间点的高程。

例如，为了计算中间点 0+050 的高程，首先计算测站的仪器视线高程：

$$157.109+2.054=159.163(\text{m})$$

$$\text{中间点 }0+050\text{ 的高程}=159.163-1.810=157.353(\text{m})$$

当管线较短时，纵断面水准测量可与测量水准点的高程一起进行，由一水准点开始，按上述纵断面水准测量方法测出中线上各桩的高程后，附合到高程未知的另一水准点上，然后再以一般水准测量方法返测到起始水准点上，依次校核。若往返闭合差在允许范围内，取高差平均数推算下一水准点的高程，然后再进行下一段的测量工作。

(二)管道纵断面图的绘制

纵断面图一般在毫米方格网上进行绘制，以管线的里程为横坐标，以高程为纵坐标。为了更明显地表示地面的起伏，一般纵断面图的高程比例要比水平比例尺大 10 倍或 20 倍。其具体绘制方法如下：

(1)如图 11.26 所示，在方格纸上的适当位置绘出水平线。水平线以下注记实测、设计和计算有关数据，水平线上面绘制管线的纵断面图。

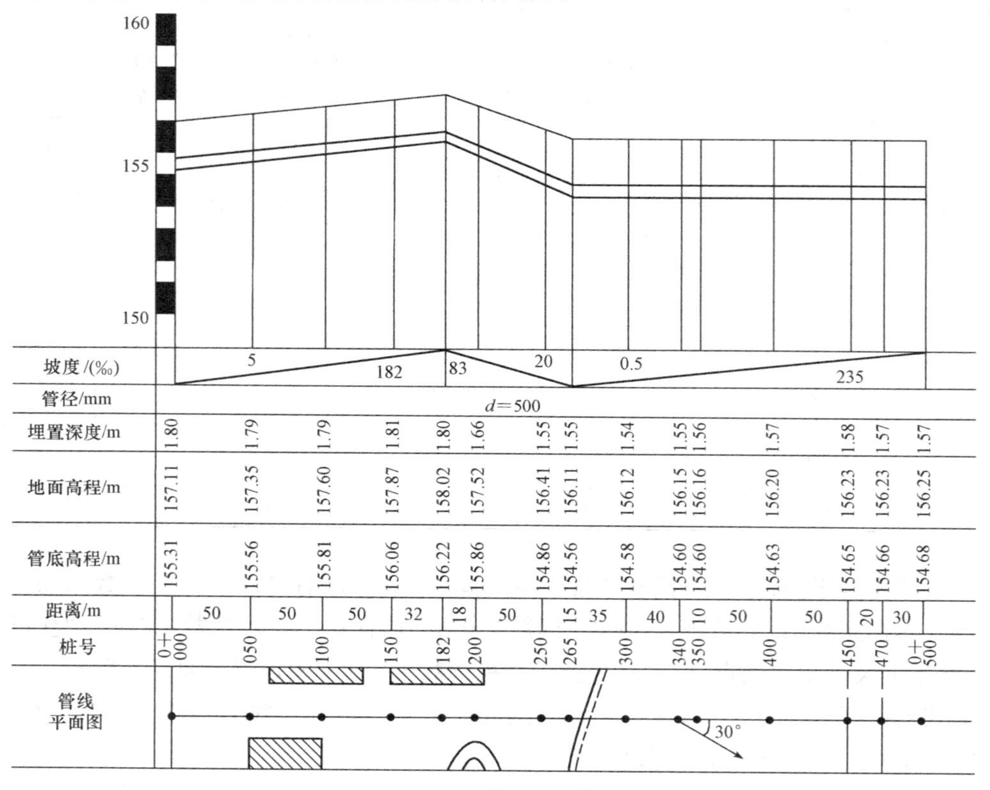

图 11.26　纵断面图的绘制

(2)根据水平比例尺，在“距离”“桩号”和“管线平面图”的各栏内，标明整桩和加桩的位置。在“距离”栏内标明各桩的桩号。在“地面高程”栏内注明各桩的高程，并凑整到厘米。

(3)在水平线上部，按高程比例，根据整桩和加桩的地面高程，在相应的垂直线上确定各点的位置，再用直线连接各相邻点，即得纵断面图。

(4)根据设计要求，在纵断面图上绘出管线的设计线，在“坡度”栏内注记坡度方向，用

“/”“\”和“—”表示上、下坡和平坡。坡度线之上注记坡度值，以千分数表示，坡度线下注记该段坡度的距离。

(5)管底高程是根据管道起点的高程、设计坡度依据各桩之间的距离，逐点推算出来的。例如，0+000 的管底高程为 155.31 m，管道坡度 i 为+5‰，求得 0+050 的管底高程为：

$$155.31+5‰\times50=155.31+0.25=155.56(\text{m})$$

(6)绘制管线设计线。根据起点高程和设计坡度，在图上绘制管线设计线。

(7)计算管道埋深。地面高程减去管底高程即是管道的埋深。求出后填入“埋置深度”栏内。

(8)在图上注记有关资料。例如，本管道与旧管道连接处、交叉处以及与其他建筑物的交叉等。

纵断面图的设计均由管道设计人员根据设计要求并结合现场实际情况进行设计。

(三)管道横断面的测量

垂直于管道中心线方向的断面称为横断面。管道的横断面图是表示管道两侧地面起伏变化情况的断面图。横断面图测绘的任务是根据中心桩的高程，测量横断面方向上地面坡度变化点的高程及到中心桩的水平距离，然后根据高程和水平距离绘制横断面图，供设计时计算土方量和施工时确定开挖边界线之用。其工作内容如下：

1. 确定横断面方向

确定横断面方向通常用经纬仪或方向架。用经纬仪确定横断面方向，即按已知角度测设的方法。用方向架确定横断面方向，如图 11.27 所示。将方向架置于预测横断面的中心桩上，以方向架的一个方向照准管道上的任一中心桩，则另一方向即为所求横断面方向。

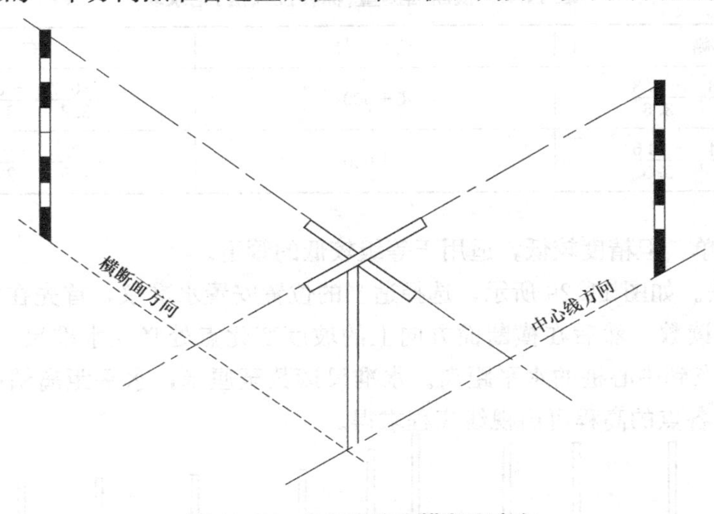

图 11.27　方向架确定横断面方向

2. 横断面测量的方法

横断面测量的宽度取决于管道的直径和埋深，一般每侧为 10～20 m。根据精度要求和地面高低情况，横断面的测量可采用以下几种方法：

(1)标杆皮尺法。如图 11.28 所示，点 1、2、3 和点 1′、2′、3′为横断面坡度上的变化点。施测时，将标杆立于 1 点，皮尺零点放在 0+050 桩上，并拉成水平方向，在皮尺与标杆的交点处读出水平距离和高差。同法可求各相邻两点之间的水平距离和高差。记录格式见表 11.2。表中按管道前进方向分成左侧、右侧两栏，观测值用分数形式表示，分子表示两点间的高差，分母表示两点间的水平距离。

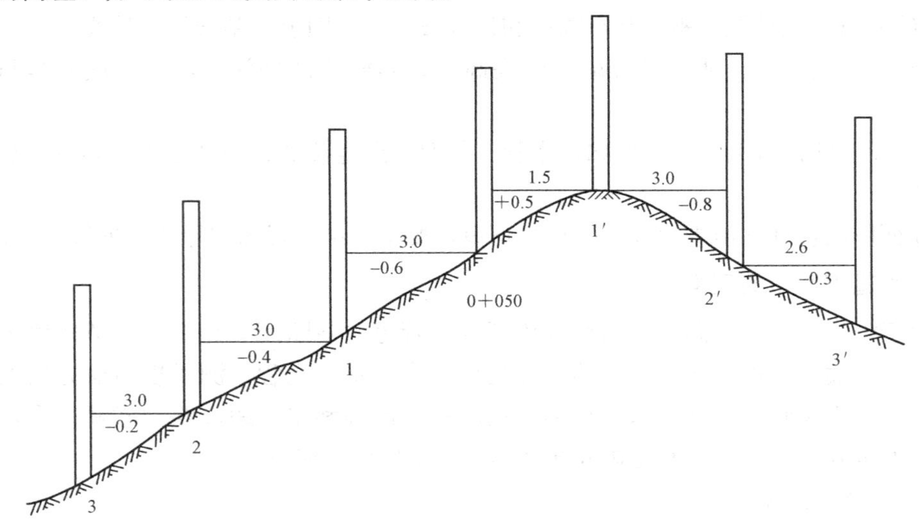

图 11.28　标杆皮尺法测定横断面

表 11.2　横断面测量(标杆皮尺法)记录表

左　　侧	桩　　号	右　　侧
$\frac{-0.2}{2.6}$，$\frac{-0.3}{3.0}$，$\frac{-0.8}{3.6}$	0+000	$\frac{+0.7}{3.2}$，$\frac{-0.3}{3.0}$，$\frac{-0.4}{2.6}$
$\frac{-0.2}{3.0}$，$\frac{-0.4}{3.0}$，$\frac{-0.6}{3.0}$	0+050	$\frac{+0.5}{1.5}$，$\frac{-0.8}{3.0}$，$\frac{-0.3}{2.6}$

此法操作简单，但精度较低，适用于等级较低的管道。

(2)水准仪法。如图 11.29 所示，选择适当的位置安置水准仪，首先在中心桩上竖立水准尺，读取后视读数，然后在横断面方向上的坡度变化点处竖立水准尺，读取前视读数，用皮尺量出立尺点到中心桩的水平距离。水准尺读数至厘米，水平距离精确至分米。记录格式见表 11.3。各点的高程可由视线高程求得。

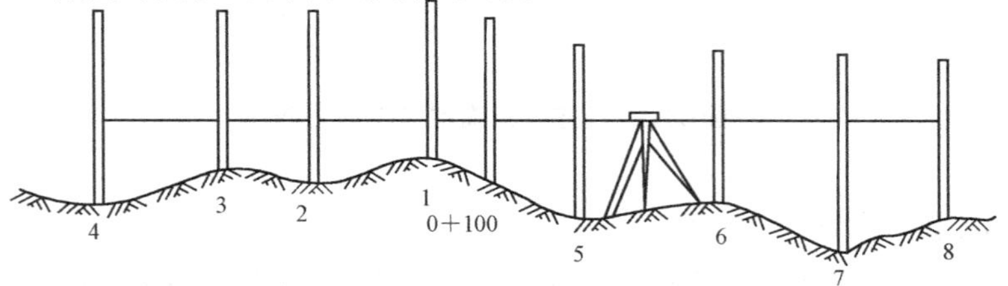

图 11.29　水准测量横断面

表 11.3　横断面测量(水准仪)记录表

桩号：0+100　　　　　　　　　　高程：157.597 m

测点		水平距离/m	后视/m	前视/m	视线高/m	高程/m
左	右	0	1.26		158.86	
1		2.0		1.30		157.56
2		5.4		1.42		157.44
3		7.2		1.37		157.49
…	…	…	…	…	…	…

此法精度较高，但在横向坡度较大或地形复杂的地区不易采用。

(3)经纬仪法。如图 11.30 所示，在欲测横断面的中心桩上安置经纬仪，并量取仪器高 i，照准横断面方向上坡度变化点处的水准尺，读取视距间隔 l、中丝读数 v、垂直角 α，根据视距测量计算公式，即可得到两点间的水平距离 D 和高差 h，即：

$$D=Kl\cos^2\alpha$$

$$h=D\tan\alpha+i-v$$

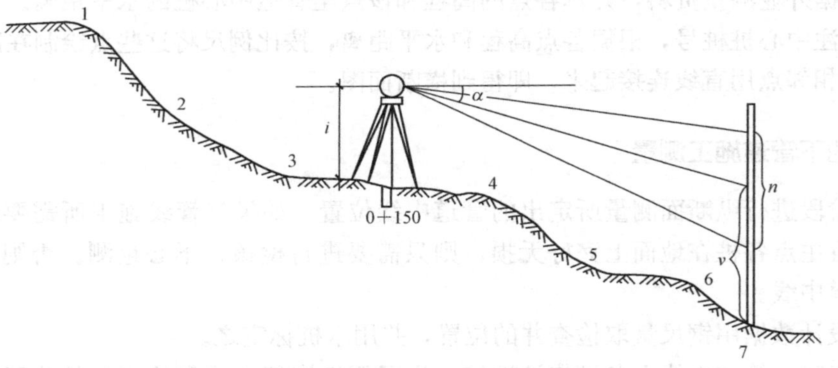

图 11.30　经纬仪测定横断面

记录格式见表 11.4。此法不受地形的限制，故适用于横向坡度变化较大、地形复杂的地区。

表 11.4　横断面测量(经纬仪法)记录表

桩　号：0+150　　　　　　　　高　程：157.87 m　　　　　　　　仪器高 i=1.42 m

测点		视距间隔/m	垂直角/(° ′)	中丝读数/m	水平距离/m	高　差/m	高　程/m	备　注
左	右							
	4	13.8	−10°45′	2.42	13.32	−3.53	154.34	
	5	29.3	−10°45′	2.42	26.38	−9.77	148.10	
…	…	…	…	…	…	…	…	…

横断面测量时应在现场绘制出断面示意图。

3. 横断面图的绘制

横断面图一般绘在毫米方格纸上，水平方向表示水平距离，竖直方向表示高程。横断面图的比例通常采用 1∶100 或 1∶200。为了便于计算横断面面积和确定管道开挖边界，水平方向和竖直方向应取相同的比例。

图 11.31 为某一横断面的断面图，其绘制步骤如下：

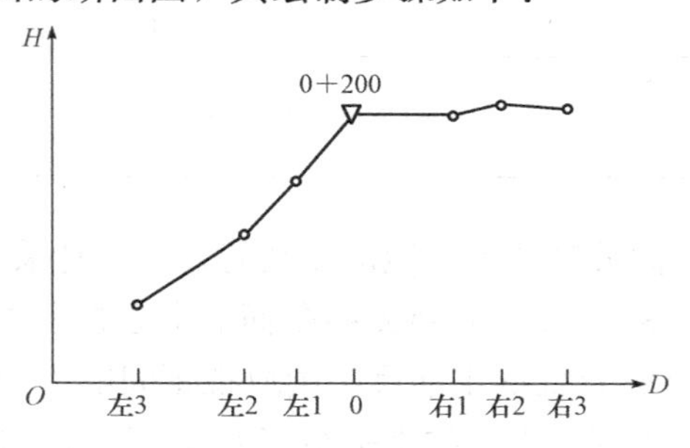

图 11.31　横断面图的绘制

(1)根据外业测量资料，计算各点的高程和该点至管道中心桩的水平距离。

(2)标注中心桩桩号，根据各点高程和水平距离，按比例尺将这些点绘制在图纸上。

(3)把相邻点用直线连接起来，即得到横断面图。

四、地下管道施工测量

设计阶段进行纵断面测量所定出的管道中线位置，如果与管线施工所需要的中线位置一致，而且主点各桩在地面上完好无损，则只需要进行检核，不必重测。否则，就需要重新测设管道中线。

根据设计数据用钢尺量取检查井的位置，并用木桩标定之。

在施工时，管道中线上各桩将被挖掉，为了便于恢复中线和检查井的位置，应在管道主点处的中线延长线上设置中线控制桩，在每个检查井处垂直于中线方向设置检查井位控制桩，这些控制桩应设置在不受施工破坏、引测方便而且容易保存的位置。为了便于使用，检查井位控制桩离中线最好是一个整数。

根据管径大小、埋置深度以及土质情况决定开槽宽度，并在地面上定出槽边线的位置。若横断面上的坡度比较平缓，开挖管道宽度可用下列公式进行计算：

$$B=b+2mh$$

式中　b——槽底的宽度；

h——中线上的挖土深度；

$1/m$——管槽边坡的坡度。

管道的埋设要按照设计的管道中线和坡度进行。因此在开槽前应设置控制管道中线和高程的施工测量标志。

1. 设置坡度板和中线钉

为了控制管线中线与设计中线相附合，并使管底标高与设计高程一致，基槽开挖到一定程度，一般每隔 10～20 m 处，即检查井处沿中线跨槽设置坡度板，如图 11.32 所示。坡度板埋设要牢固，顶面应水平。

根据中线控制桩，用经纬仪将管线中线投测到坡度板上，并钉上小钉(称为中线钉)。此外，还需将里程桩号和检查井编号写在坡度板侧面。各坡度板上中线钉连线即为管道的中线方向，在连线上挂垂球线可将中线位置投测到基槽内，以控制管道按中线方向敷设。

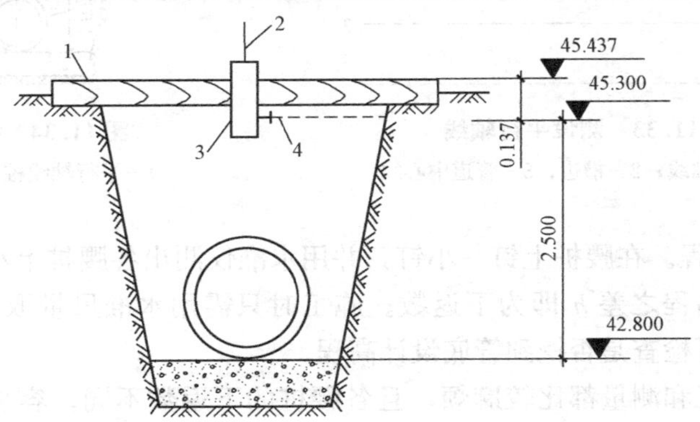

图 11.32 坡度板的设置

1—坡度板；2—中线钉；3—高程板；4—坡度钉

2. 设置高度板和测设坡度钉

为了控制基槽开挖的深度，根据附近水准点，用水准仪测出各坡度板顶面高程 H，并标注在坡度板表面。板顶高程 H 与管底设计高程 $H_{底}$ 之差 k 就是坡度板顶面往下开挖至管底的深度，俗称下返数，通常用 C 表示，k 亦称管道埋置深度。

由于各坡度板的下返数都不一致，且不是整数，无论施工或者检查都不方便，为了使下返数在同一段管线内均为同一整数值 C，则须由下式计算出每一坡度板顶应向下或向上量的调整数 δ。

$$\delta=C-k=C-(H-H_{底})$$

在坡度板中线钉旁钉一竖向小木板桩，称为高程板。根据计算的调整数 δ，在高程板上向下或向上量 δ 定出点位，再钉上小钉，称为坡度钉。如 $k=2.726$ m，取 $C=2.500$ m，则调整数 $\delta=-0.226$ m，从板顶向下量 0.226 m 钉坡度钉，从坡度钉向下量 2.500 m，便是管底设计高程。同法，可钉出各处高程板和坡度钉。各坡度钉的连线即平行于管底设计高程的坡度线，各坡度钉下返数均为 C。施工时只需用一根标有长度的木杆，就可随时检查是否挖到设计深度。如果开挖深度超过设计高程，绝不允许回填土，只能加厚垫层。

3. 平行腰桩法

当现场条件不便采用坡度板时，对于管径较小、坡度较大、精度要求较低的管道，可用平行腰桩法来控制施工。其步骤如下：

(1)测设平行轴线。管沟开挖前，在中线的一侧测设一排平行轴线桩，桩位落在开挖槽边线以外，如图 11.33 所示，轴线桩至中线桩的平距为 a，桩距一般为 20 m，各检查井位也应在平行轴线上设桩。

(2)钉腰桩。为了控制管底高程，在槽沟坡上(距槽底约 1 m)打一排与平行轴线相对应的桩，这排桩称为腰桩，如图 11.34 所示。

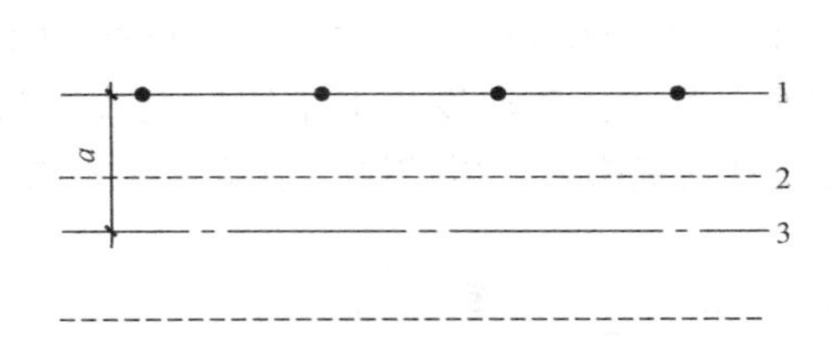

图 11.33 测设平行轴线

1—平行轴线；2—槽边；3—管道中心线

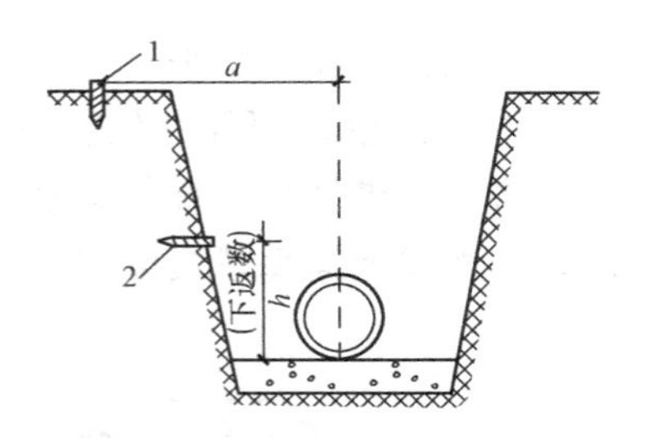

图 11.34 钉腰桩

1—平行轴线桩；2—腰桩

(3)引测腰桩高程。在腰桩上钉一小钉，并用水准仪测出各腰桩上小钉的高程，小钉高程与该处管底设计高程之差 h 即为下返数。施工时只需用水准尺量取小钉到槽底的距离，与下返数比较，便可检查是否挖到管底设计高程。

平行腰桩法施工和测量都比较麻烦，且各腰桩的下返数不同，容易出错。为此选定到管底的下返数为某一整数，并计算出各腰桩的高程。然后再测设出各腰桩，并以小钉标明其位置，此时各桩小钉的连线与设计坡度平行，并且小钉的高程与管底设计高程之差为一常数。

五、顶管施工测量

在管道穿越铁路、公路、河流或重要建筑物时，为了不影响正常的交通秩序或避免大量的拆迁和开挖工作，可采用顶管施工方法敷设管道。首先在欲设顶管的两端挖好工作坑，在坑内安装导轨(铁轨或仿木)，将管材放在导轨上，用顶镐将管材沿中线方向顶进土中，然后挖出管筒内泥土。顶管施工测量的主要任务是控制管道中线方向、高程及坡度。

1. 中线测量

用经纬仪将地面中线引测到工作坑的前后，钉立木桩和铁钉，称为中线控制桩。按前述槽口放线的方法确定工作坑开挖边界线，而后进行工作坑施工。工作坑开挖到设计高程时，再进行顶管的中线测设。测设时，根据中线控制桩，用经纬仪中线引测到坑壁上，并钉立木桩，称为顶管中线桩，以标定顶管中线位置。

在进行顶管中线桩测量时，在两个顶管中线桩之间拉一细线，在线上挂两个垂球，两垂球的连线方向即为顶管的中线方向。这时，在管内前端横放一水平尺，尺长等于或略小于管径，尺上分划是以尺中点为零向两端增加。当尺子在管内水平放置时，尺子中点若位于两垂球的连线方向上，顶管中心线即与设计中心线一致；若尺子中点偏离两垂球的连线方向，其偏差大于允许值时则应校正顶管方向。

2. 高程测量

为了控制管道按设计高程和坡度顶进，先在工作坑内设置临时水准点。一般要求设置两个，以便进行检核。将水准仪安置在工作坑内，先检测临时水准点高程有无变化，再后视临时水准点，用一根长度小于管径的标尺立于管道内待测点上，即可测得管底(内壁)各点高程。将测得的管底高程与设计高程比较，差值应在允许值内，否则应进行校正。

对于短距离(小于 50 m)的顶管施工，一般每顶进 0.5 m 可按上述方法进行一次中线和高程测量。当距离较长时，须每隔 100 m 设一个工作坑，采用对向顶管施工。在顶管施工中，高程允许偏差为±10 mm；中线允许偏差为 30 mm；管子错口一般不超过 10 mm，对顶时错口不得超过 30 mm。

在大型管道施工中，应采用自动化顶管施工技术。使用激光准直仪配置光电接收靶和自控装置，即可用激光束实现自动化顶管施工的动态方向监控。首先将激光准直仪安置在工作坑内中线桩上，调整好激光束的方向和坡度，在掘进机上安置光电接收靶和自控装置。当掘进方向出现偏差时，光电接收靶接收准直仪的光束便与靶中心出现相同的偏差，该偏差信号通过偏差装置自动调整掘进机钻头进给方向，沿中心方向继续掘进。

由智能全站仪构成的自动测量和控制系统（测量机器人）已实现了开挖和掘进自动化。利用多台自动寻标全站仪构成顶管自动引导测量系统，在计算机的控制下，实时测出掘进机钻头位置并与设计坐标进行比较，可及时引导掘进机走向正确位置。

思考与练习

一、选择题

1. 管道的主点是指管道的起点、终点和(　　)。

A. 中点　　B. 交点　　C. 接点　　D. 转向点

2. 管道主点测设数据的采集方法，根据管道设计所给的条件和精度要求，可采用图解法和(　　)。

A. 模拟法　　B. 解析法　　C. 相似法　　D. 类推法

3. 顶管施工中，在顶进过程中的测量工作，主要包括中线测量和(　　)。

A. 边线测量　　B. 曲线测量　　C. 转角测量　　D. 高程测量

二、简答题

1. 管道施工测量中的腰桩起什么作用？在 No. 5、No. 6 两井(距离为 50 m)之间，每隔 10 m 在沟槽内设置一排腰桩，已知 No. 5 井的管底高程为 135. 250 m，其坡度为−0. 8%，设置腰桩是从附近水准点(高程为 139. 234 m)引测的，选定下返数为 1 m，设置时，以水准点作后视读数为 1. 543 m，求表 11. 5 中钉各腰桩的前视读数为多少。

表 11. 5　腰桩测设记录手簿

井和腰桩编号	距离/m	坡度	管底高程/m	选定下返数 C	腰桩高程/m	起始点高程/m	后视读数/m	各腰桩前视读数/m
1	2	3	4	5	6	7	8	9
No. 5(1)								
2								
3								
4								
5								
No. 6(6)								

2. 杯形基础定位放线有哪些要求？如何检验是否满足要求？

3. 简述单一厂房矩形控制网的测设方法。

4. 简述工业厂房柱子安装的主要测量工作和柱子竖直校正的注意事项。

5. 简述地下管道施工时，施工测量标志的形式有哪几种，它们是如何设置的。

6. 简述地下管道采用顶管施工时，施工测量的主要工作有哪些。

第十二章　建筑物变形观测与竣工总平面图编绘

通过本章学习，了解建筑物变形观测的内容；掌握建筑物变形观测点的布设原则、观测方法及成果的整理；掌握建筑物的倾斜观测；掌握建筑物的裂缝、位移与挠度观测；能够绘制竣工总平面图。

第一节　建筑物变形观测概述

一、变形观测的意义

工业与民用建筑在施工过程或使用期间，因受建筑地基的工程地质条件、地基处理方法、建(构)筑物上部结构的荷载等多种因素的综合影响，将产生不同程度的沉降和变形。这种变形在允许范围内，可认为是正常现象，但如果超过规定限度就会影响建筑物的正常使用，严重的还会危及建筑物的安全。为保证建筑物在施工、使用和运行中的安全，以及为建筑物的设计、施工、管理和科学研究提供可靠的资料，在建筑物的施工和使用过程中需要进行建筑物的变形观测。

二、变形观测的内容

建筑物变形观测的任务是周期性地对设置在建筑物上的观测点进行重复观测，求得观测点位置的变化量。变形观测的主要内容包括沉降观测、倾斜观测、位移观测、裂缝观测和挠度观测等。在建筑物变形观测中，进行最多的是沉降观测。对高层建筑物，重要厂房的柱基及主要设备基础，连续性生产和受振动较大的设备基础，工业炼钢高炉、高大的电视塔，人工加固的地基、回填土，地下水位较高或大孔土地基的建筑物等应进行系统的沉降观测；对中、小型厂房和建筑物，可采用普通水准测量；对大型厂房和高层建筑，应采用精密水准仪进行沉降观测。变形观测的精度要求，应根据建筑物的性质、结构、重要性、允许变形值的大小等因素确定，通常对建筑物的观测应能反映出 1～2 mm 的沉降量。

第二节　建筑物的沉降观测

建筑物的沉降观测是根据水准基点周期性地测定建筑物上的沉降观测点的高程，并计算沉降量的工作。

一、水准点和观测点的布设

1. 水准点的布设

水准点是沉降观测的基准，所以水准点一定要有足够的稳定性。水准点的形式和埋设要求与永久性水准点相同。在布设水准点时应满足下列要求：

(1)为了对水准点进行互相校核，防止由于水准点的高程产生变化造成差错，水准点的数目应不少于 3 个，以组成水准网。

(2)水准点应埋设在建(构)筑物基础压力影响范围及受振动影响范围以外的安全地点。

(3)水准点应接近观测点，其距离不应大于 100 m，以保证沉降观测的精度。

(4)水准点离开铁路、公路、地下管线和滑坡地带至少 5 m。

(5)为防止冰冻影响，水准点埋设深度至少要在冰冻线以下 0.5 m。

2. 观测点的布设

进行沉降观测的建筑物上应埋设沉降观测点。观测点的数量和位置应能全面反映建筑物的沉降情况，这与建筑物或设备基础的结构、大小、荷载和地质条件有关。这项工作应由设计单位或施工技术部门负责确定。在民用建筑中，一般沿着建筑物的四周每隔 10～15 m 布置一个观测点，在房屋转角、沉降缝或伸缩缝的两侧、基础形式改变处及地质条件改变处也应布设。当房屋宽度大于 15 m 时，还应在房屋内部纵轴线上和楼梯间布设观测点。一般民用建筑沉降观测点设置在外墙勒脚处。工业厂房的观测点应布设在承重墙、厂房转角、柱子、伸缩缝两侧和设备基础。高大圆形的烟囱、水塔、电视塔、高炉、油罐等构筑物，可在其基础的对称轴线上布设观测点。

观测点的埋设形式如图 12.1 至图 12.3 所示，图 12.1、图 12.2 分别为承重墙和钢筋混凝土柱上的观测点；图 12.3 为基础上的观测点。

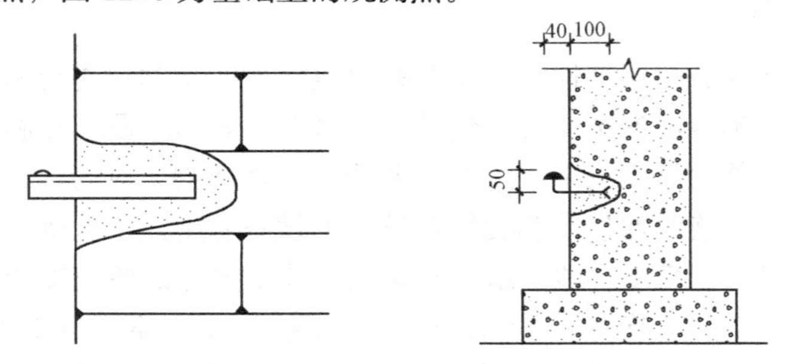

图 12.1　承重墙上的观测点　　图 12.2　钢筋混凝土柱上的观测点

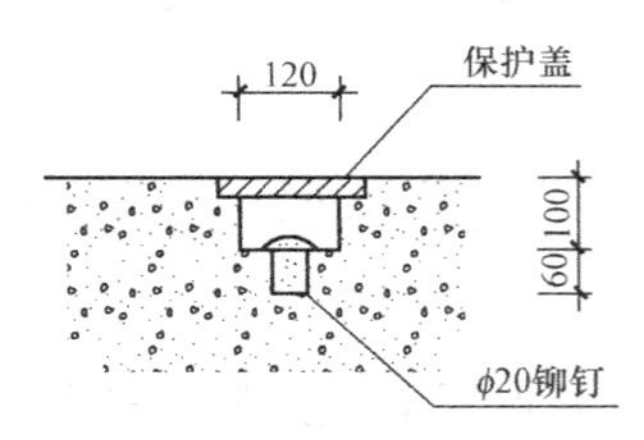

图 12.3　基础上的观测点

二、沉降观测的周期和方法

1. 观测周期

沉降观测的时间和次数，应根据工程性质、工程进度、地基土质情况及基础荷载增加情况等决定。一般待观测点埋设稳固后即应进行第一次观测，施工期间在增加较大荷载之后(如浇灌基础、回填土、建筑物每升高一层、安装柱子和屋架、屋面铺设、设备安装、设备运转、烟囱每增加 15 m 左右等)均应观测。如果施工期间中途停工时间较长，应在停工时和复工前进行观测。若基础附近地面荷载突然增加，周围大量积水或暴雨后，或周围大量挖方等，也应观测。当发生大量沉降、不均匀沉降或裂缝时，应立即进行逐日或几天一次的连续观测。竣工后，应根据沉降量的大小及速度进行观测。开始时每隔 1～2 个月观测一次，以每次沉降量在 5～10 mm 为限，以后随沉降速度的减缓，可延长到 3 个月观测一次，直到沉降量稳定在每 100 天不超过 1 mm 时，认为沉降稳定，方可停止观测。

高层建筑沉降观测的时间和次数，应根据高层建筑的打桩数量和深度、地基土质情况和工程进度等决定。高层建筑的沉降观测应从基础施工开始一直进行观测。一般打桩期间每天观测一次。基础施工时，由于采用井点降水和挖土的影响，施工地区及四周的地面会产生下沉，邻近建筑物受其影响同时下沉，将影响邻近建筑物的不正常使用。为此，要在邻近建筑物上埋设沉降观测点等。竣工后沉降观测第一年应每月一次，第二年每两个月一次，第三年每半年一次，第四年开始每年观测一次，直至稳定为止。另外，如在软土层地基上建造高层，应进行长期观测。

2. 观测方法

高层建筑物的沉降观测，应采用 DS1 精密水准仪用二等水准测量方法往返观测，其误差不应超过$\pm\sqrt{n}$ mm($\pm 4\sqrt{L}$)。观测应在成像清晰、稳定的时候进行。沉降观测点首次观测的高程值是以后各次观测用以比较的依据，如初测精度不够或存在错误，不仅无法补测，而且会产生相矛盾的现象，因此必须提高初测精度。每个沉降观测点的首次高程，应在同期进行两次观测后决定。为了保证观测精度，观测时视线长度一般不应超过 50 m，前后视要尽量相等，可用皮尺丈量。观测时先后视水准点，再依次前视各观测点，最后应再次后视水准点，前后两个后视读数之差不应超过$\pm 2\sqrt{n}$ mm，前后两个同一后视点的读数之差不得超过±2 mm。

为了保证观测成果的正确性，应尽可能做到固定观测人员，使用固定的水准仪和水准尺(前、后视用同一根水准尺)，使用固定的水准点，按规定的日期、方法及既定的路线、测站进行观测。

三、沉降观测的成果整理

1. 整理原始记录

每次观测结束后，应检查记录中的数据和计算是否正确，精度是否合格，如果误差超限应重新观测。然后调整闭合差，推算各观测点的高程，列入成果表中。

2. 计算沉降量

根据各观测点本次所观测高程与上次所观测高程之差，计算各观测点本次沉降量和累计沉降量，并将观测日期和荷载情况记入观测成果表中。

3. 绘制沉降曲线

为了更清楚地表示沉降量、荷载、时间三者之间的关系，还要画出各观测点的时间与沉降量关系曲线图，以及时间与荷载关系曲线图，如图 12.4 所示。

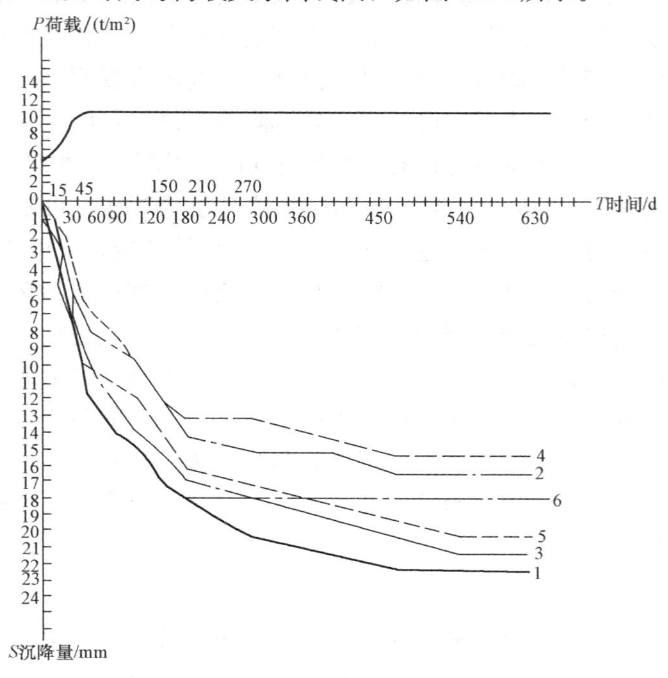

图 12.4　建筑物的沉降、荷载、时间关系曲线图

时间与沉降量的关系曲线是以沉降量 S 为纵轴、时间 T 为横轴，根据每次观测日期和相应的沉降量按比例画出各点位置，然后将各点依次连接起来，并在曲线一端注明观测点号码。

时间与荷载的关系曲线是以荷载 P 为纵轴，时间 T 为横轴，根据每次观测日期和相应的荷载画出各点，然后将各点依次连接起来。

4. 沉降观测应提交的资料

(1)沉降观测(水准测量)记录手簿；

(2)沉降观测成果表；

(3)观测点位置图；

(4)沉降量、地基荷载与延续时间三者的关系曲线图；

(5)编写沉降观测分析报告。

四、沉降观测中常遇到的问题及其处理

1. 曲线在第二次观测时即发生回升现象

在第二次观测时即发现曲线上升，至第三次后，曲线又逐渐下降。发生此种现象，一般都是首次观测成果存在较大误差所引起的。此时，应将第一次观测成果作废，而采用第二次观测成果作为首测成果。

2. 曲线在中间某点突然回升

曲线在中间某点突然回升，一般是由于水准基点或沉降观测点被碰所致，如水准基点被压低，或沉降观测点被撬高。此时，应仔细检查水准基点和沉降观测点的外形有无损伤。如果众多沉降观测点出现此种现象，则水准基点被压低的可能性很大，此时可改用其他水准点作为水准基点来继续观测，并再埋设新水准点，以保证水准点个数不少于 3 个；如果只有一个沉降观测点出现此种现象，则多半是该点被撬高，如果观测点被撬后已活动，则需另行埋设新点，若点位尚牢固，则可继续使用，对于该点的沉降计算，则应进行合理处理。

3. 曲线自某点起渐渐回升

曲线自某点起渐渐回升，一般是由于水准基点下沉所致。此时，应根据水准点之间的高差来判断出最稳定的水准点，以此作为新水准基点，将原来下沉的水准基点废除。另外，埋在裙楼上的沉降观测点，由于受主楼的影响，有可能会出现正常的渐渐回升现象。

4. 曲线的波浪起伏现象

曲线在后期呈现微小的波浪起伏现象，这是由测量误差造成的。曲线在前期波浪起伏之所以不突出，是因为下沉量大于测量误差；但到后期，由于建筑物下沉极微或已接近稳定，因此在曲线上就出现测量误差比较突出的现象。此时，可将波浪曲线改为水平线，并适当地延长观测的间隔时间。

第三节　建筑物的倾斜观测

建筑物产生倾斜的原因主要有地基承载力不均匀，建筑物体型复杂形成不同荷载，以及受外力风荷、地震等影响引起基础的不均匀沉降。

测定建筑物倾斜度随时间而变化的工作称为倾斜观测。建筑物倾斜观测是利用水准仪、经纬仪、垂球或其他专用仪器来测量建筑物的倾斜度 α。

一、水准仪观测法

建筑物的倾斜观测可采用精密水准测量的方法。如图 12.5 所示，定期测出基础两端点的不均匀沉降量 Δh，再根据两点距离 L，即可算出基础的倾斜度 α：

$$\alpha=\frac{\Delta h}{L} \tag{12.1}$$

如果知道建筑物的高度 H，则可推算出建筑物顶部的倾斜位移值 δ：

$$\delta=\alpha\times H=\frac{\Delta h}{L}\times H \tag{12.2}$$

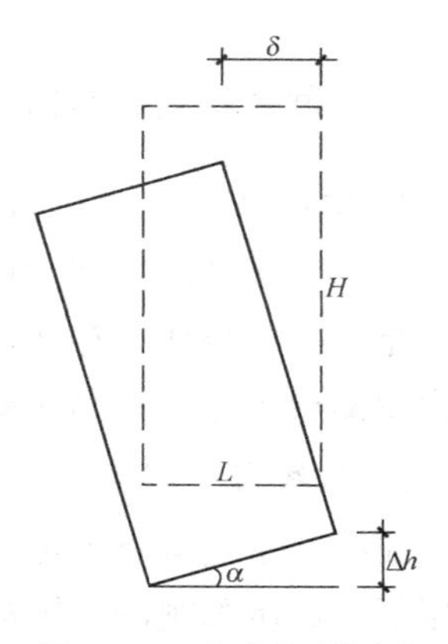

图 12.5 水准仪观测法

二、经纬仪观测法

利用经纬仪测量出建筑物顶部的倾斜位移值 δ，再根据式(12.2)可计算出建筑物的倾斜度 α：

$$\alpha=\frac{\delta}{H} \tag{12.3}$$

1. 一般建筑物的倾斜观测

对建筑物的倾斜观测，应取相互垂直的两个墙面，同时观测其倾斜度。如图 12.6 所示，首先在建筑物的顶部墙上设置观测点 M。将经纬仪安置在离建筑物的距离大于其高度 1.5 倍处的测站上，瞄准观测点 M，用盘左、盘右分中法向下投点得 N 点，用同样的方法，在与原观测方向垂直的另一面墙上设置上、下两个观测点 P、Q。相隔一定时间再观测，分别瞄准上部观测点 M、P 向下投点的 N' 与 Q'，如 N' 与 N、Q' 与 Q 不重合，说明建筑物产生倾斜。用尺量得 $N'N=a$，$Q'Q=b$。则：

建筑物的总倾斜值为 $$C=\sqrt{a^2+b^2} \tag{12.4}$$

建筑物的总倾斜度为 $$i=\frac{c}{H} \tag{12.5}$$

建筑物的倾斜方向为 $$\beta=\arctan\frac{b}{a} \tag{12.6}$$

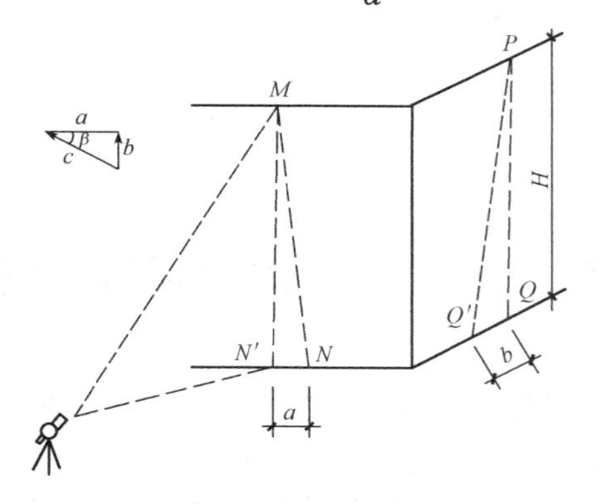

图 12.6 一般建筑物的倾斜观测

2. 圆形建筑物的倾斜观测

对圆形建筑物和构筑物(如电视塔、烟囱、水塔等)的倾斜观测，是在相互垂直的两个方向上测定其顶部中心对底部中心的偏心距。

如图 12.7 所示，在与烟囱底部所选定的方向轴线垂直处，平稳地安置一根大木枋，距烟囱底部大于烟囱高度的 1.5 倍处安置经纬仪，用望远镜分别将烟囱顶部边缘两点 A、A'

及底部边缘两点 B、B' 投到木枋上定出 a、a' 及 b、b' 点，可求得 aa' 的中点 a'' 及 bb' 的中点 b''。则横向倾斜值为 $\delta_x = a''b''$，同样可测得纵向倾斜值 δ_y。

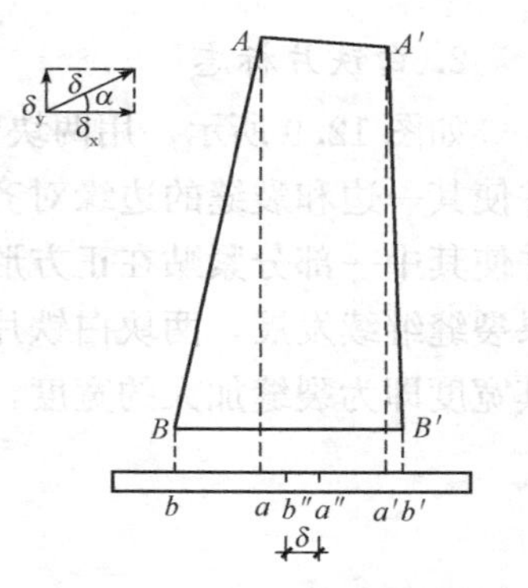

图 12.7 圆形建筑物的倾斜观测

烟囱的总倾斜值为 $$\delta = \sqrt{\delta_x{}^2 + \delta_y^2} \tag{12.7}$$

烟囱的倾斜度为 $$i = \frac{c}{H} \tag{12.8}$$

烟囱的倾斜方向为 $$\alpha = \tan^{-1}\frac{\delta_y}{\delta_x} \tag{12.9}$$

三、悬挂垂球法

悬挂垂球法是测量建筑物上部倾斜的最简单方法，适用于内部有垂直通道的建筑物。从上部挂下垂球，根据上下应在同一位置上的点，直接测定点倾斜值 δ，再计算倾斜度 α。

第四节 建筑物的裂缝、位移与挠度观测

一、建筑物的裂缝观测

测定建筑物某一部位裂缝变化状况的工作叫裂缝观测。当建筑物发生裂缝时，除了要增加沉降观测和倾斜观测次数外，应立即进行裂缝变化的观测。同时，要根据沉降观测、倾斜观测和裂缝观测的资料研究并查明变形的特性及原因，以判定该建筑物是否安全。裂缝观测，应在有代表性的裂缝两侧各设置一个固定观测标志，然后定期量取两标志的间距，即为裂缝变化的尺寸(包括长度、宽度和深度)。常用方法有以下几种：

1. *石膏板标志*

如图 12.8 所示，用厚 10 mm、宽 50～80 mm 的石膏板覆盖固定在裂缝的两侧。当裂缝继续开展与延伸时，裂缝上的标志即石膏板也随之开裂，从而观测裂缝继续发展的情况。

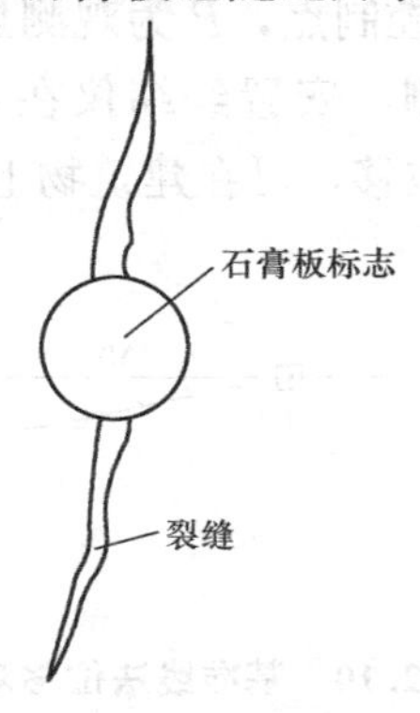

图 12.8 石膏板标志

2. 白铁片标志

如图 12.9 所示，用两块白铁片，一片为 15 cm×15 cm 的正方形，固定在裂缝的一侧，并使其一边和裂缝的边缘对齐，另一片为 5 cm×20 cm 的长方形，固定在裂缝的另一侧，并使其中一部分紧贴在正方形白铁片上。当两块白铁片固定好后，在其表面涂上红漆。如果裂缝继续发展，两块白铁片将被拉开，露出正方形白铁片上原被覆盖没有涂红漆的部分，其宽度即为裂缝加大的宽度，可用钢卷尺量取。

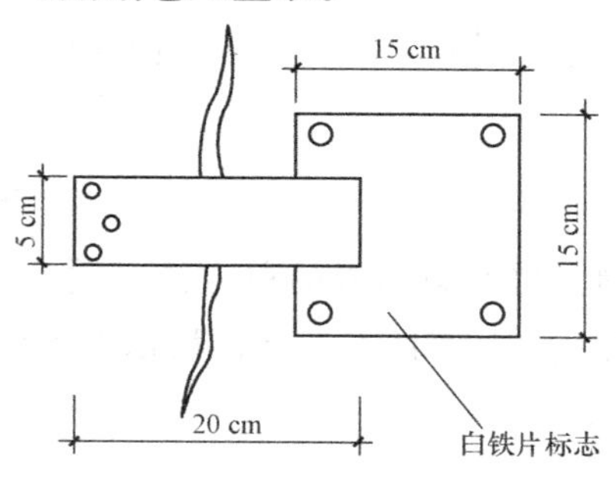

图 12.9　白铁片标志

3. 钢筋头标志

将长约 100 mm、直径约 10 mm 的钢筋头插入，并使其露出墙外约 20 mm，用水泥砂浆填灌牢固。两钢筋头标志间距离不得小于 150 mm。待水泥砂浆凝固后，用游标卡尺量出两金属棒之间的距离，并记录下来。以后如裂缝继续发展，则金属棒的间距就会不断加大。定期测量两棒的间距并进行比较，即可掌握裂缝的发展情况。

二、建筑物的位移观测

测定建筑物(基础以上部分)在平面上随时间而移动的大小及方向的工作叫位移观测。位移观测首先要在与建筑物位移方向的垂直方向上建立一条基准线，并埋设测量控制点，再在建筑物上埋设位移观测点，要求观测点位于基准线方向上。

1. 基准线法

如图 12.10 所示，A、B 为基线控制点，P 为观测点，当建筑物未产生位移时，P 点应位于基线的方向上。过一定时间观测，安置经纬仪在 A 点，采用盘左、盘右分中法投点 P'，P'与 P 点不重合，说明发生了位移，可在建筑物上直接量出位移量 $\delta=PP'$。

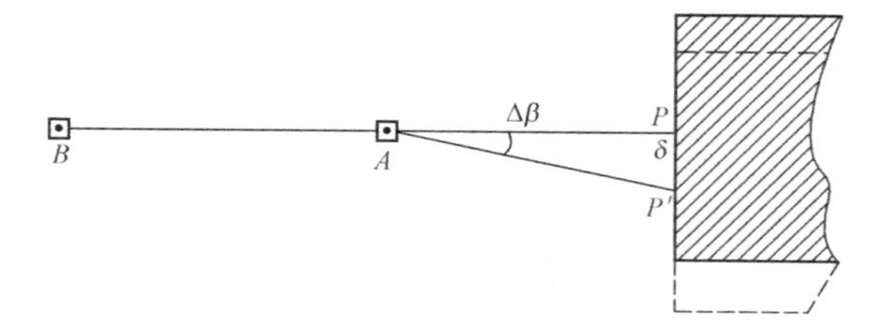

图 12.10　基准线法位移观测

2. 角度前方交会法

利用前方交会法对观测点进行角度观测，计算观测点的坐标，由两期之间的坐标差计算该点的水平位移。

三、建筑物的挠度观测

测定建筑物构件受力后产生弯曲变形的工作叫挠度观测。对于平置的构件，至少在两端及中间设置 A、B、C 三个沉降点，进行沉降观测，测得某段时间内这三点的沉降量 h_a、h_b、h_c，如图 12.11 所示，则此构件的挠度为

$$f=\frac{h_a+h_c-2h_b}{2D_{AC}} \tag{12.10}$$

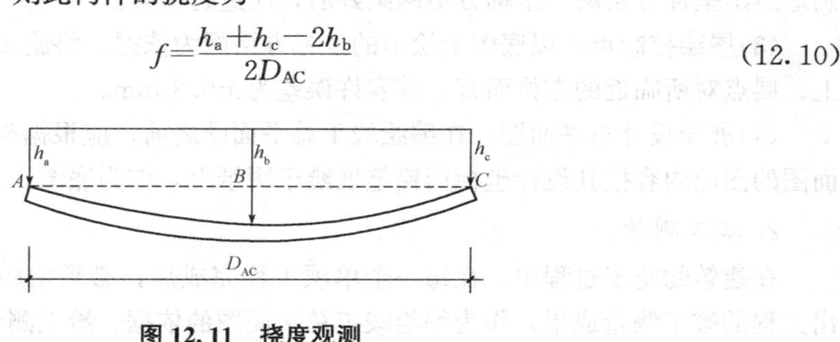

图 12.11　挠度观测

对于直立的构件，至少要设置上、中、下三个位移观测点进行位移观测，利用三点的位移量可算出挠度。对高层建筑物的主体挠度观测时，可采用垂线法，测出各点相对于铅垂线的偏离值。利用多点观测值可以画出构件的挠度曲线。

第五节　竣工总平面图的编绘

一、竣工总平面图编绘的意义

竣工总平面图是设计总平面图在施工结束后实际情况的全面反映。由于设计总平面图在施工过程中因各种原因需要进行变更，所以设计总平面图不能完全代替竣工总平面图。为此，施工结束后应及时编绘竣工总平面图，其目的在于：

(1)由于设计变更，使建成后的建(构)筑物与原设计位置、尺寸或构造等有所不同，这种临时变更设计的情况必须通过测量反映到竣工总平面图上。

(2)它将便于日后进行各种设施的维修工作，特别是地下管道等隐蔽工程的检查和维修工作。

(3)为企业的扩建提供了原有各项建筑物、地上和地下各种管线及测量控制点的坐标、高程等资料。

编绘竣工总平面图，需要在施工过程中收集一切有关的资料，并对资料加以整理，然后及时进行编绘。为此，在建筑物开始施工时应有所考虑和安排。

二、竣工总平面图编绘的方法和步骤

1. 绘制前的准备工作

(1)确定竣工总平面图的比例尺。建筑物竣工总平面图的比例尺一般为1∶500或1∶1 000。

(2)绘制竣工总平面图底图坐标方格网。为了能长期保存竣工资料，竣工总平面图应采用质量较好的图纸，如聚酯薄膜、优质绘图纸等。编绘竣工总平面图，首先要在图纸上精确地绘出坐标方格网。坐标方格网画好后，应进行检查。

(3)展绘控制点。以底图上绘出的坐标方格网为依据，将施工控制网点按坐标展绘在图上。展点对所临近的方格而言，其容许误差为±0.3 mm。

(4)展绘设计总平面图。在编绘竣工总平面图之前，应根据坐标方格网，先将设计总平面图的图面内容按其设计坐标用铅笔展绘于图纸上，作为底图。

2. 竣工测量

在建筑物施工过程中，在每一个单项工程完成后，必须由施工单位进行竣工测量，提出工程的竣工测量成果，作为编绘竣工总平面图的依据。竣工测量内容包括：

(1)工业厂房及一般建筑物：房角坐标、几何尺寸、各种管线进出口的位置和高程，房屋四角室外高程，并附注房屋编号、结构层数、面积和竣工时间等。

(2)地下管线：检修井、转折点、起终点的坐标，井盖、井底、沟槽和管顶等的高程，附注管道及检修井的编号、名称、管径、管材、间距、坡度和流向。

(3)架空管线：转折点、结点、交叉点和支点的坐标，支架、间距、基础标高等。

(4)交通线路：起终点、转折点和交叉点的坐标，曲线元素，桥涵等构筑物位置和高程，人行道、绿化带界线等。

(5)特种构筑物：沉淀池、污水处理池、烟囱、水塔等及其附属构筑物的外形、位置及标高等。

(6)其他：测量控制网点的坐标及高程，绿化环境工程的位置及高程。

三、竣工总平面图编绘的注意事项

对凡有竣工测量资料的工程，若竣工测量成果与设计值之差不超过所规定的定位容许误差，则按设计值编绘；否则应按竣工测量资料编绘。

如果施工单位较多，多次转手，造成竣工测量资料不全，图面不完整或与现场情况不符，应进行实地测绘竣工总平面图。外业实测时，必须在现场绘出草图，最后根据实测成果和草图在室内进行展绘，完成实测竣工总平面图。

对于各种地上、地下管线，应用各种不同颜色的墨线绘出其中心位置，注明转折点及井位的坐标、高程及有关注记。在一般没有设计变更的情况下，墨线绘的竣工位置与按设计原图用铅笔绘的设计位置应该重合。随着施工的进展，逐渐在底图上将铅笔线都绘成墨线。在图上按坐标展绘工程竣工位置时，与在底图上展绘控制点的要求一样，均以坐标格网为依据进行展绘，展点对临近的方格而言，其容许误差为±0.3 mm。

四、竣工总平面图的附件

为了全面反映竣工成果，便于日后的管理、维修、扩建或改建，下列与竣工总平面图有关的一切资料，应分类装订成册，作为竣工总平面图的附件保存：

(1)建筑场地及其附近的测量控制点布置图及坐标与高程一览表；

(2)建筑物或构筑物沉降及变形观测资料；

(3)地下管线竣工纵断面图；

(4)工程定位、放线检查及竣工测量的资料；

(5)设计变更文件及设计变更图；

(6)建设场地原始地形图等。

思考与练习

1. 简述建筑物变形观测的目的。
2. 变形观测的主要内容是什么？
3. 试述建筑物的倾斜观测方法。
4. 试述建筑物的裂缝观测方法。
5. 试述建筑物的位移观测方法。
6. 为什么要编绘竣工总平面图？竣工总平面图包括哪些内容？

参 考 文 献

[1] 中国有色金属工业总公司 . GB 50026—2007 工程测量规范[S]. 北京：中国计划出版社，2008.

[2] 中华人民共和国住房和城乡建筑部 . CJJ/T 8—2011 城市测量规范[S]. 北京：中国建筑工业出版社，2011.

[3] 中华人民共和国建设部 . JGJ 8—2007 建筑变形测量规范[S]. 北京：中国建筑工业出版社，2007.

[4] 国家测绘局测绘标准化研究所 . GB/T 20257.1—2007 国家基本比例尺地图图式　第 1 部分：1∶500　1∶1 000　1∶2 000 地形图图式[S]. 北京：中国标准出版社，2008.

[5] 吴来瑞，邓学才 . 建筑施工测量手册[M]. 北京：中国建筑工业出版社，2000.

[6] 李青岳，陈永奇 . 工程测量学[M]. 3 版 . 北京：测绘出版社，2008.

[7] 刘双银，汪荣林 . 建筑工程测量[M]. 合肥：合肥工业大学出版社，2009.

[8] 魏静，李明庚 . 建筑工程测量[M]. 北京：高等教育出版社，2008.

[9] 张国辉 . 土木工程测量[M]. 北京：清华大学出版社，2008.

[10] 周建郑 . 土木工程测量[M]. 北京：中国建筑工业出版社，2008.

[11] 孔祥元，郭际明 . 控制测量学[M]. 武汉：武汉大学出版社，2007.

[12] 业衍璞 . 建筑测量[M]. 北京：高等教育出版社，2007.

[13] 常玉奎 . 建筑工程测量[M]. 北京：清华大学出版社，2012.

[14] 李仲 . 建筑工程测量[M]. 重庆：重庆大学出版社，2006.

[15] 潘正风 . 数字测图原理与方法[M]. 2 版 . 武汉：武汉大学出版社，2006.

[16] 纪勇 . 数字测图技术应用教程[M]. 郑州：黄河水利出版社，2008.

[17] 周文国，郝延锦 . 工程测量[M]. 北京：测绘出版社，2009.

[18] 赵景利，杨凤华 . 建筑工程测量[M]. 北京：北京大学出版社，2010.

[19] 张豪 . 建筑工程测量[M]. 北京：中国建筑工业出版社，2012.